Milena Thöle | Yvonne Eckert

Chirurgie beim Kleinsäuger

„Für Jakob, Julius und Felix Augustus“

Milena Thöle | Yvonne Eckert

Chirurgie beim Kleinsäuger

Weichteiloperationen bei Kaninchen und Meerschweinchen

Mit 224 Abbildungen und 13 Tabellen

schlütersche

Bibliografische Information der Deutschen Nationalbibliothek
Die Deutsche Nationalbibliothek verzeichnet diese Publikation in der Deutschen Nationalbibliografie; detaillierte bibliografische Daten sind im Internet über https://dnb.de/ abrufbar.

ISBN 978-3-89993-979-8 (print)
ISBN 978-3-8426-8966-4 (PDF)

Autorinnen
Dr. med. vet. Milena Thöle
Fachtierärztin für Heimtiere/Kleinsäuger
Tierklinik Posthausen
Rothlaker Straße 1
28870 Posthausen
thoele@tierklinik-posthausen.de

Dr. med. vet. Yvonne Eckert
Fachtierärztin für Heimtiere/Kleinsäuger
Klinik für Heimtiere, Reptilien, Zier- und Wildvögel
Stiftung Tierärztliche Hochschule Hannover
Bünteweg 9
30559 Hannover
yvonne.eckert@tiho-hannover.de

Projektleitung: Sabine Poppe, Hannover
Lektorat: Martina Kunze, Ehringshausen
Fotos der Autorinnen: Hauke Thöle (li.) und Christoph Eckert (re.)
Umschlaggestaltung und Bildbearbeitung: Jessica Mora-Lara, Hannover
Satz und Layout: Sandra Knauer Satz · Layout · Service, Garbsen
Druck und Bindung: Neografia, Martin-Priekopa, Slowakei

Inhaltsverzeichnis

ZUSATZMATERIAL ONLINE

Die Autorinnen haben einen Anamnesebogen sowie eine Nachsorgeempfehlung für Sie zusammengestellt (s. Anhang). Als Tierärzt*innen oder Student*innen der Tiermedizin können Sie sich unter Vorlage eines entsprechenden Nachweises jederzeit kostenfrei auf www.vetline.de anmelden und beide Dokumente unter folgendem Link als PDF downloaden: www.vetline.de/download_9798_thoele_eckert

Geleitwort

Kleinsäuger erfreuen sich stark zunehmender Beliebtheit in deutschen Haushalten und werden vermehrt in Tierarztpraxen vorgestellt. Kaninchen und Meerschweine werden nicht mehr nur als „Kindertiere" gehalten, sondern haben neben oder anstelle von Hund und Katze in vielen Familien den Stellenwert eines Familienmitgliedes. Die Erwartungen der Tierhalter an Diagnostik und Operationen gehen inzwischen weit über Impfungen und Kastrationen hinaus. Sie wollen richtige Heimtiermedizin!

Die beiden Autorinnen sind bzw. waren langjährige Mitarbeiterinnen der Heimtierklinik der TiHo Hannover. Diese unter Prof. Michael Fehr 2006 gegründete (und bis dato geleitete) Klinik ist die einzige auf Kleinsäuger, Reptilien und Vögel spezialisierte Uniklinik in Deutschland. Mit dem Umzug 2009 ins neue Klinikum am Bünteweg konnte in dieser modernen Lehrklinik nicht nur die Ausbildung der Studenten in einem der Nachfrage entsprechenden Rahmen aufgebaut werden. Forschung und Lehre wurden weit über die Propädeutik hinaus zeitgemäß und vor allem praxisbezogen ausgebaut. In den vergangenen Jahren ist das Wissen über Krankheiten und die Behandlung unserer Kleinsäugerpatienten explosionsartig gewachsen. Vergleicht man nur mal die Patientenzahlen aus früheren Dissertation mit denen von heute, erkennt man nicht nur den Zuwachs an Erkenntnissen und Therapieformen, sondern auch die große Nachfrage aus der Praxis, von überweisenden Tierärzten und betroffenen Tierhaltern.

Erfreulicherweise ist dieses gesammelte Wissen aber nicht im hochmodernen Elfenbeinturm der TiHo geblieben! Durch Internships konnte interessierten Nachwuchskräften die Möglichkeit zur Spezialisierung auf Kleinsäugermedizin gegeben werden, die Klinik ist Weiterbildungsstätte für die Facharztausbildung und die Zahl der abgeschlossenen Dissertationen spricht für sich. Für mich als Praktiker ist aber an dieser Stelle besonders hervorzuheben, dass nicht zuletzt auch durch das persönliche Engagement der beiden Autorinnen dieser Fundus an Wissen, Techniken und Operationsverfahren an uns Praktiker in zahlreichen Publikationen, auf Kongressen und Fort- und Weiterbildungsveranstaltungen weitergegeben wurde.

Dieses Buch ist durch seine Praxisnähe nicht nur ein akademisches Druckwerk für den Bücherschrank, sondern ein alltagstaugliches (Verzeihung!) Kochbuch, auf das wir Praktiker lange gewartet haben. Mit detaillierten „Schritt-für-Schritt"-Anweisungen tut sich für den „nachhilfebedürftigen" Praktiker ein Quell an Fakten und Praxistipps für die tägliche Praxis auf. Nicht nur als Nachschlagewerk für Praxis und Klinik ist dieses Buch wichtig. Es ist auch ein großes medizinisches Vergnügen, dieses gut geschriebene und bebilderte Buch zu lesen! Eine weite Verbreitung in allen Fachkreisen, vor allem aber in den Haustierarztpraxen, ist ihm zu wünschen!

Meschede, im Oktober 2020

Dr. med. vet. Stefan Gabriel, Fachtierarzt für Heimtiere

Vorwort

Liebe Kolleginnen und Kollegen,

warum auch immer Sie zu diesem Buch gegriffen haben, sei es aus einem großen speziellen Interesse für die Heimtiermedizin heraus oder einfach, weil Heimtiere zu Ihrem Hauptschwerpunkt, der Kleintierpraxis, einfach dazu gehören und Sie diesbezüglich Ihr Wissen erweitern wollen, wir wünschen Ihnen auf jeden Fall viel Freude damit.

Schon zu unserer Studienzeit und auch später während unserer Fachtierarztausbildung fiel uns ein deutlicher Mangel an detaillierter, deutschsprachiger Literatur zum Thema Heimtierchirurgie auf. Nach einigen Jahren in der Heimtiermedizin wuchs in uns daher der Wunsch, anderen interessierten Kolleginnen und Kollegen gängige Operationstechniken bei Kaninchen und Meerschweinchen praxisorientiert zu vermitteln. Mit diesem Buch möchten wir unser erarbeitetes Wissen mit Ihnen teilen und Ihnen die Weichteilchirurgie bei Kaninchen und Meerschweinchen näherbringen.

Der Schwerpunkt des Werkes liegt darauf, verschiedene Weichteiloperationen Schritt für Schritt und mit Praxistipps versehen darzustellen. Auf Symptome, Ätiologien und Möglichkeiten der Diagnostik einzelner Krankheitsbilder wird vor der eigentlichen Operationstechnik näher eingegangen. Außerdem haben wir unter anderem die Grundlagen der Anästhesie und Analgesie, die Vor- und Nachsorge von Operationen, heimtiergeeignete Nahttechniken sowie den abdominalen Situs von Kaninchen und Meerschweinchen zusammengestellt und aufbereitet.

Wir hoffen sehr, dass Ihnen unser Buch im Praxisalltag die Durchführung von Operationen beim Kaninchen und Meerschweinchen erleichtert und Ihnen auch die vielleicht vorhandene Scheu vor der – im Studium doch meist stiefmütterlich behandelten – Heimtiermedizin nimmt. Auch unsere kleinsten Patienten verdienen von uns die bestmögliche tierärztliche Betreuung und wir wünschen uns, mit diesem Werk einen kleinen Beitrag zur Verbesserung der Heimtiermedizin zu leisten.

Danksagung

An dieser Stelle möchten wir uns vor allem bei unseren Ehemännern Hauke und Christoph und unseren Familien für ihre unermüdliche Unterstützung, sei es bei der Korrektur, der Kinderbetreuung oder auch nur durch das Ertragen der endlosen Abende am Schreibtisch, bedanken.

Unser besonderer Dank gilt Prof. Dr. Michael Fehr, Prof. Dr. Sabine Kästner, Dr. Phillip Schmierer, Dr. Lena Carolin Voigt sowie Dr. Stefan Gabriel für ihre fachliche Beratung und konstruktive Kritik an unserem Manuskript. Unseren Kollegen der Klinik für Heimtiere, Reptilien, Zier- und Wildvögel sowie der Tierklinik Posthausen danken wir für ihre Hilfe bei der Abbildungserstellung. Herzlichen Dank auch an das Skills Lab der TiHo für die Bereitstellung der in Kapitel 5 verwendeten Nahtpads. Weiterhin danken wir der Tierklinik Posthausen für die Überlassung der im Buch enthaltenen Röntgen- und Ultraschallbilder.

Vielen Dank an Frau Martina Kunze für die gute Zusammenarbeit und das Lektorieren unseres Manuskriptes. Ein besonders großer Dank gilt Frau Sabine Poppe und der Schlüterschen Verlagsgesellschaft für die wunderbare und herzliche Betreuung während der Entstehungszeit dieses Buches und für die Möglichkeit, mit der Veröffentlichung dieses Werkes einen lang gehegten Traum in Erfüllung gehen zu lassen.

Wir wünschen Ihnen viel Spaß beim Lesen!

Posthausen und Hannover, im Oktober 2020

Milena Thöle und Yvonne Eckert

1 Der kleinsäugergeeignete Operationsraum

Aufgrund der geringen Körpergröße von Kaninchen und Meerschweinchen sind zur adäquaten Ausstattung für den kleinsäugergeeigneten Operationsraum (OP) nachfolgende Punkte besonders zu beachten: chirurgische Instrumente, erforderliche Geräte, Monitoring, optische Vergrößerung und der Einsatz von Retraktoren.

1.1 Chirurgische Instrumente

Der Großteil der Operationen bei Kaninchen und Meerschweinchen kann mit dem üblicherweise verfügbaren chirurgischen Instrumentarium durchgeführt werden. Kleine chirurgische Instrumente sind zu bevorzugen, z. B. aus der Humanmedizin: Pädiatrie, Ophthalmologie oder Gefäßchirurgie. Spezielle mikrochirurgische Instrumente werden unter entsprechender optischer Vergrößerung benutzt und sind meist optimal für Eingriffe bei Kaninchen und Meerschweinchen geeignet. Nachteile bei Nutzung von mikrochirurgischen Instrumenten sind die hohen Anschaffungskosten und die häufig fehlende Routine bei ihrer Anwendung.

Elektrochirurgische Geräte können zum Schneiden oder zur Blutstillung bei Kleinsäugern zum Einsatz kommen, Drahtelektroden sind zu bevorzugen. Zur Koagulation können vor allem Kugelelektroden oder bipolare Klemmen zur Koagulation einzelner Gefäße verwendet werden (▶Kap. 5.4.4).

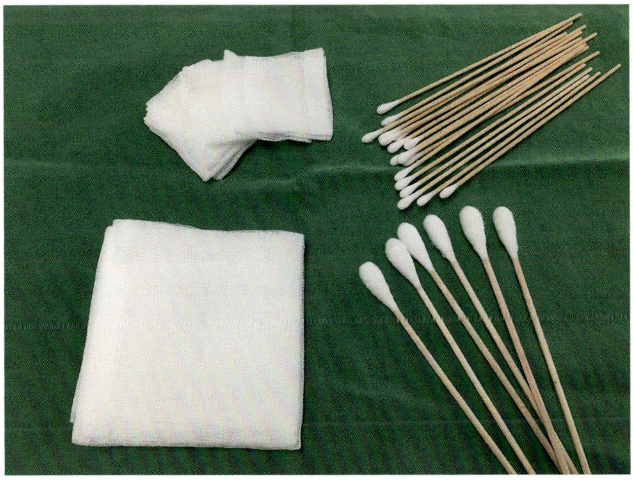

Abb. 1-1 Beispiele für kleinsäugergeeignete Stieltupfer und Vlies-Wundkompressen unterschiedlicher Größe

Eingesetzte Gaze und Tupfer sollten klein sein oder entsprechend durch Zuschneiden angepasst werden, damit sie optimal in den kleinen Operationsfeldern genutzt werden können (▶Abb. 1-1).

Standard-Besteck für Weichteiloperationen bei Kaninchen und Meerschweinchen (▶Abb. 1-2):

- circa 8 Tuchklemmen zur Befestigung des Abdecktuches (optional), z. B. Backhaus
- Skalpellklingen (z. B. Nr. 15)
- Skalpellgriff
- Metzenbaumscheren klein und mittel
- 1 × Fadenschere gebogen

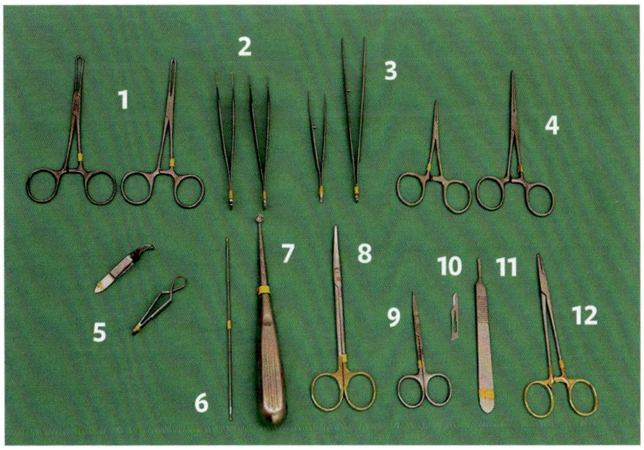

Abb. 1-2 Beispiel für kleinsäugergeeignete Instrumente für abdominale Weichteiloperationen: 2 Allis-Gewebefasszangen (**1**), 2 chirurgische Pinzetten (**2**), 2 anatomische Pinzetten klein und groß (**3**), 2 gerade Mosquitoklemmen klein und groß (**4**), 2 Tuchklemmen nach Jones (**5**), 1 Knopfsonde (**6**), 1 scharfer Löffel (**7**), 1 Metzenbaumschere (**8**), 1 Fadenschere (**9**), 1 Skalpellklinge Nr. 15 (**10**), 1 Skalpellgriff (**11**), 1 Nadelhalter nach Mayo-Hegar (**12**)

1

- 1 × Nadelhalter, z.B. nach Mayo-Hegar
- 1 × Knopfsonde
- 1 × Knopfkanüle
- circa 4 chirurgische und anatomische Pinzetten
- Klemmen, z.B. 6 Mosquitoklemmen gerade und gebogen, 8 Hirschhornklemmen, 1 Pean
- 2 × Gewebefasszangen, z.B. Allis
- 2–3 Darmklemmen
- 2 chirurgische Löffel (klein und mittel)
- Stieltupfer
- Vlies-Wundkompressen
- Sauger
- warme sterile Kochsalz- oder Ringer-Laktat-Lösung; ggf. Behältnis, z.B. sterile Nierenschale
- Nahtmaterial (4/0, 5/0 und 6/0 USP)

1.2 Geräte und Monitoring

Zur Überwachung der Patienten sollten folgende Voraussetzungen erfüllt sein:

- ein beheizbarer Operationstisch, um dem intraoperativen Wärmeverlust entgegenzuwirken. Alternativ können auch verschiedene Wärmematten, Wärmekissen oder Warmwasser-zirkulierende Wärmepads verwendet werden. Generell ist darauf zu achten, den Tierkörper vor direkten Kontakt mit der Wärmequelle zu schützen, um Verbrennungen zu vermeiden (▶Kap. 3.1.5).
- Spritzenpumpen für die intraoperative intravenöse Flüssigkeitssubstitution, da hiermit auch geringe Volumina dosiert appliziert werden können. Ein Flüssigkeitswärmer ist zudem sinnvoll, damit die Flüssigkeiten angepasst an die Körpertemperatur in den Blutkreislauf gelangen (▶Kap. 3.1.6).
- Nicht alle kommerziell zu erwerbende Narkoseüberwachungssysteme sind auf die geringe Körpergröße der Patienten abgestimmt. Die genutzten Monitore sollten hohe Herzfrequenzen messen können sowie die Sauerstoffsättigung, den inspiratorischen und exspiratorischen CO_2-Gehalt der Atemluft, die Atemfrequenz und die Körperkerntemperatur. Eine indirekte, nichtinvasive Blutdruckmessung ist mit speziellen Geräten auch bei Patienten mit Körpergewichten unter 1 kg möglich (▶Kap. 3.1.8).
- Bei allen chirurgischen Eingriffen sollte stets auf eine optimale Beleuchtung geachtet werden: Neben einer adäquaten Lichtquelle von oben kann das Operationsfeld durch zusätzliche fokale Lichtquellen und/oder Stirnlampen ausgeleuchtet werden, um Organe, Gefäße und das Gewebe optimal darzustellen.

1.3 Optische Vergrößerung

Kaninchen und Meerschweinchen sind sehr kleine Patienten. Dies kann den chirurgischen Eingriff auch für erfahrene Chirurgen erschweren. Abhilfe können hier verschiedene Vergrößerungssysteme schaffen. Vergrößerungslampen aus dem Hobbybedarf sind oft schon günstig zu erwerben, weisen jedoch häufig eine geringe Qualität auf. Im medizinischen Bereich sind Binokularlupen oder Operationsmikroskope von sehr guter Qualität verfügbar. Für Anfänger sollten zunächst 2-fache Vergrößerungen genutzt werden, bevor eine stärkere Vergrößerung (3- bis 5-fach) erfolgt. Der Chirurg sollte mit dem intraoperativen Einsatz von Vergrößerungsgeräten vertraut sein und die nötigen Fähigkeiten für den routinierten Einsatz hierfür besitzen.

1.4 Retraktoren

Selbst ein sehr erfahrener chirurgischer Assistent kann die Sicht des Chirurgen auf das Operationsfeld aufgrund der kleinen Körpergröße der Patienten zusätzlich erschweren. Um dies zu verhindern, können verschiedene Retraktoren bei Operationen an Kaninchen und Meerschweinchen eingesetzt werden. Neben kleinen Balfour-Retraktoren aus der Pädiatrie wird häufig der veterinärmedizinische Lone Star Retractor® (Lone Star Medical Products, Stafford, TX USA) genutzt (▶Abb. 1-3). Hierbei handelt es sich um einen Plastikring, der durch flexible Gummiringe auf die passende Größe und Lokalisation ausgerichtet werden kann. Bei der Anwendung sollte darauf geachtet werden, dass die Haken nicht in allen Gewebetypen zum Einsatz kommen können und dass umliegende Strukturen (z.B. angrenzende Organe oder Blutgefäße) nicht verletzt werden. Insgesamt kann der Einsatz von Retraktoren umliegendes Gewebe aus dem Operationsfeld fernhalten und die abdominale Exploration erleichtern.

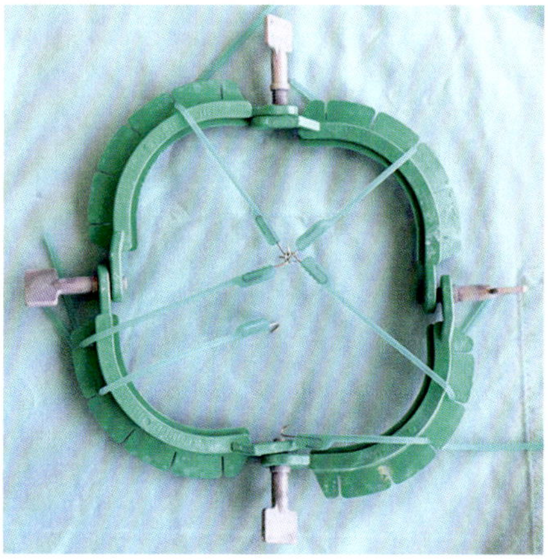

Abb. 1-3 Lone Star Retractor® (Lone Star Medical Products, Stafford, TX USA)

2 Präoperatives Management

2.1 Anamnese und Allgemeinuntersuchung

Neben einem genauen Vorbericht (▶ Anamnesebogen im Anhang), sollte vor jedem operativen Eingriff eine gründliche Allgemeinuntersuchung (▶Tab. 2-1) erfolgen. Besonders wichtig ist dabei die Erhebung des grammgenauen Körpergewichts am Tag der Anästhesie. Nur so können Medikamente und Anästhetika genau dosiert und eventuell tödlich verlaufende Überdosierungen vermieden werden. Vor allem adipöse Tiere können ein erhöhtes Narkoserisiko aufweisen, da bei diesen Patienten Probleme mit der Atmung, der Herzfunktion und dem Stoffwechsel vorliegen können oder sie diese während der Narkose entwickeln können. Auch der Nachschlaf kann bei diesen Tieren aufgrund der Umverteilung der Anästhetika verlängert sein. Die körpergewichtsbezogene Berechnung der Anästhetikadosierung kann beim übergewichtigen Tier eine relative Überdosierung bedeuten und muss daher entsprechend reduziert werden, z.B. indem sie für das geschätzte Idealgewicht des Tieres berechnet wird.

Viele Erkrankungen bei Kaninchen und Meerschweinchen werden von diesen Beutetieren erfolgreich verborgen und auch schwere Krankheitszustände können den Patientenbesitzern ggf. nicht auffallen, was eine gründliche Untersuchung durch den Tierarzt umso bedeutsamer macht. Kaninchen und Meerschweinchen leiden besonders häufig an Erkrankungen des Atmungs- und Verdauungstraktes, weshalb diese Organsysteme besonders sorgfältig untersucht werden sollten. Bei Kaninchen liegt oftmals eine Erkrankung der oberen und unteren Atemwege mit *Pasteurella multocida* und anderen Keimen vor. Auch Meerschweinchen leiden nicht selten an bakteriellen oder viralen Atemwegsinfekten (▶Abb. 2-1). Ebenso können raumfordernde intrathorakale Prozesse, wie z.B. Thymome beim Kaninchen, die Lungenfunktion einschränken. Jede Beeinträchtigung des funktionellen Lungengewebes kann während der Anästhesie zu einer respiratorischen Insuffizienz führen und muss daher, wenn möglich, vor einer Operation behandelt werden. Weiterhin reagiert der sensible Magen-Darm-Trakt bei diesen Tieren sehr empfindlich auf Nahrungsentzug (z.B. durch eine krankheitsbedingte Inappetenz) oder auf Schmerzen. Dysbakterien, Tympanien und eine reduzierte Darmmotorik sind nicht selten die Folge. Eine anästhesiebedingte Hypomotilität kann in solchen Fällen die bestehende Problematik noch verschlimmern. Muss die anstehende Operation nicht unmittelbar erfolgen, empfiehlt es sich daher auch hier, den Patienten zunächst zu stabilisieren (z.B. durch Analgetika, durch Eingeben eines geeigneten Nahrungsbreies, durch Prokinetika etc.) und erst nach Besserung der Magen-Darm-Probleme eine Allgemeinanästhesie durchzuführen.

Ziel ist es, die Narkosefähigkeit des Patienten nach erfolgter Allgemeinuntersuchung einzuschätzen und die Besitzer über das vorliegende Narkoserisiko aufzuklären. Eine Einteilung nach den gängigen ASA-Klassifikationen (American

Tab. 2-1 Physiologische Befunde einiger ausgewählter Parameter bei Kaninchen und Meerschweinchen (nach Meredith 2014, Pignon und Mayer 2021)

Parameter	Kaninchen	Meerschwein
Hautturgor	Hautfalte verstreicht sofort	Hautfalte verstreicht sofort
Rektale Körpertemperatur	38,5–40,0 °C	37,2–39,5 °C
Herzfrequenz	150–300/min	240–310/min
Atemfrequenz	30–60/min	40–120/min
Kapillarrückfüllungszeit	< 2 Sekunden	< 2 Sekunden

2

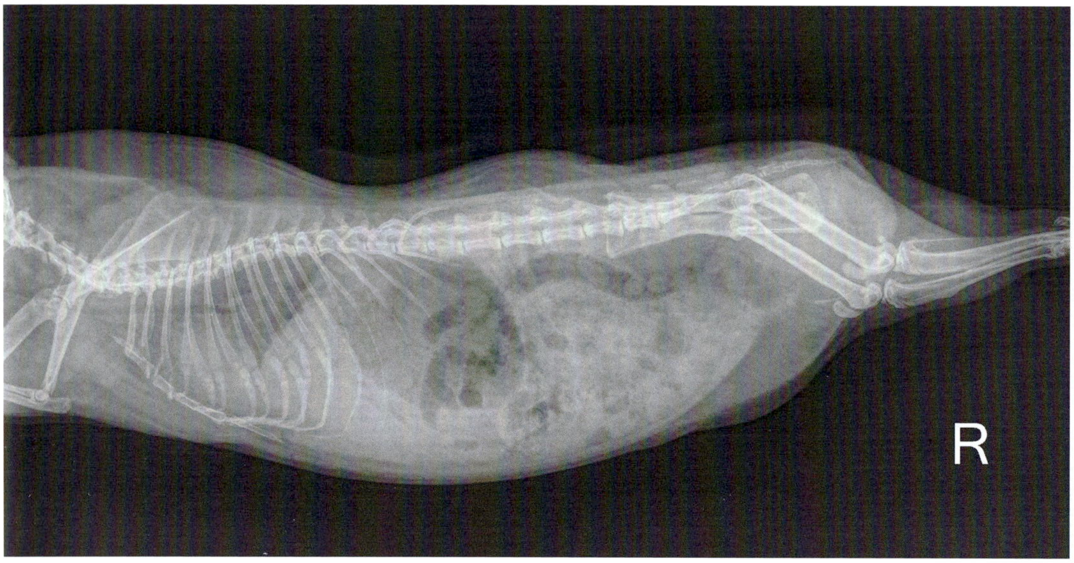

Abb. 2-1 Rechtsanliegendes laterolaterales Röntgenbild eines männlichen Meerschweinchens (Alter unbekannt) mit Dyspnoe. Die homogene Verschattung des Lungengewebes muss vor einer Allgemeinanästhesie zunächst abgeklärt und ggf. behandelt werden.

Society of Anaesthesiologists) kann auch bei Kaninchen und Meerschweinchen erfolgen. Je nach Krankheitszustand muss der Patient vor einer Anästhesie zunächst stabilisiert und therapiert werden (▶Kap. 2.4). Bei einigen Erkrankungen ist es zudem sinnvoll, das Narkoseregime individuell auf das erkrankte Tier anzupassen.

Zur ASA-Klassifikation 1 und 2 gehören gesunde Patienten oder Patienten mit einer leichten Allgemeinerkrankung. Bei diesen Tieren ist keine besondere Anpassung des Anästhesieregimes vorzunehmen. In ASA 3 eingeteilte Tiere leiden an einer schweren Allgemeinerkrankung und müssen vor einer Anästhesie stabilisiert werden (z.B. mittels intravenöser Infusionstherapie, ▶Kap. 2.4). Kaninchen und Meerschweinchen, welche in Gruppe ASA 4 und 5 eingeteilt werden, sind so schwer erkrankt, dass eine ständige Lebensbedrohung besteht oder sie sogar ohne Operation als moribund gelten. Neben der Stabilisierung des Patienten (entsprechend ASA 3) sollten die Besitzer über das erhöhte Narkoserisiko umfassend aufgeklärt werden. Bei Kaninchen in ASA-Stufe 3–5 wird das Risiko im Rahmen der Operation zu versterben als ca. 10-mal höher eingeschätzt als bei Kaninchen der ASA Stufe 1–2. Zur ASA-Stufe E zählen Notfallpatienten, z.B. ein Kaninchen mit einer Leberlappentorsion.

2.2 Weiterführende Diagnostik

Bei Auffälligkeiten in der Allgemeinuntersuchung ist die Durchführung weiterführender Untersuchungen anzuraten.

Vor allem durch eine Blutuntersuchung (rotes Blutbild, Elektrolyte, klinische Chemie) können viele Erkrankungen beim Heimtier erkannt werden. Leber- oder Nierenerkrankungen sowie Elektrolytverschiebungen und Anämien können das Anästhesierisiko deutlich erhöhen, wenn sie unbehandelt bleiben oder das Anästhesieregime nicht dementsprechend angepasst wird. Eine präoperative Blutuntersuchung ist daher bei jedem Narkosepatienten empfehlenswert, aber vor allem anzuraten bei:

- älteren Tieren
- adipösen Tieren
- Tieren, die viel Körpergewicht verloren haben (Gefahr eines Lipomobilisationssyndroms/Leberversagens)
- Tieren im Schock (Erkennbar u.a. an Dehydratation und Hypothermie)
- bei Urolithiasis
- bei Kaninchen mit bekannter Enzephalitozoon-cuniculi-Infektion (Gefahr einer chronischen Niereninsuffizienz)

Auch röntgenologische und sonografische Untersuchungen können dabei helfen, den Zustand des Patienten zu beurteilen. Vor allem zur Beurteilung des Lungenfeldes und des Magen-Darm-Traktes, zur Diagnose von Metastasen in Lunge oder Knochen sowie zur Urolithiasisdiagnostik ist die röntgenologische Untersuchung gut geeignet. Die Sonografie ist unter anderem zur Beurteilung von Lage, Größe und Struktur intraabdominaler Organe sowie der Herzfunktion sinnvoll. Weiterhin kommen auch bei Meerschweinchen und Kaninchen vermehrt die Computer- sowie die Magnetresonanztomografie zum Einsatz.

2.2.1 Blutentnahme bei Kaninchen und Meerschweinchen

Das Blutvolumen der meisten Heimtiere beträgt ca. 60–80 ml Blut pro kg Körpergewicht. Generell sollten niemals mehr als 7–10 % des Blutvolumens, also 4–8 ml Blut pro kg Körpergewicht, entnommen werden. Für die meisten Untersuchungen wird allerdings nur 0,3–1 ml Blut benötigt. Neben der hier dargestellten Blutentnahmetechnik beim Kaninchen aus der A. auricularis medialis ist bei dieser Tierart auch eine Blutentnahme aus der V. saphena lateralis gut möglich.

BENÖTIGTE MATERIALIEN

- Kanülen (21 G, 22 G) mit abgebrochenem Konus
- Rasierer (beim Kaninchen meist keine Rasur nötig)
- alkoholhaltiges Hautdesinfektionsmittel
- Probenröhrchen (Serum-, Lithium-Heparin- oder EDTA-Röhrchen)
- Pflaster
- Vlies-Tupferrolle (Kaninchen)

2.2.1.1 Blutentnahme beim Kaninchen (A. auricularis medialis) – Schritt für Schritt

Schritt 1 Die A. auricularis medialis verläuft mittig auf der Ohrmuschel und muss nicht gestaut werden. Nach Desinfektion der Haut und Scheiteln der Haare ist die Arterie gut sichtbar (▶Abb. 2-2). Durch sanftes Streichen mit einem sauberen Tupfer über die Arterie kann die Sichtbarkeit verbessert werden.

Schritt 2 Die Kanüle wird parallel zur Oberfläche der Arterie nur wenige Millimeter tief eingestochen und das Blut entnommen (▶Abb. 2-3). Da das Blut aus einer Arterie entnommen wird, ist im Regelfall mit einem sehr schnellen Blutfluss zu rechnen.

Schritt 3 Nach erfolgter Blutentnahme wird ein Druckverband aus Pflaster und Vlies-Tupferrolle angelegt (▶Abb. 2-4). Somit können Nachblutungen und die Entstehung von Hämatomen verhindert werden. Nach ca. 15 Minuten kann der Verband entfernt werden.

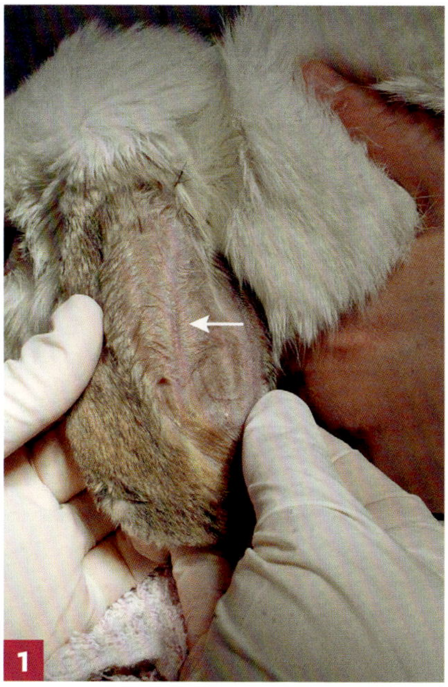

Abb. 2-2 Blutentnahme beim Kaninchen: Nach Desinfektion der Haut und Scheiteln der Haare ist die Arterie gut sichtbar (Pfeil).

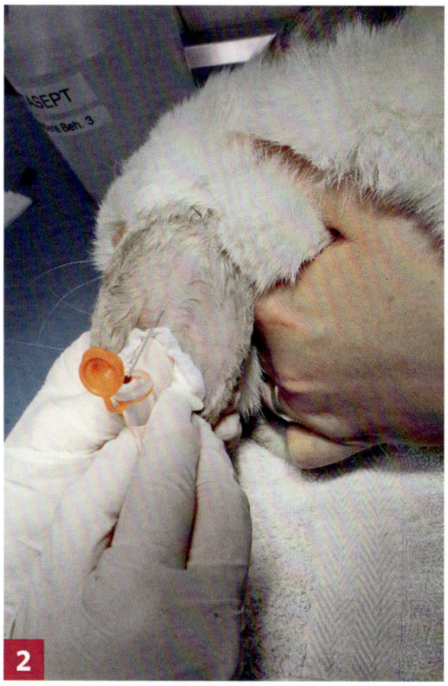

Abb. 2-3 Blutentnahme beim Kaninchen: Die Kanüle wird parallel zur Oberfläche der Arterie nur wenige Millimeter tief eingestochen und das Blut entnommen.

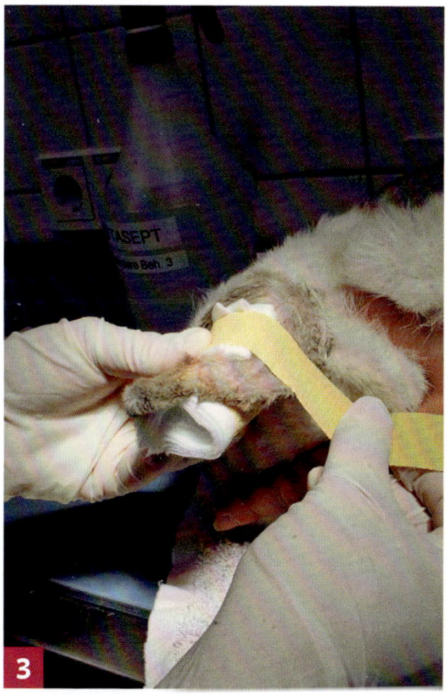

Abb. 2-4 Blutentnahme beim Kaninchen: Nach der Blutentnahme wird ein Druckverband aus Pflaster und Vlies-Tupferrolle angelegt.

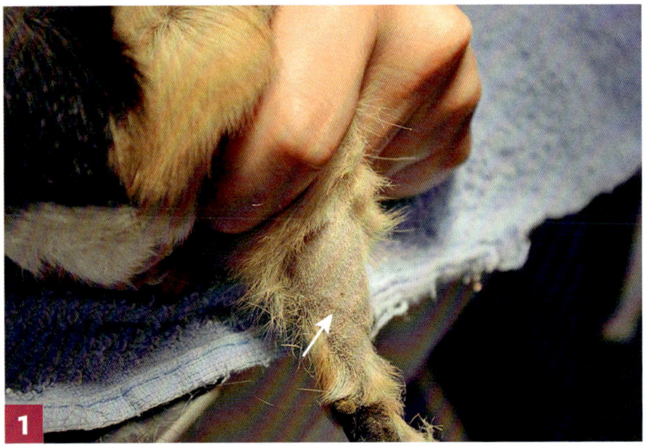

Abb. 2-5 Blutentnahme beim Meerschweinchen: Die Hintergliedmaße ist oberhalb des Knies fixiert. Die V. saphena lateralis liegt kaudal und mittig am Unterschenkel (Pfeil). Die Haut wurde in diesem Bereich geschoren und desinfiziert.

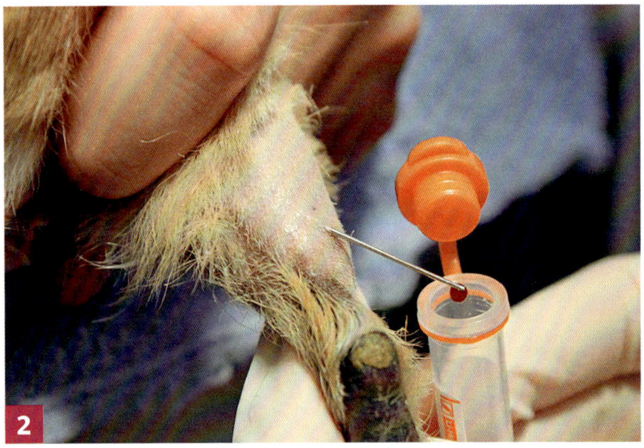

Abb. 2-6 Blutentnahme beim Meerschweinchen: Die Kanüle wird flach über der Vene eingestochen.

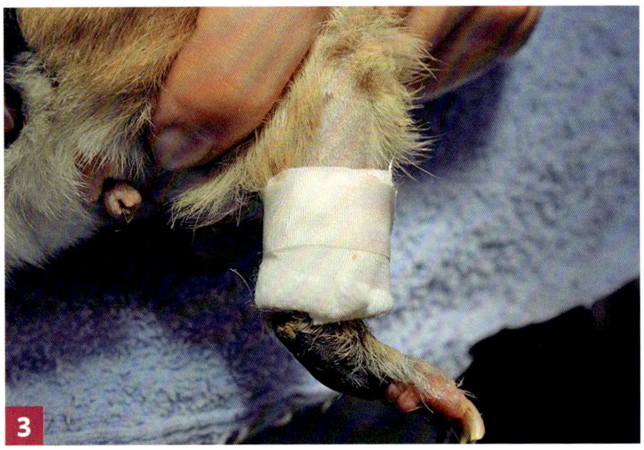

Abb. 2-7 Blutentnahme beim Meerschweinchen: Anlegen eines Pflasterverbandes

2.2.1.2 Blutentnahme beim Meerschweinchen (V. saphena lateralis) – Schritt für Schritt

Schritt 1 Die Haut wird im Bereich der Vene geschoren und desinfiziert. Die Hintergliedmaße wird oberhalb des Knies fixiert und von kaudal gestaut. Bei der Blutentnahme muss beachtet werden, dass die V. saphena lateralis beim Meerschweinchen weit kaudal und mittig am Unterschenkel zu finden ist ▶Abb. 2-5).

Schritt 2 Die Kanüle wird anschließend flach über der Vene eingestochen (▶Abb. 2-6). Dabei muss aufgrund der dicken Meerschweinchenhaut ein relativ hoher Widerstand überwunden werden. Der Blutfluss ist erfahrungsgemäß recht langsam und die Blutgerinnung tritt schnell ein.

Schritt 3 Nach erfolgter Blutentnahme wird ein Pflasterverband angelegt, der nach spätestens 15 Minuten entfernt werden sollte (▶Abb. 2-7).

2.3 Unterbringung und Akklimatisation

Unbekannte Geräusche, Gerüche, eine neue Umgebung sowie die Nähe zu Beutegreifern wie Katze, Hund oder Frettchen können Kaninchen und Meerschweinchen in hochgradige Stresszustände versetzen. Meist führen die Fahrt zum Tierarzt, die Allgemeinuntersuchung und eventuelle weitere diagnostische Maßnahmen zu einer zusätzlichen starken Stressbelastung und einem hochgradigen Anstieg von Katecholaminen im Blut. Dies kann sich negativ auf die Anästhesie und die Menge der benötigten Anästhetika auswirken. Um die Stressbelastung präoperativ möglichst gering zu halten, ist es wichtig, jegliches Handling und die Fixation der Tiere ruhig und vorsichtig durchzuführen. Weiterhin ist es ratsam, den Tieren über mindestens 1–2 Stunden vor der Narkoseinduktion Ruhe zu gönnen. Dies sollte in einer möglichst ruhigen und geschützten Umgebung (z.B. in einem Käfig mit Häuschen oder der Transportbox), fern von möglichen Fressfeinden geschehen (▶Abb. 2-8). Wenn die Situation des Patienten und die Abläufe in der Praxis oder Klinik es zulassen, sollten alle Untersuchungen am Tag vor der geplanten Operation abgeschlossen und das Tier über Nacht stationär aufgenommen werden. Damit lässt sich der Stresslevel am Tag der Operation deutlich senken. Auch geeignete Rückzugsmöglichkeiten (eigene Häuschen, Schlafsäcke bei Meerschweinchen etc.), gewohnte Gerüche durch Einstreu oder Handtücher aus dem eigenen Käfig sowie die Unterstützung

Abb. 2-8 Die Unterbringung in einer geschützten Umgebung mit Rückzugsmöglichkeit, fern von Fressfeinden und mit Angebot von gewohntem Futter kann dabei helfen, Stress abzubauen und die Anästhesie sicherer zu machen.

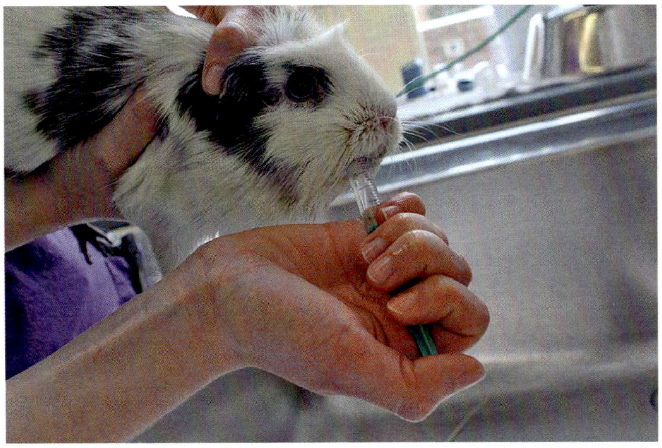

Abb. 2-9 Ein vorsichtiges Ausspülen der Maulhöhle mit wenigen Millilitern Wasser vor der Narkoseeinleitung kann das Risiko der Aspiration von Futterresten minimieren.

durch das Partnertier können dazu beitragen, Stress zu minimieren bzw. abzubauen. Das gewohnte Futter und Wasser in bekannter Darreichungsform (Tränke oder Napf) sollte den Tieren bis unmittelbar vor der Narkoseeinleitung zur freien Verfügung stehen. Da Kaninchen und Meerschweinchen einen starken kardialen Sphinkter besitzen und dementsprechend nicht Erbrechen können, ist ein präoperatives Fasten nicht nötig. Ein Nahrungsentzug wirkt sich sogar negativ auf den sensiblen Magen-Darm-Trakt sowie auf den Säure-Basen-Haushalt dieser Tiere aus. Da allerdings häufig Futterreste im Mundraum verbleiben, empfiehlt es sich, die Maulhöhle vor der Sedation und Narkoseeinleitung vorsichtig mit wenigen Millilitern Wasser auszuspülen. Somit kann eine mögliche Aspiration von Fremdmaterial während der Anästhesie verhindert werden (▶Abb. 2-9).

2.4 Stabilisation kritischer Patienten

Viele akute Notfälle (z.B. obstruktiver Ileus beim Kaninchen, Magendrehung beim Meerschweinchen) und andere schwere Erkrankungen gehen mit einer deutlichen Dehydratation (reduzierter Hautturgor, ▶Tab. 2-2) und einem Schockgeschehen einher. Dies zeigt sich in der, bei diesen Tieren zügig auftretenden, Hypothermie (▶Tab. 2-1) und in besonders schweren Fällen auch in einer deutlichen Bradykardie und Hypotonie (▶Tab. 2-1). Oberste Priorität muss daher vor einer Narkose die gezielte Aufwärmung des Patienten (z.B. in einem Inkubator oder mittels Wärmekissen oder Wärmematten) haben. Weiterhin muss eine intravenöse Rehydratation erfolgen (▶Tab. 2-3). Eine subkutane Applikation von Flüssigkeit ist oftmals nicht zielführend, da kritische Patienten das subkutane Flüssigkeitsdepot nicht resorbieren können. Als Infusionslösung sind handelsübliche Vollelektrolytlösungen (gepufferte kristalloide Lösung) geeignet. Auf eine Zugabe von Glukose in die Infusion sollte bei Kaninchen und Meerschweinchen ohne Indikation verzichtet werden, da diese Tiere bei schweren Krankheitszuständen oftmals eine Hyperglykämie zeigen. Ausnahmen davon bilden natürlich hypoglykämische Zustände, welche bei Kaninchen und Meerschweinchen seltener vorkommen (z.B. bei einem Insulinom).

Tab. 2-2 Feststellung des Dehydratationsgrades bei Kaninchen und Meerschweinchen

Dehydratationsgrad	Klinische Symptome
<5 %	klinisch nicht feststellbar, nur anamnestisch zu vermuten
5–6 %	leicht verzögertes Verstreichen einer Hautfalte
6–8 %	trockene Schleimhäute, deutlich verzögertes Verstreichen einer Hautfalte
>10 %	trockene Schleimhäute, eingesunkene Bulbi oculi, stark reduziertes Allgemeinbefinden, Hautfalte steht, Perfusionsstörungen, Bradykardie
>12 %	wie 10 %, lebensbedrohlich
>15 %	wie 10 %, moribund

Tab. 2-3 Intravenöse Flüssigkeitstherapie bei Kaninchen und Meerschweinchen

Infusionslösung	Berechnung	Dosierung	Kontraindikationen
Vollelektrolytlösung	3–4 ml/kg KGW/h (Erhaltungsbedarf) + % Dehydratation × kg KGW = Flüssigkeitsdefizit in ml + weitere Verluste, z. B. bei Durchfall, ca. 50 ml/Tag	Das berechnete Flüssigkeitsdefizit sollte innerhalb von 6–8 Stunden (bei hochgradigem Flüssigkeitsverlust und Schock innerhalb von 2–3 Stunden) intravenös verabreicht werden und muss zum Erhaltungsbedarf addiert werden. Weitere Verluste, z. B. bei Durchfall, können nur geschätzt werden und müssen zum Erhaltungsbedarf und Flüssigkeitsdefizit addiert werden.	nicht anwenden bei: Hyperhydratation Vorsicht bei: Herzinsuffizienz, Lungenödem, Niereninsuffizienz, Hypernatriämie, Hyperchlorämie

2.4.1 Intravenöse Katheter bei Kaninchen und Meerschweinchen

Nicht nur zur präoperativen Stabilisation schwerkranker Patienten ist ein intravenöser Zugang nötig. Er ist auch während der Narkose wichtig, um Infusionslösungen und Anästhetika zu applizieren oder im Fall eines Narkosezwischenfalls schnell und gezielt Notfallmedikamente einsetzen zu können. Daher ist das Legen eines intravenösen Katheters bei jedem Meerschweinchen und Kaninchen in Allgemeinanästhesie zu empfehlen. Besonders beim Kaninchen ist dies an der sehr gut zugänglichen Ohrrandvene leicht möglich. Aber auch beim Meerschweinchen ist ein intravenöser Zugang gut durchführbar. Neben den hier beschriebenen Techniken zur Katheterisierung der Ohrrandvene sowie der V. cephalica antebrachii ist sowohl bei Kaninchen als auch beim Meerschwein die V. saphena lateralis zur Platzierung eines Katheters geeignet.

Nach der Beendigung des operativen Eingriffes kann der Katheter entfernt werden, sobald das Tier gut hydriert und bei gutem Allgemeinbefinden ist. Sollte auch postoperativ eine fortgesetzte intravenöse Therapie nötig sein, kann der Katheter bis zu 72 Stunden in situ verbleiben, wenn er regelmäßig kontrolliert und mindestens zweimal täglich mit heparinisierter Kochsalzlösung gespült wird.

BENÖTIGTE MATERIALIEN

- Venenverweilkatheter (z. B. 22 G)
- lokalanästhetische Creme (bei nichtanästhesierten Tieren anzuwenden)
- Rasierer
- alkoholhaltiges Hautdesinfektionsmittel
- Spritze mit steriler Spüllösung (Vollelektrolyt- oder Kochsalzlösung)
- Klebesteifen und selbsthaftende Bandage
- Vlies-Tupferrolle (Kaninchen)

2.4.1.1 Legen eines Venenverweilkatheters beim Kaninchen (V. auricularis lateralis) – Schritt für Schritt

Schritt 1 Nach vorsichtiger Rasur des kaudalen Ohrrandes kann bei nicht anästhesierten Tieren zunächst eine auf der Haut wirksame lokalanästhetische Creme (Einwirkzeit ca. 5–10 Minuten) aufgebracht werden. Anschließend wird die Punktionsstelle desinfiziert und die Vene am kaudalen Rand des Ohres durch den Helfer gestaut (▶Abb. 2-10).

Schritt 2 Die Venenpunktion erfolgt bei vorgeschobenem Mandrin in einem Bereich, in dem die Vene möglichst gerade verläuft. Anschließend kann der Mandrin vorsichtig zurückgezogen und der Katheter in die Vene vorgeschoben werden (▶Abb. 2-11).

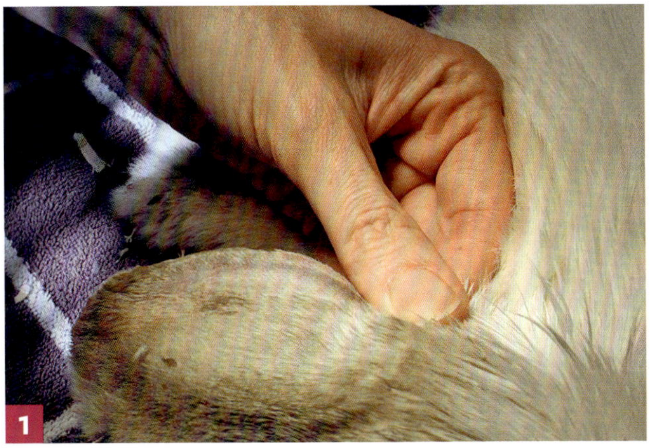

Abb. 2-10 Venenverweilkatheter beim Kaninchen: Stauung der lateralen Ohrrandvene

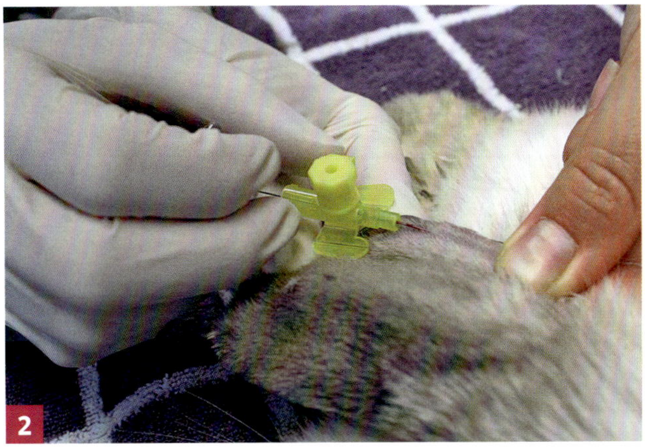

Abb. 2-11 Venenverweilkatheter beim Kaninchen: Vorschieben des Katheters in die laterale Ohrrandvene

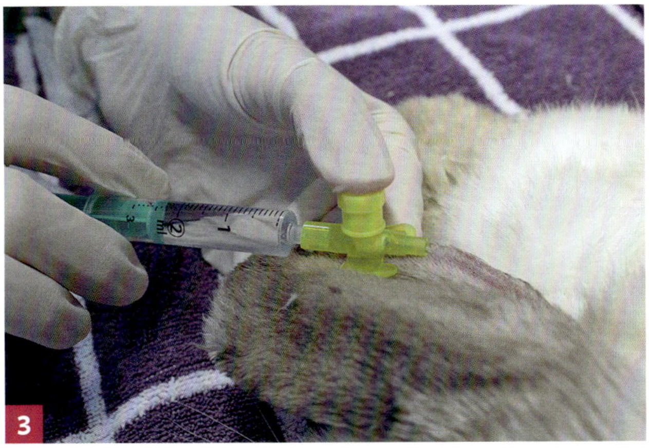

Abb. 2-12 Venenverweilkatheter beim Kaninchen: Kontrolle der Durchgängigkeit des Katheters am Kaninchenohr mittels steriler Spüllösung

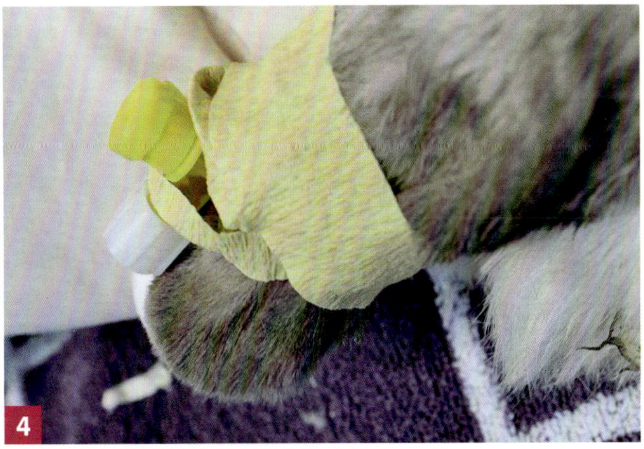

Abb. 2-13 Venenverweilkatheter beim Kaninchen: Befestigung des Katheters am Kaninchenohr

Schritt 3 Die Kontrolle der Durchgängigkeit erfolgt mittels steriler Spüllösung (▶Abb. 2-12). Sollten Venenklappen das Vorschieben des Katheters erschweren, kann ein vorsichtiges Vorspülen auch dabei helfen, den Katheter richtig zu platzieren.

Schritt 4 Der Katheter wird mittels Klebestreifen am Ohr befestigt (▶Abb. 2-13). Eine Vlies-Tupferrolle dient als Widerlager am halbschalenartig geformten Ohr des Kaninchens.

Schritt 5 Anschließend schützt eine selbsthaftende Bandage den korrekten Sitz des Katheters. Eine erneute Überprüfung der Durchgängigkeit nach Fixierung des Katheters ist anzuraten (▶Abb. 2-14).

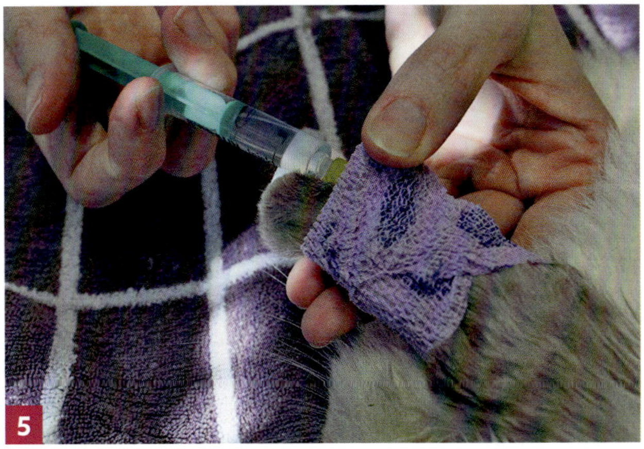

Abb. 2-14 Venenverweilkatheter beim Kaninchen: Überprüfung der Durchgängigkeit nach Fixierung des Katheters am Kaninchenohr

2.4.1.2 Legen eines Venenverweilkatheters beim Meerschweinchen (V. cephalica antebrachii) – Schritt für Schritt

Schritt 1 Nach vorsichtiger Rasur der Vordergliedmaße kann bei nicht anästhesierten Tieren zunächst eine auf der Haut wirksame lokalanästhetische Creme (Einwirkzeit ca. 5–10 Minuten) aufgebracht werden. Anschließend wird die Punktionsstelle desinfiziert und die Gliedmaße durch den Helfer hinter dem Ellenbogen fixiert. Die gut gefüllte Vene verläuft relativ weit lateral, schräg über den Unterarm (▶Abb. 2-15) und kann von kraniomedial gestaut werden.

Schritt 2 Die Venenpunktion erfolgt bei vorgeschobenem Mandrin in einem Bereich, in dem die Vene möglichst gerade verläuft. Anschließend kann der Mandrin vorsichtig zurückgezogen und der Katheter in die Vene vorgeschoben werden (▶Abb. 2-16).

Schritt 3 Nach Kontrolle der Durchgängigkeit mittels steriler Spüllösung wird der Katheter mittels Klebestreifen an der Gliedmaße fixiert (▶Abb. 2-17).

Schritt 4 Anschließend schützt eine selbsthaftende Bandage den korrekten Sitz des Katheters. Eine erneute Überprüfung der Durchgängigkeit nach Fixierung des Katheters ist anzuraten (▶Abb. 2-18).

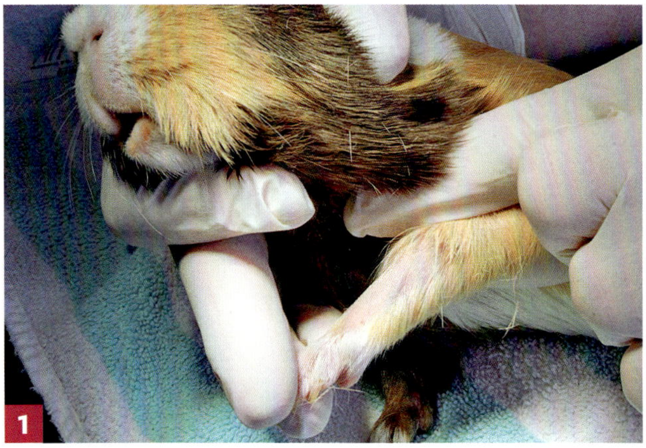

Abb. 2-15 Venenverweilkatheter beim Meerschweinchen: Darstellung der gut gefüllten V. cephalica antebrachii der linken Vordergliedmaße

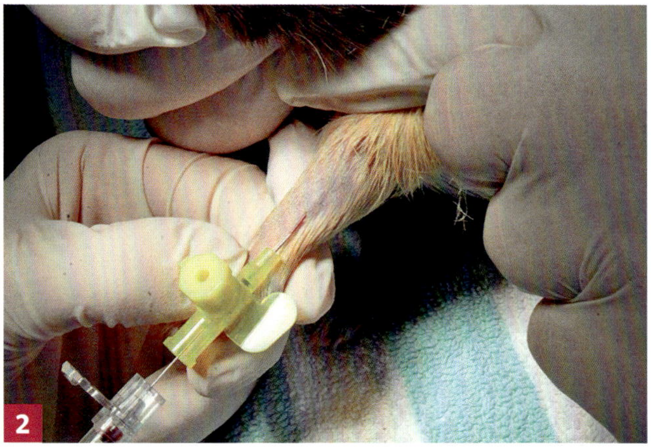

Abb. 2-16 Venenverweilkatheter beim Meerschweinchen: Vorschieben des Katheters in die V. cephalica antebrachii der linken Vordergliedmaße

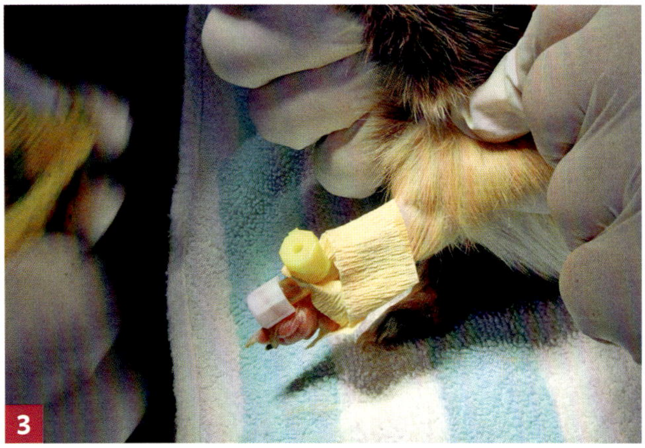

Abb. 2-17 Venenverweilkatheter beim Meerschweinchen: Befestigung des Katheters an der linken Vordergliedmaße

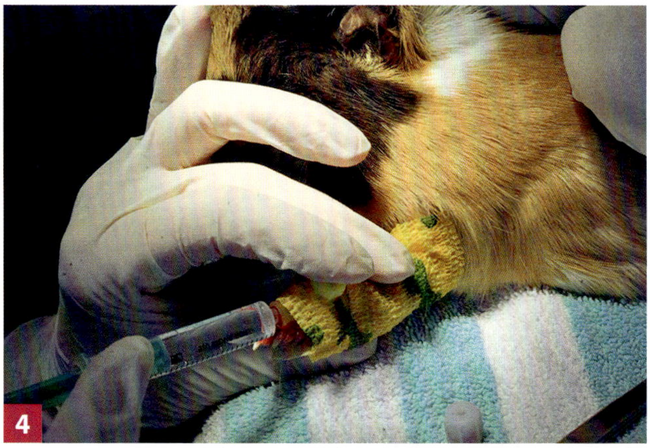

Abb. 2-18 Venenverweilkatheter beim Meerschweinchen: Überprüfung der Durchgängigkeit nach Fixierung des Katheters an der linken Vordergliedmaße

2.5 Prämedikation

2.5.1 Sedativa

Zur Beruhigung, Stressreduktion und aufgrund ihres Anästhetika-sparenden Effektes können sowohl Kaninchen als auch Meerschweinchen vor der Anästhesie Sedativa, wie beispielsweise Benzodiazepine oder Alpha-2-Adrenozeptoragonisten (▶Tab. 2-4), verabreicht werden. Ihr Einsatz ist besonders bei hochgradig gestressten, schmerzhaften und wehrhaften Tieren sinnvoll.

Die Wahl des geeigneten Sedativums ist dabei vor allem von dem Gesundheitsstatus des Tieres und von den im weiteren Verlauf der Narkose einzusetzenden Anästhetika abhängig. In der Regel werden Sedativa in Kombination mit anderen Anästhetika in unterschiedlichen Narkoseprotokollen verwendet und sind daher auch in ▶Kap. 3 in verschiedenen Dosierungen näher beschrieben.

2.5.2 Analgetika

Bei der Narkoseprämedikation muss weiterhin ein besonderes Augenmerk auf die ausreichende, präemptive Analgesie gelegt werden. Analgetika sind ein wichtiger Bestandteil der Allgemeinanästhesie und dienen nicht nur der Schmerzausschaltung, sondern ermöglichen durch ihren Anästhetika-sparenden Effekt die Durchführung einer deutlich kreislaufschonenderen Allgemeinanästhesie. Sowohl prä-, intra- als auch postoperativ kommt ihnen daher eine wichtige Rolle zu. Sie tragen auch bei Kaninchen und Meerschweinchen maßgeblich zum Erfolg einer gelungenen Operation bei und werden daher in ▶Kap. 3 ausführlich erläutert.

Wird die bei Kaninchen und Nagern beliebte sogenannte vollständig antagonisierbare Anästhesie (VAA, eine Kombination aus Medetomidin, Midazolam und Fentanyl) eingesetzt, sollte auf den Einsatz von weiteren Opioiden, wie z.B. Buprenorphin, in der Prämedikation verzichtet werden. Diese binden stärker an den μ-Opioidrezeptoren als das eingesetzte Fentanyl und schwächen somit die in der VAA eingesetzte starke analgetische und sedative Wirkung dieses Opioids ab.

2.5.3 Anticholinergika

Die Verabreichung von Anticholinergika ist als routinemäßige Prämedikation nicht angezeigt. Vor allem Atropin erhöht die sowieso schon sehr schnelle Herzfrequenz von Kaninchen und Meerschweinchen zusätzlich und kann somit die myokardiale Oxygenierung beeinträchtigen. Auch eine durch Atropin hervorgerufene Reduktion und Verfestigung der Atemwegssekrete kann zu einer Blockierung der Atemwege führen und sich negativ auf die Anästhesie auswirken. Beim Kaninchen ist der Einsatz von Atropin fraglich, da 30–50 % der Kaninchen hohe Konzentrationen einer endogenen Atropinase aufweisen. Glycopyrrolat zeigt beim Kaninchen eine deutliche längere Wirkungsdauer als Atropin und ist daher besser geeignet. Vor Operationen mit vagaler Stimulation (z.B. einer Bulbusenukleation) sowie bei einer innerhalb der Anästhesie auftretenden Bradykardie oder starkem Speichelfluss (z.B. als Reaktion auf eine Ketamingabe bzw. auf Inhalationsanästhetika) ist der Gebrauch von Anticholinergika allerdings anzuraten. Im Rahmen eines Narkosezwischenfalls muss bedacht werden, dass die Wirkung nach intravenöser Glycopyrrolatgabe geringgradig langsamer eintritt als nach intravenöser Atropingabe.

2.5.4 Unterstützung des Magen-Darm-Traktes

Da sich Stress, Anästhetika und Schmerzen negativ auf den Magen-Darm-Trakt von herbivoren Kleinsäugern auswirken können, sollten die Tiere bei bestehender Inappetenz stets präoperativ mit geeigneter Nahrung per Hand gefüttert werden (▶Tab. 2-4, ▶Abb. 2-19). In den meisten Fällen müssen Meerschweinchen und Kaninchen auch postoperativ zugefüttert werden (▶Kap. 4). Weiterhin kann vor und nach jeder Allgemeinanästhesie die Gabe von Medikamenten zur Unterstützung der Magen-Darm-Motorik, wie z.B. Metoclopramid oder Ranitidin, zur Prävention von postoperativen Verdauungsstörungen angezeigt sein.

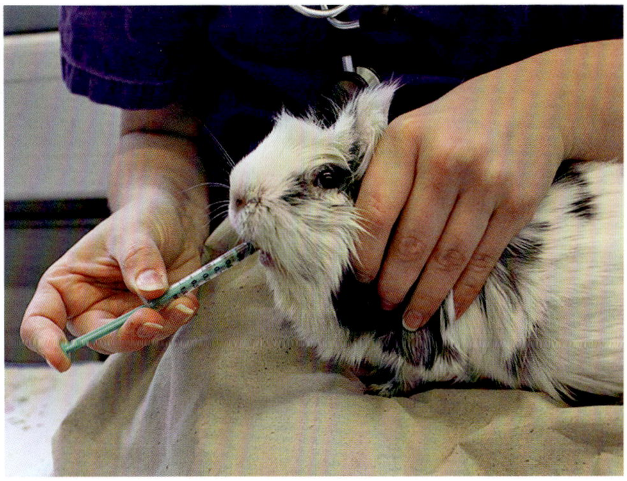

Abb. 2-19 Inappetente Tiere sollten prä- und postoperativ mit geeigneter Breinahrung für Herbivore zugefüttert werden.

2

Tab. 2-4 Einige ausgewählte Medikamente zur Prämedikation bei Kaninchen und Meerschweinchen (nach Longley 2008, Meredith 2015, Thöle 2016, Emmerich und Hein 2018)

Wirkstoff	Dosierung Kaninchen (K)	Dosierung Meerschweinchen (Me)	Wirkung	Kontraindikation/ Risiken
Alpha-2-Adrenozeptoragonisten				
Medetomidin	0,1–0,5 mg/kg KGW i.m., s.c.	0,1 mg/kg KGW s.c.	leichte bis moderate Sedation, periphere Vasokonstriktion	führt zu respiratorischer und kardiovaskulärer Depression
Benzodiazepine				
Midazolam	0,5–2 mg/kg KGW i.v./i.m.	0,4–2 mg/kg KGW i.m.	leichte bis moderate (Me), moderate bis tiefe (K) Sedation, anxiolytisch	führt in seltenen Fällen zu Exzitationen
Diazepam	1–2 mg/kg KGW i.m., s.c., i.v.	0,5–3 mg/kg KGW i.m.	leichte (Me), moderate bis tiefe (K) Sedation, anxiolytisch	bei Verwendung der öligen Suspension besteht Gefahr der Gewebereizung bei extravasalem Einsatz
Anticholinergika				
Atropin	0,1–0,5 mg/kg KGW s.c.	0,1–0,2 mg/kg KGW s.c.	Parasympatholytikum	kann zu Tachykardie führen
Glykopyrrolat	10–20 µg/kg KGW i.m./i.v./s.c.	10–20 µg/kg KGW i.m./i.v./s.c.	Parasympatholytikum	kann zu Tachykardie führen
Prokinetika				
Metoclopramid	0,2–1 mg/kg KGW s.c., p.o. alle 8–24 h	0,5–1 mg/kg KGW s.c., p.o. alle 8–24 h	Antiemetikum, wirkt prokinetisch auf den oberen Magen-Darm-Trakt	nicht bei einer vollständigen Obstruktion des Gastrointestinaltraktes anwenden
Ranitidin	2–6 mg/kg KGW p.o., s.c., i.v. alle 8–24 h	5 mg/kg KGW p.o., i.v. alle 12 h	Histamin-Rezeptorblocker, Antazidum, Prokinetikum	kann in seltenen Fällen zu Herzarrhythmien und Hypertension führen
Handfütterung				
geeignete Breinahrung für Herbivore	20–25 ml/kg KGW p.o. alle 3–6 h täglich nach Bedarf und unter Gewichtskontrolle	20–25 ml/kg KGW p.o. alle 3–6 h täglich nach Bedarf und unter Gewichtskontrolle	bei Inappetenz, reduzierter Futteraufnahme, postoperativ	Schluck- und Kaureflex müssen erhalten sein

3 Anästhesie und Analgesie

3.1 Allgemeinanästhesie

Grundsätzlich können zur Anästhesie bei Kaninchen und Meerschweinchen Injektions- oder Inhalationsanästhetika angewandt werden. Eine Narkoseeinleitung per injectionem und die Narkosevertiefung mittels Inhalationsnarkose im Rahmen einer balancierten Anästhesie ist aufgrund ihres Anästhetika-sparenden Effektes besonders schonend.

Es ist weiterhin zu beachten, dass auch bei einer reinen Injektionsnarkose unbedingt Sauerstoff supplementiert werden muss, da die Tiere sonst gefährliche Hypoxien entwickeln.

Da anästhesierte Kaninchen und Meerschweinchen ihre Augen nicht schließen, ist eine Befeuchtung der Hornhaut mit Augensalbe über die gesamte Dauer der Anästhesie wichtig (▶Abb. 3-1).

3.1.1 Injektionsanästhesie

Die Applikation von Injektionsanästhetika kann bei Kaninchen und Meerschweinchen i.v. oder i.m. erfolgen. Bei der intravenösen Applikation muss auf eine langsame Verabreichung nach Effekt geachtet werden. Diese Applikationsart ist besonders bei kritischen Patienten von Vorteil. Bei intramuskulärer Applikation sollte ein Maximalvolumen von 0,25–0,5 ml/kg KGW nicht überschritten werden. Größere Volumina können auf mehrere Stellen verteilt werden. Die intramuskuläre Narkoseeinleitung ist dabei weniger gut steuerbar und ihr Wirkungseintritt langsamer als bei der intravenösen Applikation.

Für die intramuskuläre Einleitung ist für das Meerschweinchen die Injektion in den M. quadriceps femoris geeignet (▶Abb. 3-2). Nach vorheriger Spülung der Maulhöhle mit wenigen Millilitern Wasser (▶Kap. 2.3) wird der Patient unter dem Brustkorb und unter dem Becken in aufrechter Position gehalten. Der Anästhesist fixiert den M. quadriceps femoris zwischen Daumen und Zeigefinger der einen Hand und injiziert das Anästhetikum mit der anderen Hand von lateral kommend in den Muskel.

Aufgrund der Wehrhaftigkeit vieler Kaninchen und der Gefahr einer Gliedmaßenfraktur bei Fixation der Hintergliedmaße sollte die intramuskuläre Injektion bei dieser Tierart in die lange Rückenmuskulatur erfolgen. Dazu wird das Kaninchen, nach vorheriger Spülung der Maulhöhle mit wenigen Millilitern Wasser (▶Kap. 2.3), sitzend auf dem Schoß des

Abb. 3-1 Um ein Austrocknen der Kornea zu verhindern, muss eine Befeuchtung mittels Augensalbe über die gesamte Dauer der Anästhesie erfolgen.

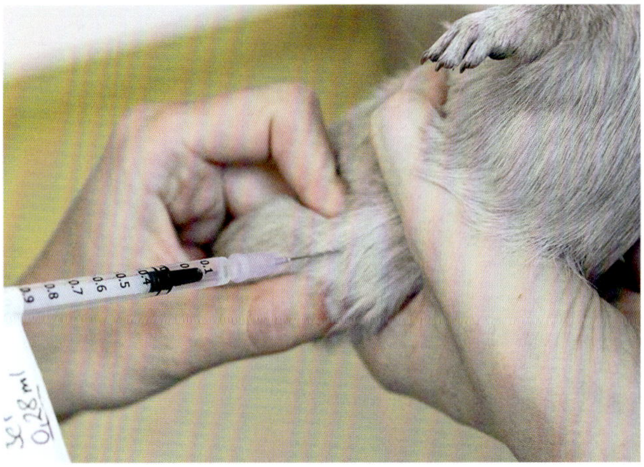

Abb. 3-2 Intramuskuläre Applikation von Anästhetika in den M. quadriceps femoris beim Meerschweinchen.

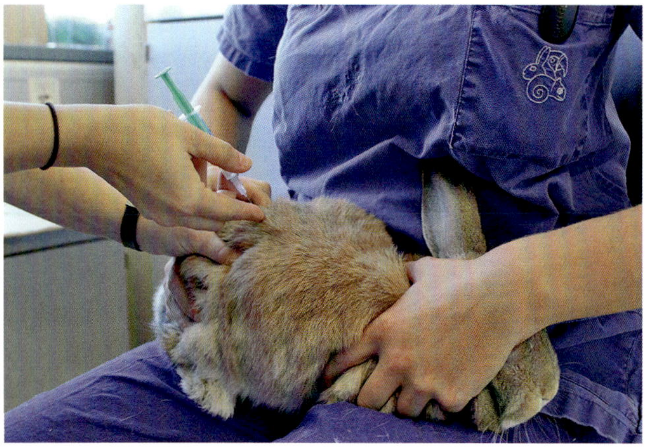

Abb. 3-3 Intramuskuläre Applikation von Anästhetika in das hintere Drittel des M. longissimus dorsi beim Kaninchen. Durch das sichere Halten auf dem Schoß des Helfers und die Vermeidung einer Gliedmaßenfixierung können Verletzungen verhindert werden.

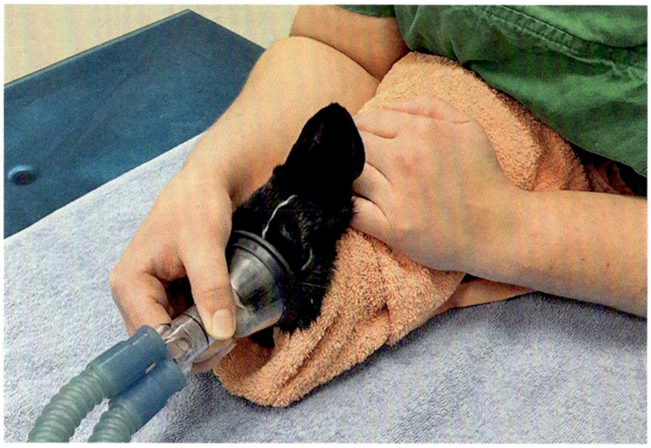

Abb. 3-4 Einleitung einer Inhalationsmonoanästhesie beim Kaninchen über eine kleine Atemmaske. Das Tier wurde zur Vermeidung von Verletzungen durch Abwehrbewegungen in ein Handtuch gewickelt und wird durch den Helfer sicher, aber nicht zu fest fixiert.

Helfers oder einem Tisch fixiert. Der Anästhesist injiziert anschließend senkrecht von oben in das hintere Drittel des M. longissimus dorsi (▶Abb. 3-3).

Nach intramuskulärer Narkoseeinleitung sollte das Tier in eine gewohnte, ruhige, abgedunkelte Umgebung (z.B. Transportbox, Käfig) verbracht werden und 5–10 Minuten nicht gehandelt werden. Futter (auch Heu) und Wasser sollten für diesen Zeitraum aus dem Käfig oder der Transportbox entfernt werden, da die Tiere erfahrungsgemäß während der Einschlafphase häufig noch etwas aufnehmen wollen und es dabei zur Aspiration von Fremdmaterial kommen kann. Weiterhin sollte schon in der Einschlafphase mit der Präoxigenierung sowie der Bereitstellung einer externen Wärmequelle (z.B. Wärmekissen) begonnen werden.

3.1.2 Inhalationsanästhesie

Die Inhalationsanästhesie ist beim Heimtier zur Fortführung der, durch eine Injektion eingeleiteten, Anästhesie oder zur Inhalationsmonoanästhesie geeignet. Es können sowohl Isofluran als auch Sevofluran zum Einsatz kommen. Bei Verwendung einer reinen Inhalationsmononarkose muss bedacht werden, dass diese Inhalationsanästhetika *nicht* analgetisch wirksam sind und diese Narkoseform alleine daher für schmerzhafte Eingriffe und Operationen untauglich ist.

Eine reine Inhalationsnarkose kann über eine Maske oder eine Kammer eingeleitet werden. Diese Art der Narkoseeinleitung kann beim Kaninchen mit zum Teil sehr starken Abwehrbewegungen und Stressreaktionen einhergehen und muss daher sehr vorsichtig, ggf. nach vorheriger Sedation (▶Kap. 2.5) erfolgen (▶Abb. 3-4).

Für die Inhalationsanästhesie beim Heimtier sollte das Narkosegerät mit einem an die Größe des Tieres adaptierten Patiententeil ausgestattet sein. Der Frischgasflow sollte auf 1 L/min eingestellt werden.

3.1.3 Sicherung der Atemwege

Zur Verabreichung von Sauerstoff und Narkosegasen sowie zur manuellen Beatmung im Fall eines Narkosezwischenfalles mit Apnoe ist eine Sicherung der Atemwege mittels endotrachealer Intubation oder die Verwendung einer Larynxmaske (Kaninchen) anzuraten. Bei einem Atemstillstand ist eine manuelle Beatmung über Gesichtsmasken oder durch die Kompression des Thorax nur unzureichend wirksam.

Eine endotracheale Intubation kann erst nach erfolgter Narkoseeinleitung und bei abwesendem Kiefertonus sowie ausgeschaltetem Husten- und Schluckreflex erfolgen. Bei unzureichender Narkosetiefe scheitern Intubationsversuche oft an Abwehr- und Kaubewegungen des Tieres. Vor der Intubation ist eine Präoxigenierung ratsam. In der Regel ist das Einatmen von reinem Sauerstoff über 5–6 Atemzüge ausreichend. Der Tubus sollte zur Minimierung des technischen Totraumes auf der Höhe der Lippen enden und sein proximales Ende in der Mitte des Halses zu liegen kommen. Einmaltuben können zu diesem Zweck auf die passende Länge gekürzt werden. Endotrachealtuben mit einem Ausgang für die Seitenstrom-Kapnografie sind weiterhin von Vorteil. Da auf einen zusätzlichen Aufsatz für die Kapnografie verzichtet werden kann, bleibt der technische Totraum so klein wie möglich. Um Laryngospasmen zu vermeiden, ist der Gebrauch eines Lokalanästhetikums (z.B. Tetracain oder Lidocain) vor der Intubation zu empfehlen. Ein übermäßiger Gebrauch eines lokalanästhetischen Sprays sollte dabei jedoch vermieden werden, da es bei unsachgemäßem Einsatz leicht zu Überdosierungen kommen kann. Der Patient sollte erst dann wieder extubiert werden, wenn der Schluck-, Kau- oder Hustenreflex wieder einsetzt (▶Kap. 4.1).

3.1.3.1 Sicherung der Atemwege beim Kaninchen

Da Kaninchen während der Narkose häufig Atemstillstände zeigen, ist eine Sicherung der Atemwege bei dieser Tierart besonders wichtig. Allerdings führen einige anatomische Besonderheiten dazu, dass die Intubation beim Kaninchen schwieriger ist als bei Hunden und Katzen. Der Larynxbereich ist im Vergleich zur Größe des Kaninchens klein und hinter dem Zungenwulst verborgen. Weiterhin behindern der enge Oropharynx, die langen Inzisivi und die relativ wenig bewegliche Mandibula eine gute Einsicht auf den Kehlkopfbereich und ein Einführen des Tubus.

Die Größe des zu verwendenden Tubus hängt stark von der Körpergröße des Kaninchens ab. Für ein ca. 2,5 kg schweres Tier wird in der Regel ein Tubus mit einem Durchmesser von 2,5 bis 3 mm benötigt. Ein Tubus ohne Cuff ist dabei vorzuziehen, da somit ein größerer Tubusdurchmesser gewählt werden kann und der Atemwiderstand vermindert wird. Des Weiteren ist die Trachealschleimhaut beim Kaninchen sehr empfindlich und der Einsatz von Tuben mit Cuff kann schnell zu Schleimhautnekrosen der Trachea führen.

Zur Sicherung der Atemwege beim Kaninchen können unterschiedliche Methoden zum Einsatz kommen. Die Intubation kann blind oder unter Sichtkontrolle (mittels Endoskop, Laryngoskop oder Otoskop) erfolgen. Nach Erfahrungen der Autorinnen ist die endoskopische Intubation beim Kaninchen sehr einfach erlern- und durchführbar und sollte, wenn das nötige Equipment vorhanden ist, versucht werden (▶Abb. 3-5, ▶Abb. 3-6). Es muss dabei beachtet werden, dass der sehr lange, weiche Gaumen der Kaninchen physiologischerweise über der Epiglottis liegt und somit den direkten Blick auf den Kehlkopf zunächst verwehrt. Durch ein Vorschieben des Endoskops in kaudodorsaler Richtung kann der weiche Gaumen vorsichtig angehoben werden, sodass die Visualisierung des Larynx ermöglicht wird.

Seit einiger Zeit sind außerdem speziell für das Kaninchen entwickelte Larynxmasken (v-gel® Larynxtubus, Docsinnovent) im Handel erhältlich und stellen eine Alternative zur endotrachealen Intubation dar. Im Vergleich zur endotrachealen Intubation mit einem Tubus ist die korrekte Platzierung der Larynxmaske einfacher und ohne Hilfsmittel wie dem Endoskop möglich (▶Abb. 3-7, ▶Abb. 3-8). Zu beachten ist, dass Larynxmasken während der Narkose sehr leicht verschoben werden können und es dadurch zu einer Obstruktion der Atemwege kommen kann. Ein vorsichtiges Handling des Patienten und eine regelmäßige Kontrolle des korrekten Sitzes der Larynxmaske mittels Kapnograf sind daher unbedingt zu beachten (▶Abb. 3-9). Aufgrund ihrer Größe sind Larynxmasken für Eingriffe in der Maulhöhle wenig geeignet.

Es ist sinnvoll, die Außenseiten der Tuben bzw. Larynxmasken mit einem speziellen Gel (z. B. VetLube®) gleitfähiger zu machen, um eine schonendere Platzierung zu ermöglichen.

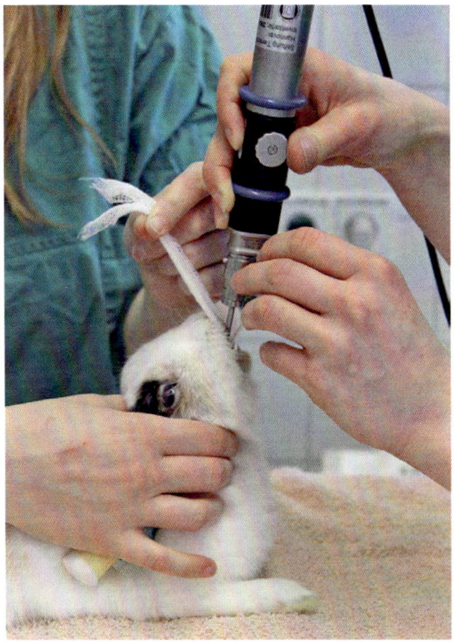

Abb. 3-5 Endotracheale Intubation eines Kaninchens unter endoskopischer Sichtkontrolle: Der Kopf des Tieres wird dabei mit Hilfe einer um die Oberkieferschneidezähnen gelegten Schlinge überstreckt und der Tubus, nach zuvor erfolgter Lokalanästhesie, unter Visualisierung des Larynx vorgeschoben.

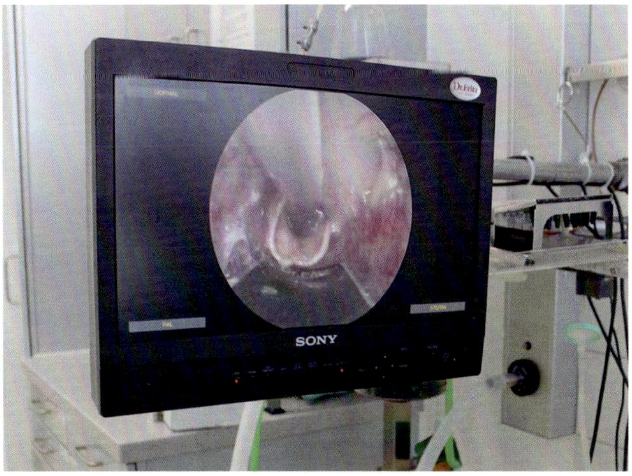

Abb. 3-6 Endotracheale Intubation eines Kaninchens unter endoskopischer Sichtkontrolle: Aufgrund der guten Visualisierung des Larynx ist die korrekte Platzierung des Tubus in der Trachea schnell und schonend möglich.

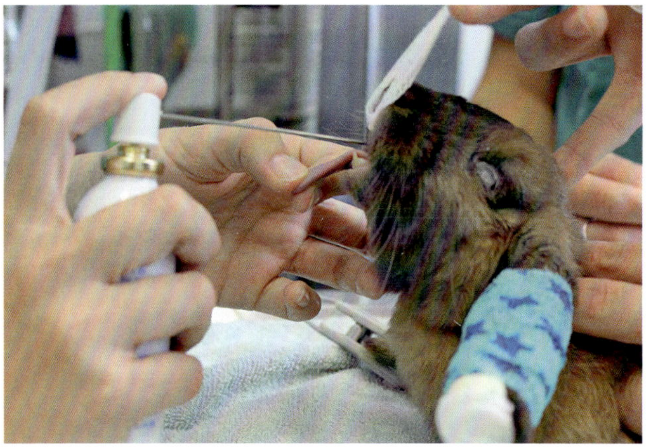

Abb. 3-7 Verwendung einer Larynxmaske beim Kaninchen: Auch beim Einsatz einer Larynxmaske wird der Kopf des Tieres mit Hilfe einer um die Oberkieferschneidezähne gelegten Schlinge überstreckt. Vor der Platzierung sollte auch in diesem Fall zunächst eine Lokalanästhesie des Larynx (z.B. mit einem lokalanästhetischen Spray) erfolgen.

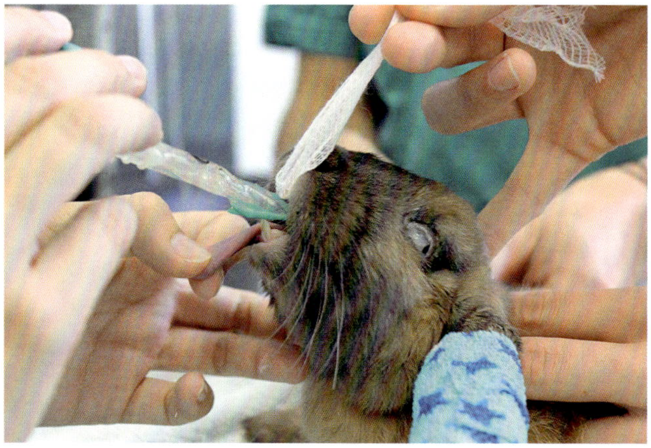

Abb. 3-8 Verwendung einer Larynxmaske beim Kaninchen: Die korrekte Platzierung der Larynxmaske ist dabei recht einfach und ohne den Larynxbereich einsehen zu müssen, möglich. Die Larynxmaske wird nach Herausziehen der Zunge und bei weiterhin überstrecktem Kopf in Richtung Kehlkopf vorgeschoben, bis ein leichter Widerstand (der Zungenwulst) überwunden wird.

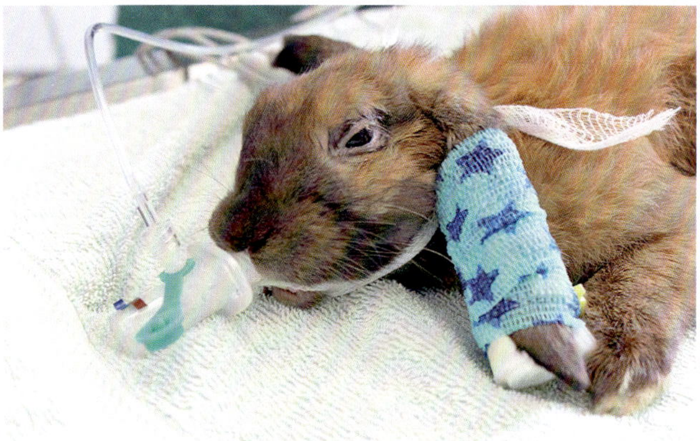

Abb. 3-9 Verwendung einer Larynxmaske beim Kaninchen: Der korrekte Sitz wird anschließend mittels Kapnograf überprüft. Da ein Verrutschen der Larynxmaske sehr leicht möglich ist und zu einer Verlegung der Atemwege führen kann, sollte eine kontinuierliche Überprüfung mittels Kapnograf über die gesamte Narkosedauer erfolgen.

3.1.3.2 Sicherung der Atemwege beim Meerschweinchen

Auch beim Meerschweinchen ist eine Intubation möglich, jedoch technisch schwieriger als beim Kaninchen. Neben der langen und engen Maulhöhle erschwert das interpharyngeale Ostium (auch Ostium palatinum genannt, ▶Abb. 3-10) die gute Darstellung des Larynx. Diese enge, runde Öffnung, die sich aus weichen Gaumen und dem kaudalen Zungenanteil zusammensetzt, liegt rostral des Kehlkopfes und muss vom Tubus überwunden werden, bevor dieser in den Larynx eingebracht werden kann. Zur endotrachealen Intubation sind bei Meerschweinchen je nach Körpergröße Tuben ohne Cuff mit einem Durchmesser von 2 mm oder kleiner sowie kleine, entsprechend gekürzte Ernährungssonden geeignet. Die Intubation gelingt am einfachsten unter endoskopischer Sichtkontrolle. Alternativ können auch kleine Masken benutzt werden, in die ein Einmalhandschuh eingespannt wird, welcher kreuzförmig eingeschnitten wird. So passen anschließend nur die Nasenlöcher und die Oberkieferschneidezähne des Patienten hindurch (obligate Nasenatmer) und ein Entweichen der Narkosegase in die Umgebung kann weitestgehend verhindert werden (▶Abb. 3-11). Die Beatmung über eine Maske ist im Fall eines Atemstillstandes zu einem gewissen Grad möglich, jedoch bei weitem nicht so effizient wie bei einer endotrachealen Intubation.

3.1.4 Lokalanästhesie

Lokalanästhetika blockieren die Entstehung und Weiterleitung von Schmerzimpulsen und sollten, wo immer möglich, Bestandteil der Allgemeinanästhesie sein. Ihre analgetische

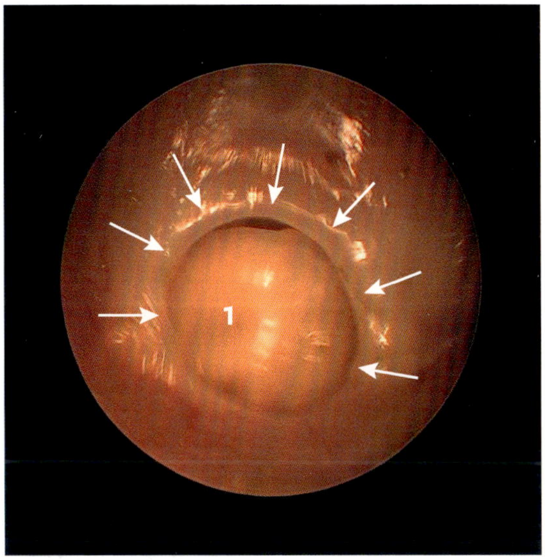

Abb. 3-10 Das interpharyngeale Ostium (Pfeile) setzt sich beim Meerschweinchen aus dem Kaudalteil der Zunge und dem weichen Gaumen zusammen. Kaudal des Ostiums liegt die Epiglottis (**1**).

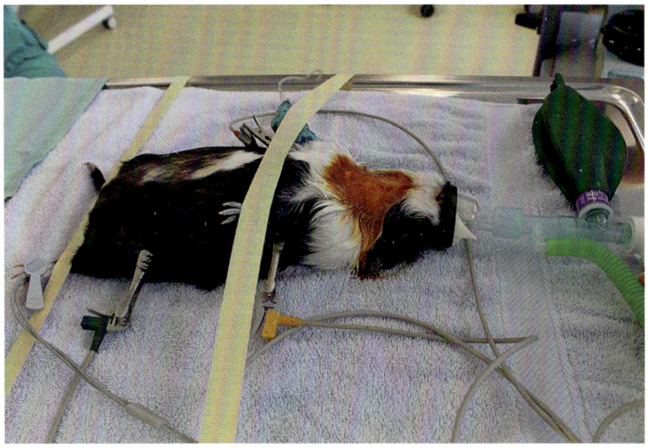

Abb. 3-11 Eine Verabreichung von Sauerstoff und Narkosegasen ist auch über eine kleine Maske möglich, in die ein Einmalhandschuh eingespannt und kreuzförmig eingeschnitten wurde. Durch dieses Loch werden anschließend die Nasenlöcher und die Oberkieferschneidezähne des Patienten hindurchgesteckt (obligate Nasenatmer) was einen Austritt von Narkosegasen in die Umgebung zum größten Teil verhindert.

Wirkung kann sowohl während der Narkose einen Anästhetika-sparenden Effekt aufweisen als auch nach dem chirurgischen Eingriff die postoperative Analgesie ergänzen.

Grundsätzlich können Lokalanästhetika topisch aufgebracht (z.B. mit einem lokalanästhetischen Spray im Rahmen der Intubation, ▶Kap. 3.1.3), per Schnittinfiltration in das Gewebe eingebracht oder im Rahmen eines Nervenblockes appliziert werden. Auch Injektionen direkt in einen Gelenkspalt oder intrathekale Applikationen von Lokalanästhetika, z.B. bei einer epiduralen Injektion, sind möglich.

Lidocain in einer Dosierung von 2–4 mg/kg KGW eignet sich gut für den Einsatz zur Schnittinfiltration oder Nervenblockade bei Kaninchen und Meerschweinchen. Es ist zu bedenken, dass Lidocain schon nach 1–3 Minuten seine volle Wirksamkeit entfaltet, diese Wirkung aber nur 30–40 Minuten anhält. Auch Bupivacain kann in einer Dosierung von 0,5–2 mg/kg KGW hierfür verwendet werden. Der Wirkungseintritt beginnt allerdings erst 20–30 Minuten nach der Applikation, hält dafür aber bis zu 8 Stunden an.

Um unerwünschten Nebenwirkungen infolge einer intravenösen Applikation von Lokalanästhetika vorzubeugen, sollte stets ein Aspirationsversuch erfolgen. Die maximalen Dosen von 4 mg/kg Lidocain bzw. 2 mg/kg Bupivacain dürfen nicht überschritten werden.

3.1.5 Intraoperatives Wärmemanagement

Bei Kaninchen und Meerschweinchen kommt es unter anderem aufgrund ihrer geringen Körpergröße und dementsprechend großen Körperoberfläche zur schnellen Entwicklung einer Hypothermie. Dies stellt eine sehr ernstzunehmende Komplikation dar, welche sowohl prä- als auch postoperativ therapiert werden muss (▶Kap. 2.4, ▶Kap. 4.2).

Intraoperativ gilt es, den unvermeidlichen Wärmeverlust so gering wie möglich zu halten. Mit sinkender Körpertemperatur steigt unter anderem die Anfälligkeit für Komplikationen wie Herzrhythmusstörungen, Infektanfälligkeit und einen plötzlich auftretenden Tod. Weiterhin verringert sich bei reduzierter Körpertemperatur die minimal alveoläre Konzentration von Inhalationsnarkotika und Injektionsanästhetika werden langsamer abgebaut, was zu einer Überdosierung führen kann. Warme Räume und eine kontinuierliche Lagerung auf warmen Unterlagen (z.B. Wärmematten, Wärmekissen, Wärmflaschen, mit warmen Wasser gefüllten Handschuhen etc., ▶Abb. 3-12) können einen übermäßigen Wärmeverlust verhindern. Weiterhin sollte die Schur der Haare nur so großflächig wie unbedingt nötig erfolgen und warme Wasch- und Desinfektionslösungen zum Einsatz kommen. Auch die Verwendung von warmen Infusionslösungen zur intravenösen oder intraperitonealen Verabreichung kann dazu beitragen, die Körpertemperatur stabil zu halten (▶Abb. 3-13). Eine intraoperative Messung der Körperinnentemperatur (z.B. durch rektale oder ösopha-

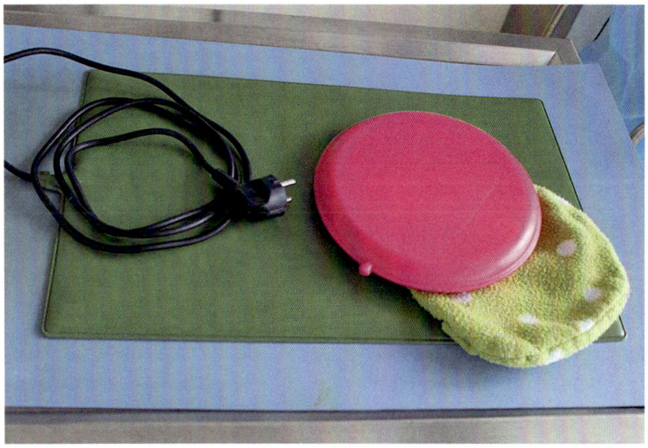

Abb. 3-12 Während der Narkose sollten Kaninchen und Meerschweinchen auf Wärmematten oder Wärmekissen gelagert werden. Zur Vermeidung von Verbrennungen sollte zwischen Wärmequelle und Tier stets ein Handtuch oder eine Stoffhülle (z.B. bei Wärmekissen) platziert werden.

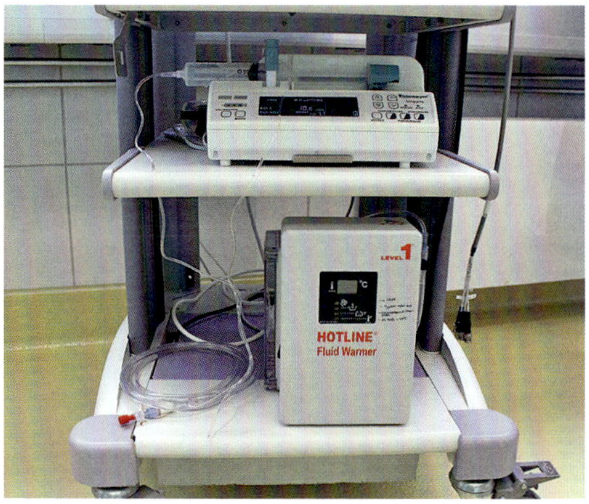

Abb. 3-13 Eine Spritzenpumpe und ein Flüssigkeitswärmer sind zur Verabreichung warmer intravenöser Flüssigkeiten gut geeignet.

geale Sonden oder mit Hilfe eines rektalen Thermometers) kann helfen, den Wärmeverlust einzuschätzen. Bei einem verstärkten Temperaturabfall kann dann entsprechend gehandelt und die externe Wärmezufuhr erhöht werden.

3.1.6 Intraoperative Flüssigkeitssubstitution

Die Flüssigkeitszufuhr während der Anästhesie unterstützt den Kreislauf und gleicht Flüssigkeitsverluste während der Narkose aus. Idealerweise sollte die Flüssigkeitsgabe i.v. erfolgen und 5–10 ml/kg KGW/h betragen. Bei volumenüberlasteten Patienten oder beim Vorliegen einer Herzerkrankung sollte eine reduzierte Flüssigkeitsgabe (2,5 ml/kg KGW/h oder weniger) erfolgen. Es sollten warme Vollelektrolytlösungen (gepufferte kristalloide Lösungen) zum Einsatz kommen. Eine Spritzenpumpe eignet sich besonders gut zur Verabreichung kleiner Mengen (▶Abb. 3-13). Alternativ können auch kleine Boli in festgelegten Abständen langsam intravenös injiziert werden.

3.1.7 Beurteilung der Narkosetiefe

Zur Beurteilung der Narkosetiefe können bei Kaninchen und Meerschweinchen folgende Reflexe herangezogen werden und sollten im chirurgischen Toleranzstadium nicht auslösbar sein:

- Umdrehreflex
- Zwischenzehenreflex
- Schluckreflex
- Ohrreflex
- Lidreflex

Auch der **Kiefertonus**, welcher bei ausreichender Anästhesietiefe erloschen ist, kann untersucht werden.

> **Ungeeignete Methoden zur Narkosetiefenbestimmung**
> Die **Stellung des Augapfels** sowie das Vorhandensein der **Augenreflexe** variieren zum Teil sehr stark und eignen sich daher nur bedingt für die Narkosetiefenbestimmung. Gerade Kaninchen besitzen eine relativ starke Reflexaktivität, wodurch gewisse Augenreflexe (wie z.B. der **Kornealreflex**) häufig auch noch in tieferen Anästhesiestadien auslösbar sind.

Anzeichen eines zu tiefen Anästhesiestadiums

Ein **Exophthalmus mit Nickhautvorfall** (sogenanntes Fischauge) sowie **völlige Reflexlosigkeit** zeigen eine zu tiefe Narkose beim Kaninchen an und müssen sehr ernst genommen werden (▶Kap. 3.1.9). Auch eine ausgeprägte Bradykardie und Bradypnoe sowie eine Apnoe können sowohl bei Kaninchen als auch bei Meerschweinchen ein zu tiefes Anästhesiestadium anzeigen.

Anzeichen einer zu oberflächlichen Anästhesie

Eine unzureichende Anästhesie bzw. Analgesie kann beim Kaninchen bei schmerzhaften Eingriffen durch **längere, krampfartige Atemstillstände** mit anschließenden **stoß-**

artigen Schreien angezeigt werden. Auch **Kaubewegungen, ein Anheben des Kopfes** sowie **auslösbare Reflexe** (▶ Seite 18) und eine **Reaktion auf Schmerzstimuli** (z.B. durch Zucken) sprechen sowohl bei Kaninchen als auch bei Meerschweinchen für eine zu flache Narkose bzw. eine insuffiziente Schmerzausschaltung. Ebenso kann eine **Erhöhung der Herz- und Atemfrequenz** bei schmerzhaften Prozeduren (z.B. beim Zug am Ovar) auf eine ungenügende Analgesie und Narkosetiefe hindeuten. Somit trägt auch die intraoperative Überwachung der Vitalparameter (▶Kap. 3.1.8) zur Beurteilung der Narkosetiefe bei.

3.1.8 Narkoseüberwachung

Eine gute intraoperative Überwachung ist notwendig, um die Narkosetiefe richtig einzuschätzen, eventuelle Komplikationen frühzeitig zu erkennen und Gegenmaßnahmen rechtzeitig einzuleiten. Die während der Narkose erfassten Vitalparameter sollten mindestens alle 10 Minuten sorgfältig dokumentiert werden.

Der Anästhesist kann dabei durch klinische Beobachtungen (Schleimhautfarbe, Schleimhautfeuchtigkeit, kapilläre Rückfüllungszeit, Atemfrequenz, Atemgeräusche, Atemtyp, Herzfrequenz, Puls [u.a. fühlbar an der A. auricularis medialis], Reflextätigkeit etc.) sehr viele Aussagen über den Zustand seines Patienten machen. Doch auch die meisten veterinärmedizinischen Narkoseüberwachungsmonitore können bei Heimtierpatienten eingesetzt werden und ermöglichen eine kontinuierliche Überwachung des narkotisierten Patienten (▶Abb. 3-14, ▶Abb. 3-15). Es muss allerdings darauf geachtet werden, dass das verwendete Gerät auch zur Erfassung der hohen Herzfrequenzen der Kaninchen und Meerschweinchen geeignet ist. Grundsätzlich gilt: kein Narkosemonitor kann die manuelle Überwachung der Vitalparameter vollständig ersetzen. Diese sollten auch bei der Verwendung von Überwachungsgeräten regelmäßig durch das anästhetische Personal überprüft werden.

3.1.8.1 Wichtige zu überwachende Parameter

Sauerstoffsättigung

Die Farbe von Maulschleimhaut und Zunge liefert erste Hinweise über die Sauerstoffsättigung im Blut. Allerdings ist zu bedenken, dass eine sichtbare Zyanose erst bei einer Sättigung von unter 70 % auftritt. Daher ist die bloße Beobachtung der Zunge und der Schleimhaut nicht ausreichend. Über ein Pulsoximeter können sowohl Sauerstoffsättigung als auch Pulsfrequenz erfasst werden, wobei eine Sauerstoffsättigung von 95–100 % als physiologisch angesehen wird. Der Klippsensor des Pulsoximeters kann dabei beim Meerschweinchen am besten an den Ballen der Gliedmaßen oder bei Kaninchen über der Ohrarterie angebracht werden. Vor allem bei den behaarten Ballen der Kaninchen kommt es in der Regel zu einem schlechteren Signal. Eine Pigmentation der Ballen hat dahingegen keinen negativen Einfluss auf die Signalstärke. Die oftmals zu kleine oder durch eine Maske verdeckte Zunge ist für die Pulsoximetrie beim Meerschweinchen weniger gut geeignet, wobei die Platzierung an der Zunge bei intubierten Kaninchen häufig gut gelingt. Bei der Verwendung einer

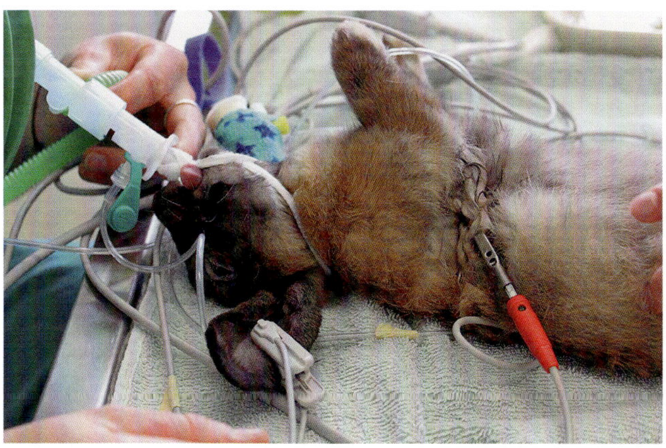

Abb. 3-14 Narkoseüberwachung beim Kaninchen: Sowohl ein Kapnograf, Pulsoximeter (Ohrarterie) als auch ein EKG kommen zum Einsatz.

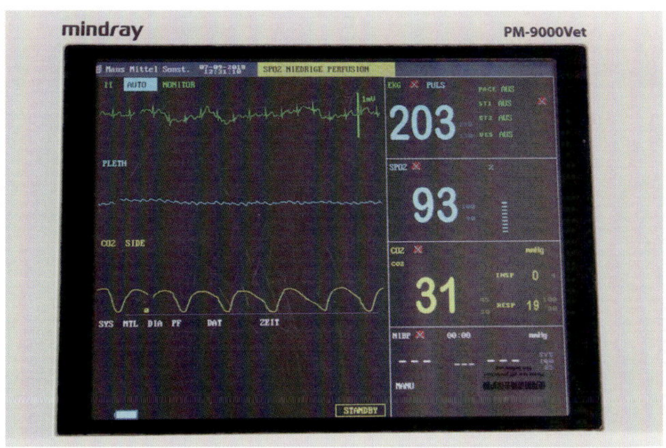

Abb. 3-15 Beispiel zur Anwendung eines Narkoseüberwachungsmonitors bei Kaninchen und Meerschweinchen: Herzfrequenz, Sauerstoffsättigung, inspiratorischer und exspiratorischer CO_2-Gehalt der Atemluft und Atemfrequenz können beurteilt werden. Auch eine nichtinvasive Blutdruckmessung und die Messung der Körperinnentemperatur sind möglich.

Larynxmaske beim Kaninchen nimmt die Zunge oftmals durch den Druck der Maske auf den Zungengrund eine bläuliche Farbe an. Diese kurzfristige Minderdurchblutung verschwindet in der Regel kurz nach der Extubation, stört aber bei der Beurteilung einer eventuellen Zyanose bzw. macht die Verwendung eines Pulsoximeters an der Zunge unmöglich. Die Signalstärke des Pulsoximeters kann beim Heimtier deutlich schwächer sein als beim Kleintier. Ein Anfeuchten der Haut kann die Signalstärke verbessern.

Atmung

Zur Überwachung der Atmung können die Bewegungen des Thorax und des Atembeutels sowie bei intubierten Tieren die Messungen des Kapnografen herangezogen werden. Eine zu niedrige Atemfrequenz oder ein Atemstillstand können auf ein zu tiefes Anästhesiestadium oder eine Verlegung der Atemwege hinweisen. Beim Kaninchen können auch starke Schmerzen sowie das Einatmen von Narkosegasen zu einer Apnoe führen. Eine sehr hochfrequente Atmung kann weiterhin sowohl bei Kaninchen als auch Meerschweinchen auf eine unzureichende Narkosetiefe hindeuten.

Auch die Messung des CO_2-Gehaltes in der Ausatemluft (Normokapnie bei 35–45 mmHg) durch den Kapnografen trägt zur Beurteilung der Atmung und des Kreislaufsystems bei. Eine Hypokapnie kann durch einen zu großen Totraum, Hyperventilation, ein Atemwegsleck, Vasokonstriktion, kardiovaskulären Störungen sowie durch Hypothermie ausgelöst werden. Eine Hyperkapnie kann bei Hypoventilation, einer Rückatmung von CO_2, sowie einem erhöhten Stoffwechsel vorkommen. Sollte plötzlich kein CO_2 mehr gemessen werden, kann dies auf einen potenziell lebensbedrohlichen Narkosezwischenfall (z. B. Apnoe, Atemwegs- oder Tubusobstruktion, Herz- oder Kreislaufstillstand) hindeuten.

Eine partielle Verlegung der Atemwege kann durch ein dafür typisch flach ansteigendes und absteigendes Kapnogramm diagnostiziert werden.

Herzfrequenz

Die Herz- oder Pulsfrequenz kann durch Auskultation, das Pulsoximeter oder ein EKG überwacht werden. Sollte die Verwendung von EKG und Pulsoximeter nicht funktionieren, z. B. bei sehr kleinen Patienten, kann die Verwendung eines Dopplers (z. B. über dem Herzen) hilfreich sein. Eine

Tab. 3-1 Mögliche Ursachen von Herzfrequenz- und Blutdruckveränderungen bei Kaninchen und Meerschweinchen

Herzfrequenz	Blutdruck	Mögliche Ursache
erniedrigt	erhöht	physiologischer Barorezeptorreflex; engmaschige Kontrolle nötig!
erniedrigt	erniedrigt	Narkose zu tief; Hypothermie
erhöht	erhöht	Schmerzempfinden
erhöht	erniedrigt	Hypovolämie

Abnahme der Herz- oder Pulsfrequenz kann aufgrund eines zu tiefen Narkosestadiums, einer Stimulation des Vagus oder medikamentenbedingt vorkommen. Bei Schmerzwahrnehmung kann die Herzfrequenz steigen. Es ist dabei zu bedenken, dass eine Herzfrequenzveränderung nur in Zusammenhang mit dem Blutdruck korrekt interpretiert werden kann (▶Tab. 3-1).

Blutdruck

Eine Blutdruckmessung kann grundsätzlich auch bei Kaninchen und Meerschweinchen durchgeführt werden. Neben der selten durchgeführten invasiven Blutdruckmessung (z. B. über einen intraarteriellen Katheter in der Ohrarterie beim Kaninchen) werden vor allem nichtinvasive Methoden (Blutdruckmanschetten) beim Kleinsäuger angewandt. Die nichtinvasive Blutdruckmessung kann sowohl mittels klassischer Ultraschall-Doppler-Methode als auch mittels Oszillometrie (an vielen Narkoseüberwachungsmonitoren vorhanden) erfolgen. Die richtige Auswahl der Manschettengröße ist für die korrekte Messung besonders wichtig: Die Manschettenbreite sollte ca. 40 % des Gliedmaßenumfangs betragen. Für die Oszillometrie eignet sich die Anbringung der Manschette über der A. brachialis besonders gut. Der systolische Blutdruck anästhesierter Kaninchen beträgt in der Regel zwischen 92 und 135 mmHg. Eine Hypotonie liegt bei Werten unterhalb von 80 mmHg vor. Meerschweinchen haben dahingegen einen relativ niedrigen mittleren Blutdruck von ca. 57 mmHg.

Tab. 3-2 Dosierungsvorschläge für Notfallmedikamente bei Kaninchen und Meerschweinchen (nach Emmerich und Hein 2018, Meredith 2015)

Notfallmedikament	Dosierung Kaninchen	Dosierung Meerschweinchen	Anwendungsgrund
Adrenalin	0,2–0,4 mg/g KGW i.v.	0,1 mg/kg KGW i.v.	Asystolie
Lidocain	1–2 mg/kg KGW i.v.	1–2 mg/kg KGW i.v.	Extrasystolen, ventrikuläre Tachykardie
Atropin	0,01–0,03 mg/kg KGW i.v.	0,01–0,03 mg/kg KGW i.v.	AV-Block, vagal bedingte Asystolie, Bradykardie, hgr. Bronchosekretion
Naloxon	0,01-0,1 mg/kg KGW i.v. (s.c., i.m.), Anpassung der Dosierung nach Wirkung!	0,01-0,1 mg/kg KGW i.v. (s.c., i.p.), Anpassung der Dosierung nach Wirkung!	Kompetitiver Opioidrezeptor-antagonist, zur Antagoinsierung von opioidinduzierter Atem- und ZNS-Depression

3.1.9 Narkosezwischenfälle

Beim Vorliegen eines Narkosezwischenfalles ist eine besonnene, aber schnelle Reaktion für das Überleben des Patienten entscheidend. Neben der Sicherung der Atemwege, der Kontrolle der Sauerstoff- und dem Unterbrechen der Anästhetikazufuhr (Inhalationsanästhetika ausschalten, ggf. Antagonisierung der Injektionsanästhetika erwägen) sollte bei Vorliegen eines Atemstillstandes schnellstmöglich mit der manuellen Ventilation begonnen werden (10–15 Atemzüge pro Minute). Sollte ein Herzstillstand vorliegen, muss primär die ununterbrochene Herzmassage erfolgen (Position: 3.–5. Interkostalraum am Übergang von der Rippe zu Rippenknorpel, Frequenz: 100–120 Schläge pro Minute). Die Beatmung ist als sekundär zur Herzmassage zu betrachten und sollte von einer zweiten Hilfsperson durchgeführt werden.

Die für jedes Tier berechnete Menge an Notfallmedikamenten (▶Tab. 3-2) sollte schon vor der Anästhesie aufgeschrieben werden und die Medikamente müssen griffbereit in der Nähe des narkotisierten Patienten bereitgehalten werden. Somit können Verzögerungen, die durch das Suchen der Medikamente oder durch die Berechnung der korrekten Dosis entstehen, im Notfall vermieden werden. Für den Behandlungserfolg entscheidend ist, dass Notfallmedikamente im Falle eines Narkosezwischenfalles intravenös verabreicht werden können, weswegen das Legen eines intravenösen Katheters bei jedem Kaninchen und Meerschweinchen in Allgemeinanästhesie zum Standardprozedere gehören sollte (▶Kap. 2.4).

3.1.10 Narkoseprotokolle

Die folgenden Narkoseprotokolle stellen beispielhaft Möglichkeiten der Anästhesie bei Kaninchen und Meerschweinchen dar, welche sich in der Praxis der Autoren bewährt haben.

Erfahrungsgemäß zeigen vor allem Kaninchen besonders häufig individuelle Schwankungen im Ansprechen auf unterschiedliche Anästhetika. Daher sollten die Wahl der eingesetzten Medikamente und deren Dosierung immer individuell auf das behandelte Tier abgestimmt werden und ggf. auch noch innerhalb der Narkose angepasst werden (z.B. durch eine Vertiefung der Anästhesie, Erhöhung der Analgetikadosierung etc.). Weiterhin reagieren vor allem Kaninchen sehr sensibel auf den Einsatz atemdepressiver Anästhetika, was eine Sicherung der Atemwege (▶Kap. 3.1.3) besonders wichtig macht.

Bei allen unten genannten Narkoseprotokollen (▶Tab. 3-3, ▶Tab. 3-4) sollte stets auch die Lokalanästhesie, z.B. im Rahmen einer Schnittinfiltration, zum Einsatz kommen.

Erfahrungsgemäß kann beim Einsatz der vollständig antagonisierbaren Anästhesie (VAA) auf eine Antagonisierung mit Naloxon verzichtet werden. Der Verlauf der Aufwachphase wird dadurch nicht negativ beeinflusst und die analgetische Komponente des Fentanyls bleibt bestehen. Sollte es jedoch zu einem Narkosezwischenfall kommen, ist eine vollständige Antagonisierung aller Anästhetika ratsam (▶Tab. 3-2).

Tab. 3-3 Beispiele für Narkoseprotokolle: Meerschweinchen

	Beispiel 1	Beispiel 2
Indikation	Operationen bei Meerschweinchen der ASA-Klasse 1–3	Operationen bei lebensbedrohlich erkrankten/moribunden Meerschweinchen (ASA-Klasse 4–5)
Prämedikation inklusive Analgesie	• Metoclopramid • je nach Eingriff – Meloxicam *und/oder* – Metamizol	• Metoclopramid • Metamizol • Buprenorphin (mindestens 30 min präoperativ)
Narkoseeinleitung	vollständig antagonisierbare Anästhesie (VAA): • Fentanyl (0,025 mg/kg KGW) • Midazolam (1,0 mg/kg KGW) • Medetomidin (0,2 mg/kg KGW) Injektion von zwei Drittel dieser Gesamtdosis i.m.	Midazolam (0,4–2 mg/kg KGW) langsam i.v. nach Effekt, bis zum Erreichen einer adäquaten Sedation
Narkosevertiefung	Isofluran-Inhalation *und/oder* Nachdosierung mit „Resten" der VAA i.v. in kleinen Boli nach Effekt	Isofluran-Inhalation
Antagonisierung	• Flumazenil (0,1 mg/kg KGW) • Atipamezol (1,0 mg/kg KGW) s.c. Applikation Sollten nur zwei Drittel der VAA verabreicht worden sein, müssen entsprechend nur zwei Drittel der Antagonisten verabreicht werden.	Flumazenil (0,05–0,2 mg/kg KGW) s.c. Applikation
postoperative Analgesie	je nach Eingriff • Meloxicam *und/oder* • Metamizol *und/oder* • Buprenorphin	je nach Eingriff • Metamizol *und/oder* • Buprenorphin

Tab. 3-4 Beispiele für Narkoseprotokolle: Kaninchen

	Beispiel 1	Beispiel 2	Beispiel 3	Beispiel 4
Indikation	kleinere operative Eingriffe, wie z.B. Kastration bei männlichen Tieren oder Entfernung kleinerer Umfangsvermehrungen aus der Haut bei Kaninchen der ASA-Klassen 1 und 2	Operationen bei Kaninchen der ASA-Klassen 1–3	Operationen bei Kaninchen der ASA-Klassen 3–4	Operationen bei lebensbedrohlich erkrankten/moribunden Kaninchen (ASA 4–5)
Prämedikation inklusive Analgesie	• Metoclopramid • je nach Eingriff – Meloxicam *und/oder* – Metamizol	• Metoclopramid • ggf. Midazolam (0,5–1 mg/kg KGW i.m.) • je nach Eingriff – Meloxicam *und/oder* – Metamizol *und/oder* – Buprenorphin (mindestens 30 min präoperativ)	• Metoclopramid • Midazolam (0,5–1 mg/kg KGW i.m.) • Metamizol *und* • Buprenorphin (mindestens 30 min präoperativ)	• Metoclopramid • Midazolam (0,5–1 mg/kg KGW i.m.) • Metamizol *und* • Buprenorphin (mindestens 30 min präoperativ)

Tab. 3-4 Beispiele für Narkoseprotokolle: Kaninchen (Fortsetzung)

	Beispiel 1	Beispiel 2	Beispiel 3	Beispiel 4
Narkose-einleitung	vollständig antagonisierbare Anästhesie (VAA): • Fentanyl (0,013 mg/kg KGW) • Midazolam (0,66 mg/kg KGW) • Medetomidin (0,13 mg/kg KGW) Injektion von zwei Drittel der Gesamtdosis i.m.	• Ketamin (10–15 mg/kg KGW) • Medetomidin (0,12–0,2 mg/kg KGW) Injektion der Gesamtdosis i.m.	• Ketamin (7–10 mg/kg KGW) • Medetomidin (0,1 mg/kg KGW) Injektion der Gesamtdosis i.m. bei Bedarf Propofol/Alfaxalon langsam i.v., bis zum Erreichen der Intubationsfähigkeit **Beachte:** Propofol und Alfaxalon sollten aufgrund ihrer atemdepressiven Wirkung nur dann beim Kaninchen zum Einsatz kommen, wenn die Sicherung der Atemwege gewährleistet werden kann und eine Möglichkeit zur manuellen Beatmung besteht.	Alfaxalon (Maximaldosis 6 mg/kg KGW, meist deutlich weniger [1–3 mg/kg KGW] nötig) *oder* Propofol (5–10 mg/kg KGW) langsam i.v. nach Wirkung bis zum Erreichen der Intubationsfähigkeit **Beachte:** Propofol und Alfaxalon sollten aufgrund ihrer atemdepressiven Wirkung nur dann beim Kaninchen zum Einsatz kommen, wenn die Sicherung der Atemwege gewährleistet werden kann und eine Möglichkeit zur manuellen Beatmung besteht.
Narkose-vertiefung	Isofluran-Inhalation *und/oder* Nachdosierung mit „Resten" der VAA i.v. in kleinen Boli nach Effekt	Isofluran-Inhalation **Als Alternative zur Buprenorphin-Prämedikation kann intraoperativ eine Fentanyl-Ketamin-Dauertropfinfusion verabreicht werden** (▶ Praxistipp S. 24).	Isofluran-Inhalation **Als Alternative zur Buprenorphin-Prämedikation kann intraoperativ eine Fentanyl-Ketamin-Dauertropfinfusion verabreicht werden** (▶ Praxistipp S. 24).	Isofluran-Inhalation **Als Alternative zur Buprenorphin-Prämedikation kann intraoperativ eine Fentanyl-Ketamin-Dauertropfinfusion verabreicht werden** (▶ Praxistipp S. 24).
Antagoni-sierung	• Flumazenil (0,06 mg/kg KGW) • Atipamezol (0,66 mg/kg KGW) s.c. Applikation Sollten nur zwei Drittel der VAA verabreicht worden sein, müssen entsprechend nur zwei Drittel der Antagonisten verabreicht werden.	• Atipamezol (0,6–1 mg/kg KGW) • ggf. Flumazenil (0,05–0,1 mg/kg KGW) s.c. Applikation	• Atipamezol (0,5 mg/kg KGW) • Flumazenil (0,05–0,1 mg/kg KGW) s.c. Applikation	Flumazenil (0,05–0,1 mg/kg KGW) s.c. Applikation
Postoperative Analgesie	je nach Eingriff • Meloxicam *und/oder* • Metamizol *und/oder* • Buprenorphin	je nach Eingriff • Meloxicam *und/oder* • Metamizol *und/oder* • Buprenorphin	je nach Eingriff • Metamizol *und/oder* • Buprenorphin	je nach Eingriff • Metamizol *und/oder* • Buprenorphin

Intraoperativ kann bei Kaninchen zur Aufrechterhaltung der Analgesie eine Fentanyl-Ketamin-Dauertropfinfusion verabreicht werden. Hiermit kann eine kontinuierliche Plasmakonzentration der Wirkstoffe bei Minimierung der Nebenwirkungen und sehr guter analgetische Abdeckung erzielt werden. Es sollte allerdings unbedingt in der Prämedikation auf Buprenorphin verzichtet werden.

Ketamin wird dabei in einer Dosierung von 0,5 mg/kg KGW/h und Fentanyl in einer Dosierung von 4 µg/kg KGW/h verabreicht. Dies wird leicht erreicht, indem man 0,01 ml einer 10 % Ketaminlösung (100 mg/ml) und 0,16 ml einer Fentanyllösung (50 µg/ml) mit 20 ml Vollelektrolytlösung mischt und mit einer Rate von 10 ml/kg KGW/h i.v. verabreicht.

Bei akut auftretenden intraoperativen Schmerzen können auch Fentanyl-Boli (2–5 µg/kg KGW) langsam intravenös verabreicht werden. Aufgrund der atemdepressiven Wirkung des Fentanyls muss dieses sehr langsam intravenös appliziert werden und die Möglichkeit der manuellen Beatmung muss vorhanden sein.

3.2 Analgesie

Obwohl davon ausgegangen werden kann und muss, dass das Schmerzempfinden von Kaninchen und Meerschweinchen dem anderer Säugetiere entspricht, werden diese Tierarten im Rahmen einer Operation im Vergleich zu Hunden und Katzen seltener ausreichend analgetisch behandelt. Gründe hierfür können sowohl im Verhalten der Tiere (Beutetiere, die Schmerzen und „Schwächen“, wo immer möglich, verstecken) als auch in Unsicherheiten bezüglich geeigneter Medikamente liegen. Eine fehlende oder ungenügende Analgesie widerspricht jedoch nicht nur den Grundsätzen des Tierschutzes, sondern kann auch den Erfolg einer ansonsten gelungenen Operation zunichtemachen.

3.2.1 Schmerzerkennung bei Kaninchen und Meerschweinchen

Schmerzen können sich bei Kaninchen und Meerschweinchen vielfältig äußern und z.B. zu Änderungen in der Futter- und Wasseraufnahme sowie zu einem Gewichtsverlust führen. Weiterhin können Verhaltensänderungen auffallen: Sehr scheue Tiere werden teilweise „plötzlich zahm“ und lassen sich leicht einfangen, ansonsten eher zutrauliche Tiere ziehen sich zurück. Das Explorationsverhalten in einer unbekannten Umgebung kann fehlen oder die Tiere zeigen eine Hyperaktivität („kommen nicht zur Ruhe“). Es kann auch zu Spannungen innerhalb einer Tiergruppe kommen, zum Teil werden erkrankte Tiere aus einer Gruppe ausgeschlossen oder es treten Aggressionen auf.

Weitere **Schmerzsymptome** können sein:

- Inaktivität
- Apathie
- Berührungsempfindlichkeit
- Schonhaltung schmerzhafter Körperteile
- Ängstlichkeit
- Automutilation
- Zähneknirschen
- Lautäußerungen (z.B. Quieken eines Meerschweinchens bei schmerzhaftem Urinabsatz)

Gerade die Interpretation von Verhaltensänderungen ist subjektiv und stark von den Erfahrungen des Beobachters abhängig. Es sollte immer berücksichtigt werden, dass auch wenn keine offensichtlichen Schmerzanzeichen vorliegen, alle Krankheitszustände, die beim Menschen als schmerzhaft gelten, auch bei Kaninchen und Meerschweinchen als schmerzhaft einzustufen sind.

Eine objektive Schmerzbeurteilung kann anhand der Veränderung der Gesichtsmimik (Fascial Grimace Scale), durchgeführt werden und wurde bereits für Kaninchen etabliert (im Internet einsehbar: svg.to/rabbitgrimace). Hierbei wird der Gesichtsausdruck des Tieres anhand von Zukneifen der Augen, Blähen der Nase, Aufblasen der Backen, Ohrenstellung und Stellung der Barthaare beurteilt und das „Schmerzgesicht“ des Tieres identifiziert. Anhand einer Drei-Punkte-Skala (non present pain, moderate und severe pain) werden die einzelnen Schmerzzustände quantifiziert.

3.2.2 Auswirkungen des Schmerzes

Unbehandelte Schmerzzustände führen neben einer allgemeinen Immunsuppression zu einer Aktivierung des sympathischen Nervensystems und damit zu einer Ausschüttung von Katecholaminen. Durch eine Erhöhung der Herzkontraktilität und -frequenz bei gleichzeitiger Konstriktion der peripheren Gefäße wird der Kreislauf zentralisiert. Folglich kommt es zu einer schlechteren Sauerstoffversorgung der Peripherie und zur Entwicklung azidotischer Verhältnisse. Gerade Kaninchen und Meerschweinchen entwickeln daraufhin sehr schnell ein dekompensiertes Schockgeschehen, das mit Hypothermie, Bradykardie, Hypotonie sowie disseminierter intravasaler

Gerinnung einhergehen kann. Schmerzbedingte Inappetenz und eine sympathikusbedingt herabgesetzte Darmmotilität können weiterhin zu einer Störung der mikrobiellen Darmflora, Magen-Darm-Stase, Dehydratation und hepatischer Lipidose und dadurch sehr schnell zu lebensbedrohlichen Zuständen führen. Intraoperative Schmerzen gehen mit einem deutlich erhöhten Narkoserisiko und einem hohen Bedarf an Anästhetika einher.

3.2.3 Analgesie im Rahmen einer Operation

Das Lindern bestehender Schmerzen, der Einsatz einer präemptiven Analgesie vor geplanten Operationen sowie eine gute intraoperative und postoperative analgetische Versorgung muss bei Kaninchen und Meerschweinchen sehr ernst genommen werden.

Für die Analgesie bei Kaninchen und Meerschweinchen können unter anderem nichtsteroidale Antiphlogistika, Metamizol sowie Opioide angewandt werden. Meist sind ihre Dosierungen beim Heimtier aufgrund ihrer hohen Stoffwechselrate höher und ihre Wirkdauer kürzer als bei Hunden und Katzen. Jedoch muss bedacht werden, dass nur wenige wissenschaftliche Untersuchungen zur Anwendung von Analgetika bei Kaninchen und Meerschweinchen vorliegen und sich die vorhandenen Studien meist auf Labortiere beziehen. Daher sind verlässliche Informationen selten und viele Dosierungsangaben sind rein empirische Werte. Dies kann die teilweise großen Spannbreiten empfohlener Dosierungen erklären.

Das Konzept der multimodalen, balancierten Analgesie bestehend aus einer Kombination aus Opioid und Nicht-Opioid-Analgetikum, hat sich bei hochgradigen Schmerzzuständen (z.B. postoperativen Schmerzen) auch bei Kaninchen und Meerschweinchen bewährt. Bei viszeralen Schmerzen kann hierfür zu einem Opioid Metamizol kombiniert werden, bei somatischen Schmerzen sollte ein NSAID zusätzlich zum Opioid verabreicht werden. Wird die vollständig antagonisierbare Anästhesie (VAA, eine Kombination aus Medetomidin, Midazolam und Fentanyl) eingesetzt, sollte jedoch präoperativ auf den Einsatz von weiteren Opioiden, wie z.B. Buprenorphin, verzichtet werden (▶Kap. 3.1.10).

3.2.4 Nichtsteroidale Antiphlogistika

Nichtsteroidale Antiphlogistika wirken vor allem peripher und sind sehr gut bei Schmerzen mit entzündlicher Komponente, postoperativem Wundschmerz sowie bei äußeren Verletzungen einsetzbar.

Tab. 3-5 Dosierungsvorschläge für nichtsteroidale Antiphlogistika bei Kaninchen und Meerschweinchen (nach Henke et al. 2014, Emmerich und Hein 2018)

Substanz	Dosierung Kaninchen	Dosierung Meerschweinchen
Carprofen	4–5 mg/kg KGW s.c., p.o., i.v. alle 24 h	4–5 mg/kg KGW s.c., p.o. alle 24 h
Meloxicam	0,2–1 mg/kg KGW s.c., p.o. alle 12–24 h	0,1–0,5 mg/kg KGW s.c., p.o. alle 12–24 h
Flunixin-Meglumin	1–3 mg/kg KGW i.m., s.c. alle 12–24 h	1–3 mg/kg KGW i.m., s.c. alle 12–24 h
Ketoprofen	3 mg/kg KGW i.m., s.c. alle 12–24 h	3 mg/kg KGW i.m., s.c. alle 12–24 h

Typische Nebenwirkungen sind Inappetenz, Magen-Darm-Ulzera, Leberfunktionsstörungen und renale Dysfunktionen, wobei Nebenwirkungen bei Kaninchen und Meerschweinchen deutlich seltener als bei Hund und Katze auftreten. Auf den Einsatz dieser Analgetika sollte bei einer bekannten Vorschädigung von Niere und Magen-Darm-Trakt, sowie bei reduzierter Nierendurchblutung (z.B. bei Hypovolämie, Dehydratation und Schockgeschehen) verzichtet werden. Auch bei trächtigen Tieren sollten NSAIDs nicht zum Einsatz kommen. Weiterhin dürfen nichtsteroidale Antiphlogistika weder untereinander noch mit Kortikosteroiden kombiniert werden.

3.2.5 Metamizol

Metamizol kann bei allen nichtentzündlichen mäßigen bis starken Schmerzen, z.B. bei abdominalen Eingriffen, eingesetzt werden. Metamizol wirkt stark antipyretisch, aber nur schwach antiphlogistisch. Weiterhin wirkt es am Magen-Darm-Trakt spasmolytisch, ohne die Peristaltik zu lähmen. Auf eine Kombination mit Phenothiazinderivaten (z.B. Azepromazin) sollte verzichtet werden, da diese starke Hypothermien auslösen können. Metamizol hat nur geringe oder sehr selten auftretende Nebenwirkungen, wie z.B. Venenreizungen oder Hypotonie nach zu schneller intravenöser Verabreichung. Die in der Humanmedizin selten beobachtete Agranulozytose nach Metamizolaufnahme wurde in der Tiermedizin bisher nicht nachgewiesen.

Dosierungsvorschläge für Metamizol sind in ▶Tab. 3-6 aufgeführt.

Tab. 3-6 Dosierungsvorschläge für Metamizol bei Kaninchen und Meerschweinchen (n. Emmerich u Hein 2018, Henke et al. 2014)

Substanz	Dosierung Kaninchen	Dosierung Meerschweinchen
Metamizol	20–65 mg/kg KGW s.c., p.o., i.m., langsam i.v. alle 4–6 h	50–100 mg/kg KGW s.c., p.o., i.m., langsam i.v. alle 4–6 h

3

3.2.6 Opioide

Opioide vermitteln ihre analgetische Wirkung über die Stimulation von μ-, κ- und δ-Rezeptoren des zentralen Nervensystems. Die verschiedenen Opioide unterscheiden sich hinsichtlich ihres Hauptwirkungsortes und damit auch in ihrer analgetischen Potenz. **Fentanyl** gehört als ein **reiner Opioid-Agonist** (Bindung an prä- und postsynaptische μ-Rezeptoren) zu einem der potentesten Opioide und kommt meist intra- und/oder unmittelbar postoperativ zum Einsatz. **Fentanyl** induziert eine deutliche Atemdepression sowie eine Bradykardie, weshalb die intravenöse Applikation sehr langsam und nach Effekt erfolgen sollte. Der Wirkungseintritt nach intravenöser Gabe ist rasch und hält ca. 20 Minuten an. Durch seine kurze Wirkdauer ist sein Einsatz gut steuerbar. **Partielle Opioid-Agonisten** wie das **Buprenorphin** können reine Agonisten zwar aus ihren Bindungsstellen an den μ-Rezeptoren verdrängen, jedoch ist ihre analgetische Wirkung geringer. Zur präemptiven Analgesie, als analgetischer Bestandteil der Anästhesie sowie zur postoperativen Schmerzausschaltung, ist Buprenorphin gut geeignet und kann bei mittelgradigen bis hochgradigen Schmerzzuständen (z.B. Ileus, Obstruktion der Harnwege) zum Einsatz kommen. Bei **Buprenorphin** ist die atemdepressive Wirkung nur gering. Auch die sedativen Effekte sowie die Auswirkungen auf die Magen-Darm-Motorik sind nur von untergeordneter klinischer Relevanz. **Gemischt wirkende Agonist-Antagonisten** wie das **Butorphanol** wirken insbesondere über ihre Bindung an κ-Rezeptoren. Die relativ kurze Wirkdauer von Butorphanol schränkt den Gebrauch dieses Analgetikums vor allem in der postoperativen Versorgung stark ein. **Butorphanol** zeigt nur in höheren Dosierungen eine atemdepressive Wirkung und kann bei moderaten Schmerzen verabreicht werden. Das **atypische Opioid Tramadol** wirkt agonistisch an μ-Rezeptoren, führt jedoch auch zu einer Inhibition des Serotonin- und Noradrenalin-Reuptakes, was einen Großteil seiner analgetischen Wirkung ausmacht. Seine tatsächliche analgetische Potenz wird in der Kleintiermedizin infrage gestellt. Auch bei Heimtieren konnte eine ausreichende Analgesie nicht immer nachgewiesen werden und scheint zumindest bei Ratten auch vom Geschlecht abhängig zu sein (bessere analgetische Wirkung bei Weibchen). Nach Erfahrungen der Autorinnen schwankt das Ansprechen auf eine Tramadol-Gabe individuell von Tier zu Tier. Dieses Opioid kann aber mitunter in der postoperativen Versorgung oder bei chronischen Schmerzen bei Kaninchen und Meerschweinchen sehr erfolgreich eingesetzt werden.

Dosierungsvorschläge für Opioide sind in ▶Tab. 3-7 aufgeführt.

Tab. 3-7 Dosierungsvorschläge für Opioide bei Kaninchen und Meerschweinchen (nach Emmerich und Hein 2018, Meredith 2015, Henke et al. 2014, Udegbunam et al. 2015)

Substanz	Dosierung Kaninchen	Dosierung Meerschwein
Fentanyl	**in der Regel intraoperativer Einsatz in Kombination mit anderen Anästhetika, die Dosierung richtet sich nach den gewählten Anästhetika (▶Kap. 3.1.10)**	
Buprenorphin	0,01–0,05 mg/kg KGW s.c., i.m., i.v., Resorption über Maulschleimhaut alle 8–12 h	0,05–0,1 mg/kg KGW s.c., i.p., i.v., Resorption über Maulschleimhaut alle 6–12 h
Butorphanol	0,1–1 mg/kg KGW s.c., i.m., i.v. alle 2–6 Stunden	0,2–2 mg/kg KGW s.c., i.m., i.v. alle 2–6 Stunden
Tramadol	11–15 mg/kg KGW p.o., s.c. alle 8–12 h	5–10 mg/kg KGW p.o., s.c. alle 12–24 h

4 Postoperatives Management

Ein Großteil der anästhesiebedingten Todesfälle tritt bei Heimtieren postoperativ auf. Diesem Abschnitt der Operation darf folglich auf keinen Fall zu wenig Aufmerksamkeit geschenkt werden. Eine kontinuierliche Überwachung ist gerade während der Aufwachphase sehr wichtig und kann helfen, Komplikationen und Todesfälle zu vermeiden.

4.1 Antagonisierung der Anästhetika und geeignete Unterbringung

Nach Beendigung der Anästhesie sollten, wenn möglich, die eingesetzten Anästhetika zügig antagonisiert und das Tier an einen warmen, ruhigen Ort verbracht werden (z.B. Transportbox mit nicht zu warmem Wärmekissen, fern von Beutegreifern). Intubierte Tiere können erst nach Wiedererlangen des Kau- und Schluckreflexes extubiert werden. Alle Patienten sollten bis zur Extubation und bis zum selbstständigen Aufrichten/Kopfheben kontinuierlich überwacht werden. Auch eine Fortführung der Sauerstoffsubstitution ist in der Aufwachphase sinnvoll.

Erfahrungsgemäß zeigen einige Kaninchen nach dem Einsatz des nicht antagonisierbaren Ketamins eine unruhige Aufwachphase mit teilweise ungerichteten Bewegungen und einer gesteigerten Erregbarkeit. Zur Vermeidung von Verletzungen sollten diese Tiere sehr vorsichtig gehandelt werden. Ihnen muss besonders viel Ruhe und eine abgedunkelte Umgebung geboten werden.

Um das Einatmen von Fremdmaterial und Verletzungen an den Augen zu vermeiden, sollten Einstreu und Heu aus der Transportbox entfernt und durch saubere, weiche Handtücher oder Papiereinlagen ersetzt werden. Bis das Tier selbstständig den Kopf hebt und sich aufrichtet, müssen Kopf und Hals gestreckt werden, um eine ungestörte Atmung zu ermöglichen. Die Lagerung in Brust-Bauch-Lage ist dabei für den Kreislauf am schonendsten (▶Abb. 4-1).

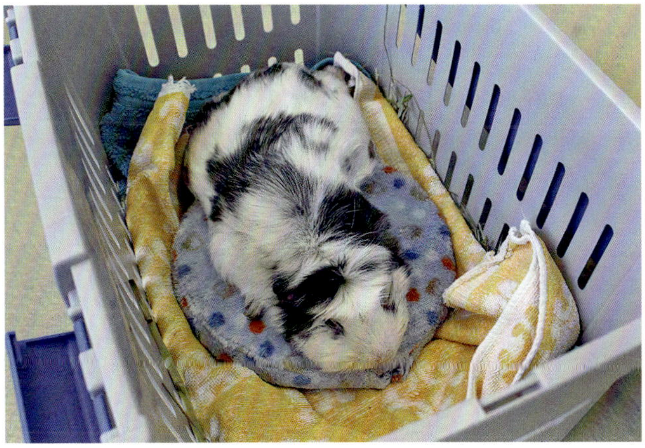

Abb. 4-1 Nach erfolgter Anästhesie sollte das Tier bis zur vollständigen Erholung in einer ruhigen, dunklen Umgebung (z.B. Transportkiste) untergebracht werden. Zum langsamen Aufwärmen ist die Verwendung von Wärmekissen sinnvoll.

Sobald das Tier vollständig wach ist, eine normale Haltung annimmt und eine physiologische Körpertemperatur aufweist, kann es in eine größere Box oder einen Käfig verbracht werden. Gewohntes Futter und Wasser sollten zu diesem Zeitpunkt wieder angeboten werden, um die eigenständige Futteraufnahme zu fördern. Auch das Partnertier, sofern anwesend, kann nun wieder mit dem Patienten zusammengebracht werden. Die meisten Tiere verhalten sich nach einer durchgeführten Operation dem Partner gegenüber sehr unterstützend. Manchmal wird das geschwächte Tier aber auch abgewehrt, bestiegen oder sogar gebissen. In solchen Fällen muss eine Trennung der Tiere postoperativ erfolgen.

4.2 Postoperatives Wärmemanagement

Wie bereits in ▶Kap. 3.1.5 beschrieben, entwickeln die meisten Kaninchen und Meerschweinchen intraoperativ eine mehr oder weniger stark ausgeprägte Hypothermie. Daher muss die Körpertemperatur postoperativ langsam wieder auf ein physiologisches Maß erhöht werden. Idealerweise steigt die Körpertemperatur pro Stunde um ca. 1 °C. Eine Unterbringung in einer Transportkiste auf nicht zu warmen Wärmekissen ist hierzu gut geeignet (▶Abb. 4-1). Bei hochgradiger postoperativer Hypothermie ist die Verwendung eines Inkubators sinnvoll. Die Körpertemperatur sollte unmittelbar postoperativ und während der Aufwärmphase ca. alle 30 Minuten kontrolliert werden. Die Wärmezufuhr kann beendet werden, wenn die Tiere ihre normale Bewegungsaktivität zurückerlangt haben und eine physiologische Körpertemperatur aufweisen. Zu diesem Zeitpunkt kann das Tier in eine größere Box oder einen Käfig verbracht werden. Anschließend sollte nach ca. 30 Minuten überprüft werden, ob die Temperatur auch selbstständig und ohne externe Wärmezufuhr aufrechterhalten werden kann.

4.3 Postoperative Therapie

Die intravenöse oder subkutane Flüssigkeitszufuhr sollte postoperativ mit Erhaltungsrate weitergeführt werden, bis sich das Tier vollständig erholt hat.

Zur Stabilisation des empfindlichen Magen-Darm-Traktes und zur raschen Bereitstellung von Energie sollten Kaninchen und Meerschweinchen so bald wie möglich nach einer Narkose per Hand gefüttert werden. Die Tiere müssen dazu vollständig ansprechbar und ihr Kau- und Schluckreflex muss wieder vorhanden sein. Ansonsten besteht die Gefahr einer potenziell tödlich verlaufenden Aspiration von Futterbrei. Zur Überprüfung des Schluckreflexes empfiehlt es sich daher, vor der ersten postoperativen Eingabe von Nahrung eine geringe Menge Wasser per os einzugeben.

Die Versorgung mit Analgetika muss nach jedem operativen Eingriff lückenlos aufrechterhalten werden und ist nach der Entlassung durch den Patientenbesitzer für einige Zeit weiterzuführen. Ebenso kann eine Handfütterung nach schmerzhaften Eingriffen über mehrere Tage durch den Besitzer nötig sein und diese müssen dahingehend instruiert und aufgeklärt werden (▶ Nachsorgeempfehlung im Anhang). In vielen Fällen ist es sinnvoll, dem Patientenbesitzer die orale Applikation (z.B. von Futterbrei) zu demonstrieren oder selbst üben zu lassen. Eine Fehl- oder Nichtbehandlung durch Unwissenheit oder aufgrund von falscher Scheu kann somit vermieden werden.

4.4 Verzögerte Aufwachphase

Bei Verwendung der in ▶Kap. 3.1.10 beschriebenen Narkoseprotokolle zeigen die anästhesierten Kaninchen und Meerschweinchen erfahrungsgemäß 5–10 Minuten nach Antidotgabe erste gerichtete Bewegungen wie das Heben des Kopfes sowie Kau- und Schluckbewegungen. Die meisten Tiere können nach 10–20 Minuten selbstständig sitzen. Meist wird der Kopf noch eine Weile abgelegt, auf Ansprache aber gehoben. Nach dem Einsatz von Ketamin werden beim Kaninchen oftmals über einen längeren Zeitraum ungerichtete Bewegungen beobachtet. Einige Tiere fallen immer wieder um und bleiben mitunter auch auf dem Rücken liegen. Die Tiere können in diesen Fällen mit Hilfe von seitlich gelagerten Handtüchern unterstützt werden. Diese Symptome verschwinden in der Regel im Laufe der ersten Stunde nach erfolgter Anästhesie. Sollten anästhesierte Tiere über einen längeren Zeitraum nach Antagonisierung (>15 Minuten) keinerlei selbstständige Bewegungen zeigen, muss von einer verzögerten Aufwachphase ausgegangen werden.

Eine verzögerte Aufwachphase kann unter anderem auf folgende Probleme hinweisen:

- hochgradige Hypothermie
- überdosierte oder nicht (vollständig) antagonisierte Anästhetika
- mangelnde Analgesie
- Hypoglykämie
- Dehydratation

Eine systematische Kontrolle von Körperinnentemperatur, Hydratationsstatus, Blutzuckerspiegel und die Evaluierung des eigenen Narkoseprotokolls und der angewandten Analgetika können helfen, die Ursache für eine protrahierte Aufwachphase zu finden und durch gezielte Therapiemaßnahmen zu beheben.

5 Nahtmaterial und Nahttechniken

5.1 Anforderungen an das Nahtmaterial

Die Anforderungen an die chirurgische Naht orientieren sich an unterschiedliche Kriterien. Sie unterscheiden sich zum einen nach Art des betroffenen Gewebes und dessen Heilungsgeschwindigkeit. Muskeln, subkutanes Gewebe und Haut benötigen für die Wundheilung oft nur wenige Tage, bei Faszien und Sehnen hingegen kann die Wundheilung einige Wochen bis Monate andauern. Zum anderen sind die Anforderungen an die Naht von individuellen und tierartspezifischen Eigenschaften des Patienten abhängig. Beim Kaninchen ist die Haut deutlich dünner als beim Meerschweinchen. Die hohe Elastizität der Haut ermöglicht es dem Chirurgen, den Hautschnitt deutlich kleiner zu wählen als die Schnitte in tieferen Körperschichten. Generell ist zu beachten, dass vor allem Kaninchen insgesamt eine hohe Reaktivität auf Fremdkörper zeigen und dass ein hohes Risiko für postoperative Verklebungen besteht. Weiterhin sollte der Einfluss individueller Eigenschaften wie Ernährungszustand, Infektionen und Erkrankungen berücksichtigt werden. Fettleibigkeit und Mangelernährung können den Wundheilungsverlauf ebenso ungünstig beeinflussen wie Neoplasien oder infizierte Wunden. Dies sollte bei der Wahl des geeigneten Nahtmaterials ebenfalls berücksichtigt werden. Darüber hinaus können auch persönliche Präferenzen und Erfahrungen des Chirurgen auf die Wahl des Nahtmaterials Einfluss nehmen. Generell sollte das Nahtmaterial individuell je nach Eingriff und Gewebe ausgewählt werden. Nachfolgend sind verschiedene Eigenschaften von Nahtmaterialien aufgeführt, die bei der Auswahl des geeigneten Nahtmaterials für Weichteiloperationen bei Kaninchen und Meerschweinchen berücksichtigt werden sollten.

5.1.1 Fadenstärke

Bei kleinen Patienten wie Kaninchen und Meerschweinchen sind dünne Fäden zu bevorzugen. Geeignete Fadenstärken nach den gebräuchlichen amerikanischen und europäischen Einteilungen sind 4/0, 5/0 und 6/0 USP (United States Pharmacopeia) bzw. 1,5, 1 und 0,7 metrisch (EP, Europäische Pharmakopöe). Es werden möglichst dünne Fäden gewählt, um das Gewebe so wenig wie möglich zu traumatisieren und den Anteil an Fremdmaterial so gering wie möglich zu halten. Gleichzeitig müssen ein sicherer Halt und Verschluss durch den Faden gewährleistet sein.

5.1.2 Fadenmaterialien und -struktur

Es wird zwischen monofilen, polyfilen und pseudomonofilen Fäden unterschieden. In Abhängigkeit von der Herkunft der Fäden kann zudem zwischen Nahtmaterial biologischen Ursprungs (z.B. Catgut, Seide, Leinen) und synthetischen Fäden (z.B. Polyester, Polypropylen, Polyamid) unterschieden werden.

Monofile Fäden bestehen aus einem einzelnen Faden, der eine glatte Oberfläche aufweist. Sie bestehen z.B. aus Polydioxanon (PDS®, Ethicon) oder Polyglykonat (z.B. Maxon®, Covidien). Der Vorteil der monofilen Fäden besteht darin, dass sie nur minimale Entzündungsreaktionen hervorrufen. Sie zeigen keine Dochtwirkung und bieten keine Angriffsfläche für Mikroorganismen. Daher eignen sie sich vor allem für infizierte Wunden oder für Wunden, bei denen ein erhöhtes Infektionsrisiko besteht. Nachteile der monofilen Fäden sind, dass sie sehr starr und glatt sind und sich schlecht knüpfen lassen. Hierdurch muss oft eine höhere Kraft aufgewendet werden und der Zug auf die Wundränder kann erhöht sein.

Polyfile Fäden (geflochtene Fäden) bestehen aus in eine Richtung ineinander verdrillten Einzelfäden. Hergestellt werden sie z.B. aus Polyglactin 910 (Vicryl®, Ethicon) oder Polyglykolsäurederivaten (Dexon®, Medtronic).

Ein Vorteil der geflochtenen Fäden besteht in der einfachen Handhabung. Sie zeichnen sich durch eine hohe Knotensicherheit aus und die Fäden behalten lange ihre Reißfestigkeit. Nachteilig ist ihre Dochtwirkung: Durch den Kapillareffekt können sich Infektionen ausbreiten und es können Fisteln entstehen. Durch die raue Oberfläche können sich leichter Keime ansiedeln. Um den Nachteilen von polyfilen Fäden entgegenzuwirken, wurden an der Oberfläche beschichtete, geflochtene Fäden entwickelt. Die Beschichtung erfolgt z.B. mit Silikon, Wachs, Paraffinwachs oder Kalziumstearat. Man spricht von **pseudomonofilen Fäden**, die eine glatte Oberfläche besitzen und sich leicht knoten lassen.

Bei Weichteiloperationen bei Kaninchen und Meerschweinchen kommen in Abhängigkeit der gewünschten Eigenschaft vor allem **pseudomonofile und monofile Fäden** zum Einsatz.

5.1.3 Resorptionsverhalten der Fäden

Generell wird zwischen resorbierbarem und nicht resorbierbarem Nahtmaterial unterschieden. In der Regel wird bei der Weichteilchirurgie bei Kaninchen und Meerschweinchen resorbierbares Material genutzt, daher werden nicht resorbierbare Fäden an dieser Stelle nicht weiter beschrieben. Beim Abbau von resorbierbaren Fäden werden zwei Mechanismen unterschieden: der schrittweise enzymatische Abbau (Proteolyse) und Phagozytose sowie der Abbau durch Hydrolyse. Die Proteolyse erfolgt vor allem bei Nahtmaterial biologischen Ursprungs, wie z.B. Catgut. Dies ist bei Kaninchen und Meerschweinchen ungeeignet, da die Gefahr von Adhäsionen durch eine höhere Reaktivität des Materials deutlich erhöht ist. Fäden, die durch Hydrolyse abgebaut werden, sind generell zu bevorzugen. Hierzu zählen Materialien wie Polyglykolsäurederivate (Dexon®), Polyglactin 910 (Vicryl®), Polydioxanon (PDS®) oder Polyglyconat (Maxon®).

Vorteile von resorbierbaren Nahtmaterialien sind ihre geringen Gewebereaktionen, ein relativ konstanter und vorhersehbarer Verlust an Reißkraft und Resorption und annähernde Resistenz gegen Infektionen oder Verdauungsenzyme.

5.1.4 Nadeln

In der Regel kommen bei der Weichteilchirurgie bei Kaninchen und Meerschweinchen einmal verwendbare Nadel-Faden-Kombinationen zum Einsatz. Hierbei unterscheiden sich die Nadeln in ihrer Größe, der Biegung und dem Querschnitt. Die Nadel sollte entsprechend nach der Art des zu nähenden Gewebes ausgewählt werden:

- Es kommen vor allem **gebogene Nadeln** zum Einsatz. Gerade Nadeln werden bei den hier beschriebenen Operationsmethoden nicht genutzt. Die gebogenen Nadeln eignen sich für alle Gewebe und lassen sich gut führen.
- Wird sehr zartes oder elastisches Gewebe genäht, bei dem die Fasern in eine Richtung angeordnet sind, kommen **Rundkörpernadeln** zum Einsatz. Sie eignen sich z.B. zum Nähen von Darm oder Blutgefäßen. Leber oder andere Organgewebe lassen sich gut mit **stumpfen, runden Nadeln** nähen.
- Zur Hautnaht eignen sich **schneidende Nadeln** mit dreieckigem oder abgeflachtem Querschnitt.

Tipps für die Auswahl von geeignetem Nahtmaterial für Weichteiloperationen bei Kaninchen und Meerschweinchen

- Abbau durch Hydrolyse (z.B. Vicryl®, PDS®, Dexon®, Maxon®)
- dünne Fäden bevorzugen (Fadenstärke 4/0, 5/0 oder 6/0 USP)
- pseudomonofile Fäden mit herabgesetzter Dochtwirkung und einfacher Handhabung
- monofile Fäden bei infizierten Wunden oder bei erhöhtem Infektionsrisiko
- gebogene Nadeln mit stumpfer, runder Oberfläche für Organe und Muskelschichten
- gebogene, schneidende Nadeln für die Haut

5.2 Nahttechniken

Es wird zwischen Einzelheften und fortlaufenden Nähten unterschieden. In Abhängigkeit von der Art und Weise, wie das Gewebe adaptiert wird, spricht man von adaptierender, einstülpender oder ausstülpender Naht. Die **adaptierende Naht** nähert die Wundränder einander kongruent an, wohingegen die Wundränder bei der **ausstülpenden Naht** nach außen kammartig bzw. bei der **einstülpenden Naht** nach innen (z.B. beim Verschluss von Hohlorganen) vernäht werden. Nachfolgend werden die Nahttechniken vorgestellt, die in der Weichteilchirurgie bei Kaninchen und Meerschweinchen häufig zum Einsatz kommen.

5.2.1 Einzelknopfhefte

Diese Naht kann einfach erfolgen und wird adaptierend bzw. einstülpend bei größerer Spannung ausgeführt. Letzteres ist jedoch zu vermeiden, um Wundheilungsstörungen vorzubeugen. Die Naht eignet sich vor allem für die Haut. Ein weiterer Vorteil dieser Naht besteht darin, dass die Naht nicht in ihrer gesamten Länge aufreißt, falls sich ein Heft löst.

Als nachteilig können eine zeitliche Verlängerung im Vergleich zur fortlaufenden Naht und der höhere Anteil von Fremdmaterial durch die multiplen Knoten im Operationsbereich gesehen werden.

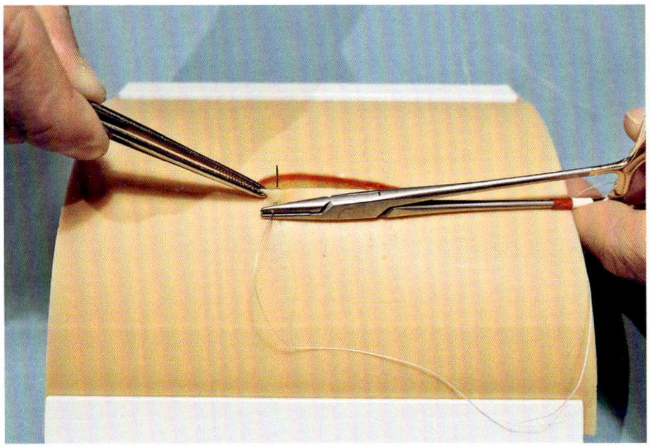

Abb. 5-1 Einzelknopfheft: Anheben des Wundrandes mit einer Pinzette. Die Nadel wird durch das Gewebe auf der einen Seite des Wundspaltes eingestochen.

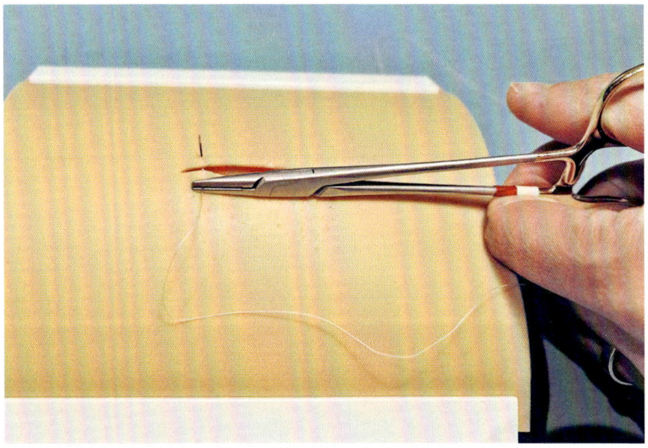

Abb. 5-2 Einzelknopfheft: Auf der gegenüberliegenden Seite des Wundrandes wird die Nadel wieder ausgestochen.

Abb. 5-3 Fertiges Einzelknopfheft: Der Knoten des Einzelknopfheftes befindet sich seitlich versetzt neben dem Wundrand und die Wundränder sind adaptiert.

- Der Wundrand wird mit einer Pinzette angehoben und die Nadel durch das Gewebe auf der einen Seite des Wundspaltes eingestochen (▶Abb. 5-1).
- Die Nadel wird durch das Gewebe auf der anderen Seite ausgestochen (▶Abb. 5-2).
- Die Wundränder werden adaptiert, der Faden angezogen und geknüpft. Der Knoten befindet sich seitlich versetzt neben dem Schnitt. Die Fadenreste werden abgeschnitten (▶Abb. 5-3).

5.2.2 Sultansche Diagonalhefte

Diese Einzelhefte eignen sich z.B. für den Verschluss der Bauchdecke, wenn viel Spannung auf ihr liegt, oder wenn eine Drainage benötigt wird. Ein Vorteil ist ähnlich wie bei den Einzelknopfheften, dass nicht die gesamte Länge der Naht aufreißt, wenn sich ein Heft löst. Als nachteilig können wieder der Zeitfaktor und das erhöhte Fremdmaterial angesehen werden.

- Der Wundrand wird mit einer Pinzette angehoben und die Nadel durch das Gewebe auf der einen Seite des Wundspaltes eingestochen (▶Abb. 5-4).
- Auf der gegenüberliegenden Seite wird der Faden von innen nach außen gezogen. Für die spätere Fixierung des Heftes bleibt ein Fadenrest bestehen (▶Abb. 5-5).
- Neben dem ersten Einstich wird die Nadel erneut in den Wundrand eingestochen und die Schritte werden wiederholt (▶Abb. 5-6).
- Nadel und Faden werden mit Hilfe des Nadelhalters festgezogen und chirurgisch verknotet. Es entsteht der dargestellte Z-förmige Fadenverlauf über dem Wundrand (▶Abb. 5-7).

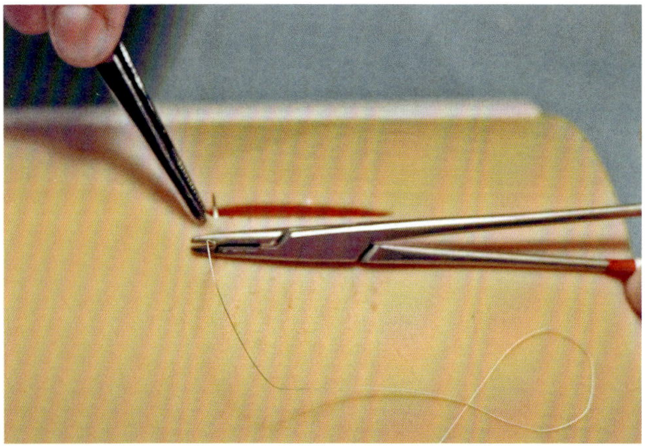

Abb. 5-4 Sultansches Diagonalheft: Angehobener Wundrand mittels Pinzette. Die Nadel wird durch das Gewebe auf der einen Seite des Wundspaltes eingestochen.

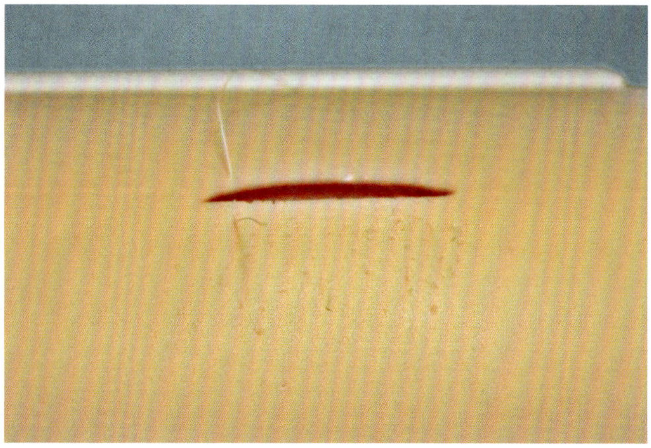

Abb. 5-5 Sultansches Diagonalheft: Der Faden wurde auf der gegenüberliegenden Seite von innen nach außen gezogen. Für die spätere Fixierung des Heftes wird ein Fadenrest belassen.

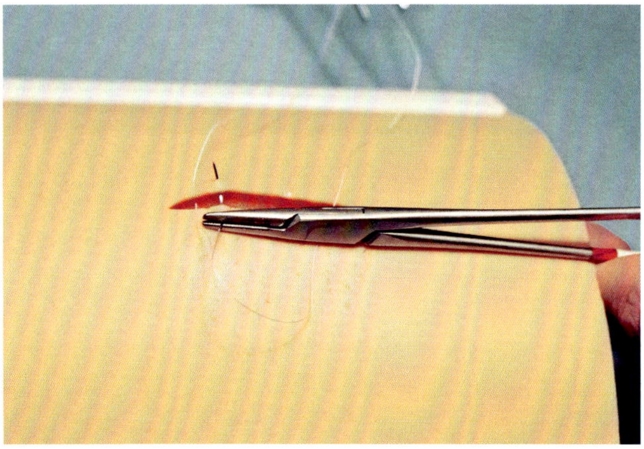

Abb. 5-6 Sultansches Diagonalheft: Parallel zum ersten Einstich wird die Nadel erneut in den Wundrand eingestochen und die Fadenführung wird wiederholt.

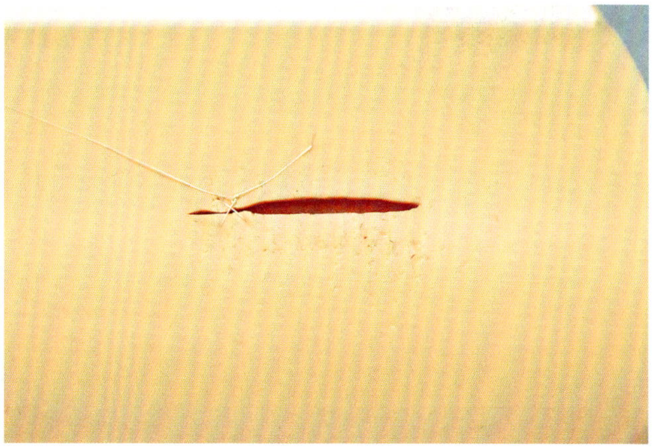

Abb. 5-7 Fertiges Sultansches Diagonalheft mit Z-förmigem Fadenverlauf und seitlich geknüpften Knoten

5.2.3 Kürschnernaht

Die Kürschnernaht ist eine einfach fortlaufende Naht. Sie eignet sich für den Verschluss von Bauchdecke oder Unterhaut. Sie adaptiert die Wundränder sehr gut und ist relativ luft- und flüssigkeitsdicht.

Ein Nachteil ist, wie bei allen fortlaufenden Nähten, dass sich die Naht auf ihrer gesamten Länge öffnet, wenn ein Knoten sich löst.

- Der Wundrand wird mit einer Pinzette angehoben und die Nadel durch das Gewebe auf der einen Seite des Wundspaltes eingestochen (▶Abb. 5-8).
- Die Nadel wird durch das Gewebe auf der anderen Seite ausgestochen.
- Am Anfang der Naht wird ein Knopfheft gesetzt und geknüpft, um den Faden zu fixieren (▶Abb. 5-9). Das freie Ende wird kurz abgesetzt.
- Die ersten beiden Schritte werden über die gesamte Länge des Wundspaltes wiederholt, wobei der Faden ständig unter Zug gehalten werden muss. Hierdurch adaptieren sich die Wundränder und es ergibt sich eine zu den Wundrändern senkrechte Fadenführung im Gewebe und eine schräge Fadenführung über den Wundspalt (▶Abb. 5-10).
- Am Ende der Naht wird die Schlaufe des letzten Stiches gefasst (▶Abb. 5-11) und mit dem Nadelende des Fadens chirurgisch verknotet (▶Abb. 5-12). Dann kann der Faden abgesetzt werden.

Abb. 5-8 Kürschnernaht: Angehobener Wundrand mittels Pinzette. Die Nadel wird auf der einen Seite des Wundrandes eingestochen.

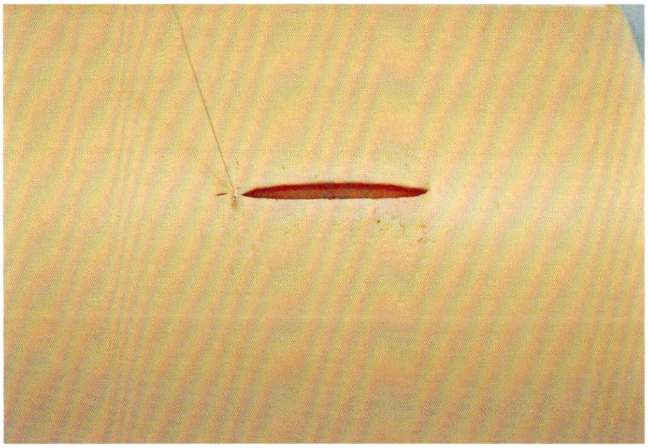

Abb. 5-9 Kürschnernaht: Einzelknopfheft am Anfang der Naht zur Fixierung

Abb. 5-10 Kürschnernaht: Fortlaufende Naht über die gesamte Länge des Wundspaltes. Der Faden wird unter Zug gehalten. Es entsteht eine schräge Fadenführung über den Wundspalt.

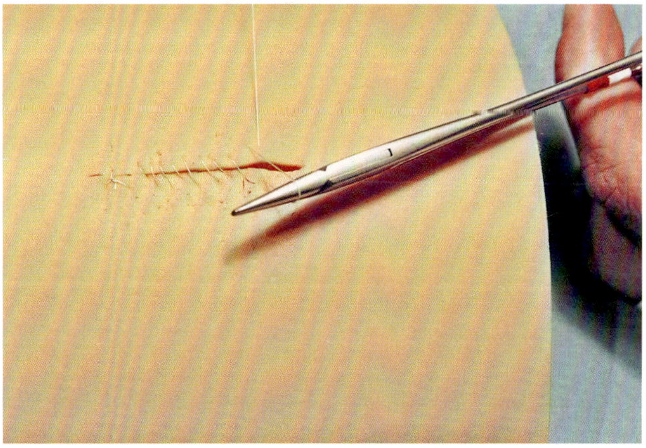

Abb. 5-11 Kürschnernaht: Die Schlaufe des letzten Stichs wird gefasst.

Abb. 5-12 Kürschnernaht: Anschließend wird die Schlaufe des letzten Stichs mit dem Nadelende des Fadens chirurgisch verknotet.

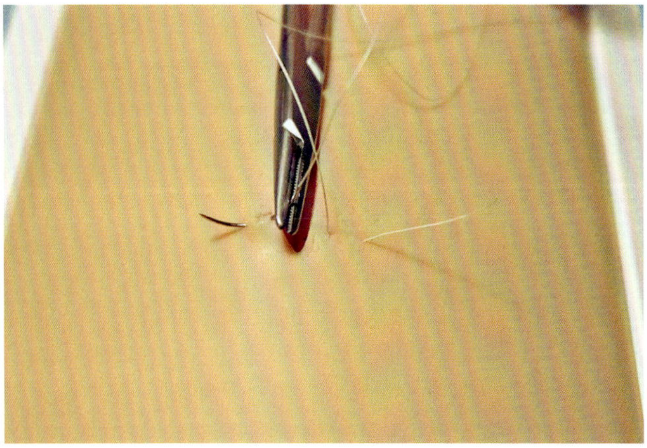

Abb. 5-13 Lembertnaht: Nachdem die Nadel auf der einen Seite des Wundrandes wundrandfern eingestochen und wundrandnah ausgestochen wurde, wird der Faden über den Wundspalt gelegt und wundrandnah eingestochen und dann wundrandfern wieder ausgestochen.

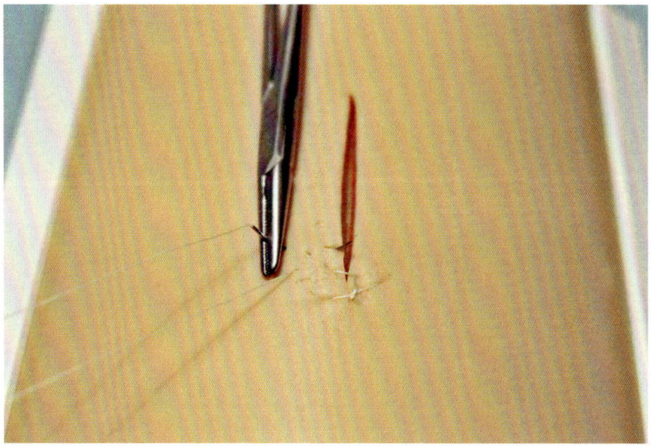

Abb. 5-14 Die ersten zwei Stiche der Lembertnaht. Der Faden wird kontinuierlich unter Zug gehalten und die Naht über die gesamte Länge der Wunde fortgesetzt.

5.2.4 Lembertnaht

Diese fortlaufende Naht hat eine einstülpende und somit abdichtende Wirkung und eignet sich vor allem für den Verschluss von Hohlorganen.

Ein Nachteil ist, wie bei allen fortlaufenden Nähten, dass sich die Naht auf ihrer gesamten Länge öffnet, wenn ein Knoten sich löst.

- Am Anfang der Naht wird ein Knopfheft gesetzt und geknüpft, um den Faden zu fixieren. Das freie Ende wird kurz abgesetzt.
- Dann wird die Nadel ca. 8–11 mm entfernt vom Wundrand eingestochen und in einer Entfernung von ca. 3–4 mm vom Wundrand wieder auf derselben Seite ausgestochen (▶Abb. 5-13).
- Anschließend wird die Nadel über den Wundspalt geführt und ca. 3–4 mm entfernt vom Wundrand eingestochen (▶Abb. 5-13).
- In einer Entfernung von ca. 8–11 mm vom Wundrand wird die Nadel auf dieser Seite wieder ausgestochen (▶Abb. 5-13).
- Die Schritte werden über die gesamte Länge der Naht wiederholt, wobei der Faden kontinuierlich unter Zug gehalten wird (▶Abb. 5-14).
- Am Ende der Naht wird die Schlaufe des letzten Stiches gefasst und mit dem Nadelende des Fadens chirurgisch verknotet. Dann kann der Faden abgesetzt werden.

5.2.5 Intrakutannaht

Intrakutan- und Subkutannähte ermöglichen einen optimalen Verschluss der Haut. Durch das Versenken des Fadens wird die Gefahr, dass der Patient die Naht durch Selbstmanipulation eröffnet, minimiert. Natürlich bestehen auch bei dieser Naht die beschriebenen Nachteile einer fortlaufenden Naht. Von Vorteil ist, dass der Fadenzug entfällt.

- Zunächst wird im Wundwinkel in der Muskelschicht ein chirurgischer Knoten gesetzt. Das nicht mehr benötigte Ende des Fadens wird so kurz wie möglich abgesetzt (▶Abb. 5-15).
- Es kann eine V-förmige intrakutane Umstechung des Wundwinkels erfolgen (▶Abb. 5-16).
- Die Naht wird intrakutan mäanderförmig über den gesamten Wundbereich fortgeführt (▶Abb. 5-17).
- Am Ende der Naht erfolgt ein chirurgischer Knoten in der Muskelschicht kurz vor Erreichen des Wundwinkels. Hierfür wird die Schlaufe des letzten Stiches gefasst und mit dem Nadelende des Fadens chirurgisch verknotet (▶Abb. 5-18).
- Anschließend wird die V-förmige Umstechung auch in diesem Wundwinkel wiederholt (▶Abb. 5-19).
- Am Ende wird der Faden versenkt: Hierbei wird die Nadel zwischen Haut und Muskelschicht eingeführt und nach einem gewissen Abstand wieder hervorgezogen. Dicht über der Haut wird der Faden abschließend abgesetzt (▶Abb. 5-20).

Abb. 5-15 Intrakutannaht: Chirurgischer Knoten im kranialen Wundwinkel in der Muskelschicht. Das kurze Ende wird noch durch eine Klemme fixiert und kann so kurz wie möglich abgesetzt werden.

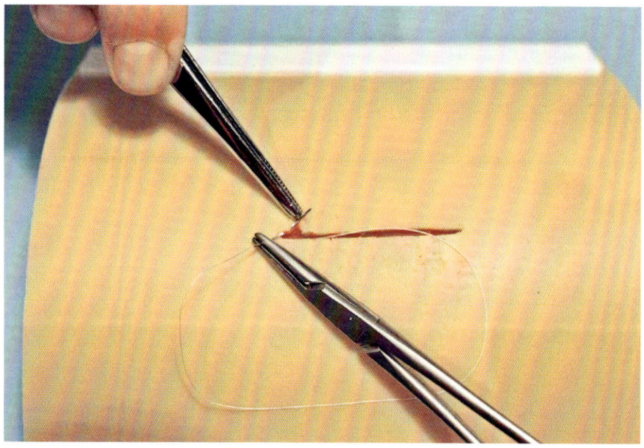

Abb. 5-16 Intrakutannaht: V-förmige Umstechung im kranialen Wundwinkel

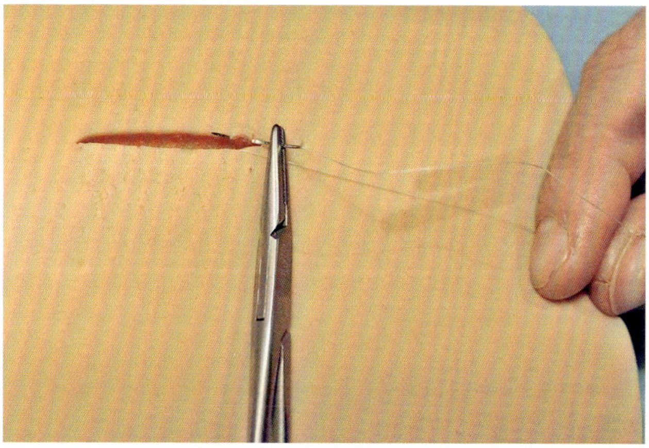

Abb. 5-17 Intrakutannaht: Intrakutane Nadelführung über den Wundbereich

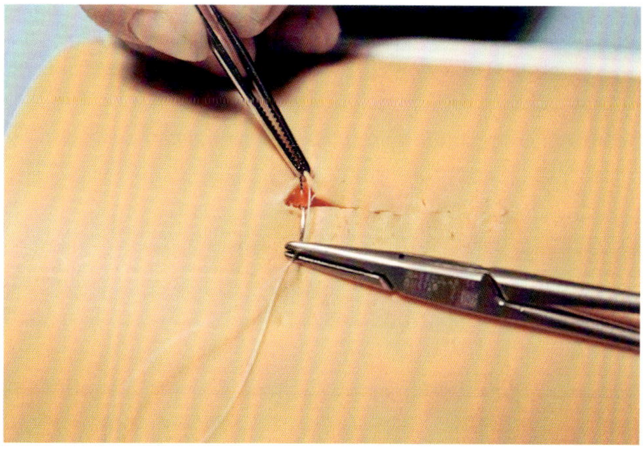

Abb. 5-18 Intrakutannaht: Letzter Stich am Ende der Naht in der Muskelschicht

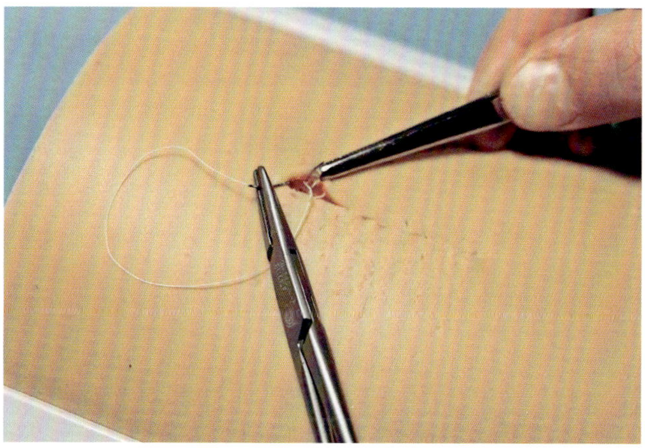

Abb. 5-19 Intrakutannaht: V-förmige Umstechung im kaudalen Wundwinkel am Ende der Naht

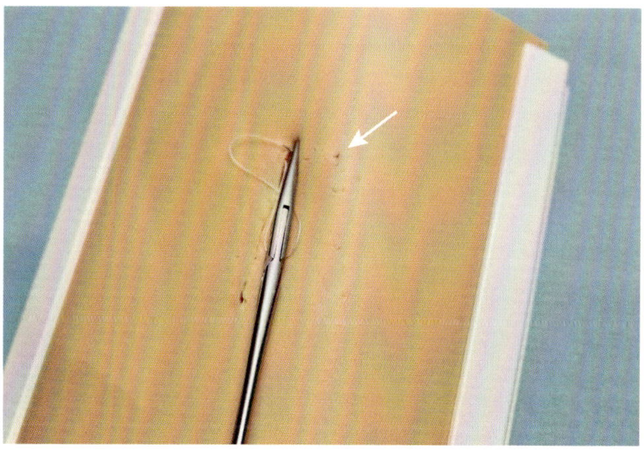

Abb. 5-20 Ende der Intrakutannaht: Der Faden wird versenkt, indem die Nadel zwischen Haut und Muskelschicht eingeführt und nach einem gewissen Abstand wieder herausgezogen wird (Pfeil).

Beispielhafte Nahttechniken für den dreischichtigen Verschluss der Bauchdecke bei Kaninchen und Meerschweinchen

- **Peritoneum und Muskulatur im Bereich der Linea alba** mittels *Kürschnernaht* (▶Abb. 5-21, ▶Abb. 5-22, ▶Abb. 5-23; alternativ mittels *Sultanschen Diagonalheften* bei erhöhter Spannung auf dem Wundbereich).
- **Unterhaut** mittels *Kürschnernaht* (▶Abb. 5-24)
- **Haut** mittels *Intrakutannaht* (▶Abb. 5-25, ▶Abb. 5-26) (alternativ *Einzelknopfhefte*)

5.3 Komplikationen und Wundheilungsstörungen

Wie bereits beschrieben, zeigen vor allem Kaninchen eine hohe Reaktivität auf Fremdmaterialien und es besteht ein erhöhtes Risiko von Verklebungen. Um die Reaktivität auf das Nahtmaterial zu minimieren, sollte die Auswahl des Nahtmaterials unter Beachtung der dargestellten Kriterien erfolgen. Zudem muss darauf geachtet werden, das Gewebe vorsichtig und nur wenig zu handeln. Hierdurch kann das Risiko von Entzündungen und Verklebungen gesenkt werden. Im Bereich der Haut kann so auch das Risiko der anschließenden Manipulation durch den Patienten selbst reduziert werden. Neben den routinemäßig für die Analgesie genutzten nichtsteroidalen Antiphlogistika können beim Kaninchen zudem Kalziumkanalblocker wie Verapamil zum Einsatz kommen, um Verklebungen zu minimieren.

Generell sollte stets auf einen hohen Hygienestandard geachtet und steril gearbeitet werden, um das Risiko von Wundheilungsstörungen zu minimieren.

In einigen Fällen wird dem Patienten postoperativ ein Halskragen angelegt, um einer postoperativen Manipulation der Naht durch den Patienten und damit verbundenen möglichen Wundheilungsstörungen entgegenzuwirken. Hierbei muss stets berücksichtigt werden, dass eine Aufnahme der Zäkotrophe bei einem Halskragen nur sehr schwer möglich ist und die Futter- und Wasseraufnahme ebenfalls eingeschränkt sein kann. Auch kann sich der Halskragen negativ auf das Verhalten und Wohlbefinden des Patienten auswirken. Es sollte individuell abgewogen werden, ob ein Halskragen indiziert ist oder ob auf diesen verzichtet werden kann. Eine weitere Möglichkeit, um das Risiko einer postoperativen Manipulation der Wunde durch den Patienten oder durch Partnertiere zu senken, besteht darin, dem Tier einen Body anzuziehen, der die Naht bedeckt. Auch hier sollte individuell abgewogen werden, inwieweit es durch den Body zu einer negativen Beeinflussung des Wohlbefindens des Patienten kommt. Nach Erfahrungen der Autorinnen werden Bodys, nach einer gewissen Gewöhnungsphase, deutlich besser akzeptiert als Halskrägen.

Durch den Verschluss der Haut mit einer Intrakutannaht wird der Anreiz zur Selbstmanipulation der Naht minimiert und Wundheilungsstörungen kann so entgegengewirkt werden.

5.4 Alternative Materialien und Verfahren

5.4.1 Gewebekleber

Mit Gewebeklebern (z.B. Cyanoacrylaten, ▶Abb. 5-27) kann ein belastbarer, elastischer Wundverschluss erfolgen, da sie in Abwesenheit von Feuchtigkeit sehr schnell polymerisieren. Ein Vorteil von Gewebeklebern ist ihre einfache Handhabung und ein sehr schnell erreichbarer Wundverschluss. Jedoch muss berücksichtigt werden, dass die Applikation von Gewebekleber zu einer Fistelbildung bei infiziertem Gewebe führen kann. Nachteilig kann zudem die bei der Anwendung entstehende Wärmeentwicklung sein, ein potenzielles Risiko für Verbrennungen. Aufgrund möglicher intensiverer Entzündungsreaktionen im subkutanen Gewebe sollten Cyanoacrylate nicht bei tiefen Wunden angewandt werden. Sie eignen sich für Hautwunden ohne Spannung oder können ggf. auch unterstützend zu einer Naht eingesetzt werden. Bei einigen Kaninchen und Meerschweinchen wird der Kleber auch als Anreiz zur Manipulation angesehen, was das Risiko von Wundheilungsstörungen erhöhen kann.

5.4.2 Hautklammern

Hautklammern (▶Abb. 5-28) werden in Einzelfällen für den Verschluss von Haut verwendet. Sie müssen so fest verankert werden, dass ein selbstständiges Entfernen durch die Tiere nicht möglich ist. Hautklammern können als schnelle, wirtschaftliche Methode des Hautverschlusses angesehen werden. Ihre Gewebereaktion gleicht der von minimal reaktivem Nahtmaterial. Das Entfernen der Klammern erfolgt nach Abheilen der Wunde mit einem speziellen Klammer-

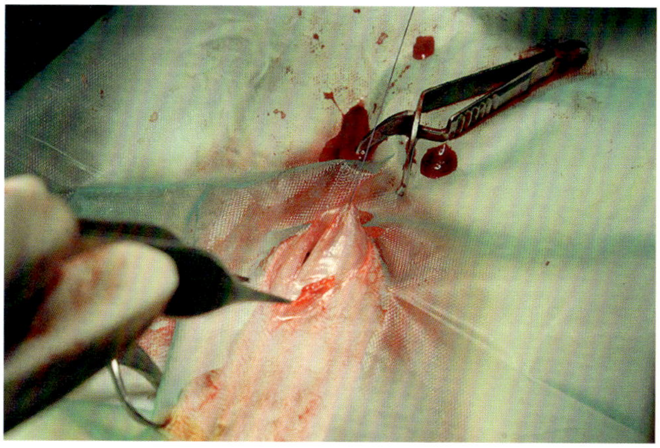

Abb. 5-21 Kaninchen in Rückenlage nach Bauchhöhlenoperation: Verschluss der Bauchhöhle. Das Peritoneum und die Muskulatur werden im Bereich der Linea alba fortlaufend mittels Kürschnernaht verschlossen.

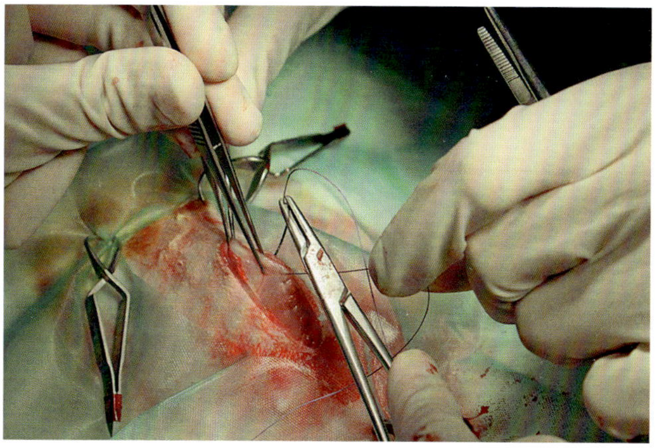

Abb. 5-22 Kaninchen in Rückenlage nach einer Bauchhöhlenoperation: Verschluss der Bauchhöhle. Das Peritoneums und die Muskulatur werden im Bereich der Linea alba fortlaufend mittels Kürschnernaht verschlossen. Der Faden wird vorsichtig unter Zug gehalten.

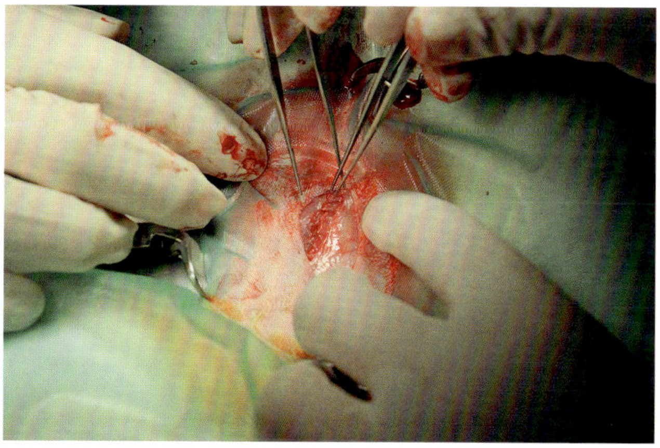

Abb. 5-23 Kaninchen in Rückenlage nach einer Bauchhöhlenoperation: Blick auf die verschlossene Bauchdecke. Mit einer anatomischen Pinzette wird die Naht vorsichtig auf ihren Sitz überprüft.

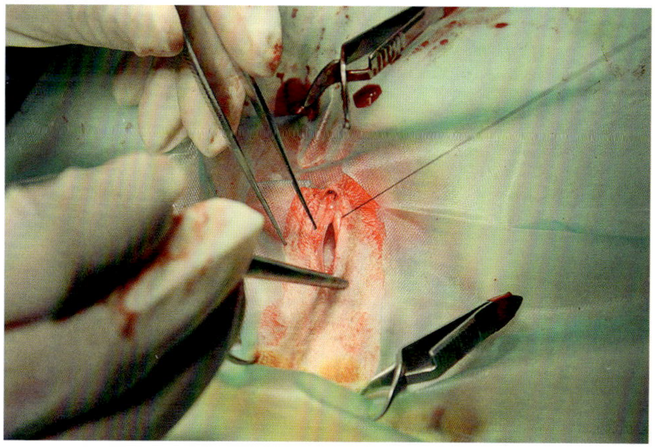

Abb. 5-24 Kaninchen in Rückenlage nach einer Bauchhöhlenoperation: fortlaufender Verschluss der Unterhaut mittels Kürschnernaht

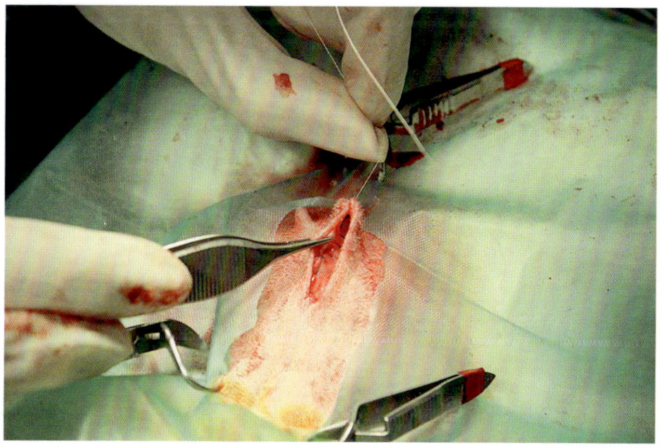

Abb. 5-25 Kaninchen in Rückenlage nach einer Bauchhöhlenoperation: Verschluss der Haut mittels Intrakutannaht. Nachdem ein chirurgischer Knoten im kranialen Wundwinkel in der Muskelschicht gesetzt wurde, erfolgt eine V-förmige Umstechung.

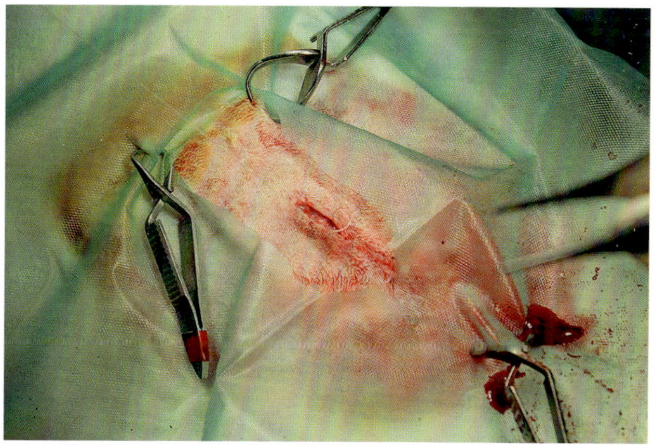

Abb. 5-26 Kaninchen in Rückenlage nach einer Bauchhöhlenoperation: Die Intrakutannaht wird mäanderförmig auf beiden Seiten des Wundrandes fortgesetzt.

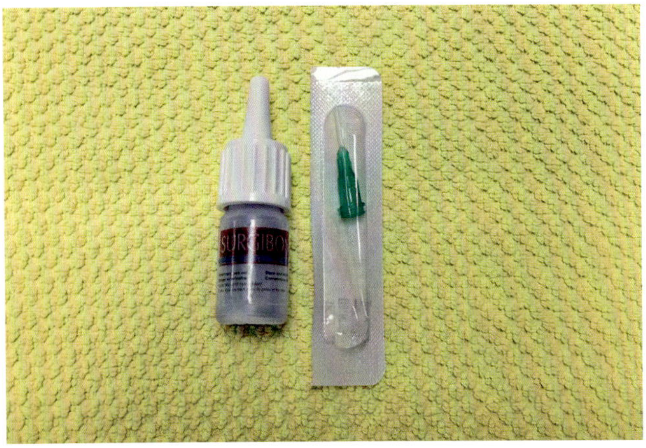

Abb. 5-27 Auch Gewebekleber (z. B. aus Cyanoacrylaten) können zum Wundverschluss der Haut eingesetzt werden. Auf ihre Verwendung sollte jedoch bei infiziertem Gewebe verzichtet werden.

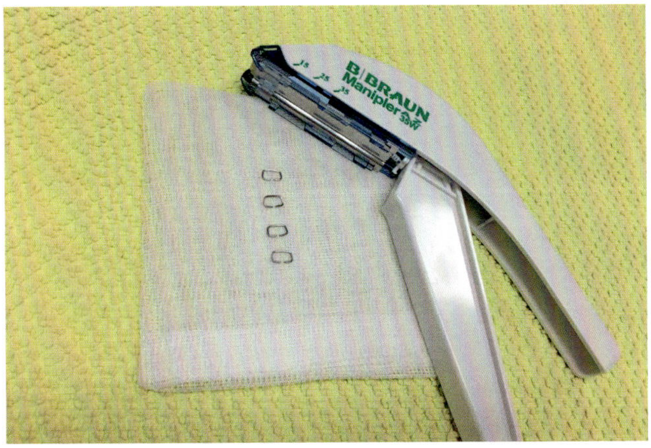

Abb. 5-28 Hautklammern dienen dem schnellen Hautverschluss, können aber auch zu einem suboptimalen Heilungsverlauf beitragen.

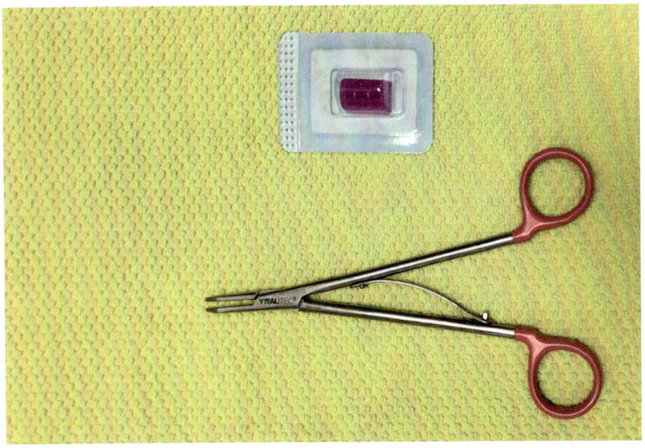

Abb. 5-29 Metallclips wie die hier dargestellten Péters surgical titanium hemostatic clips® kommen bei der Gefäßligatur zum Einsatz und können die Operationsdauer verkürzen.

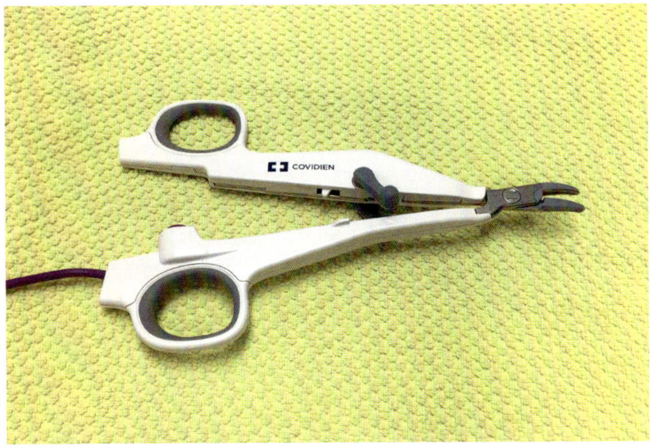

Abb. 5-30 Bipolare elektrochirurgische Instrumente können zur Gewebe- und Gefäßversiegelung verwendet werden und besitzen mitunter, wie das hier dargestellte LigaSure™ Small Jaw Instrument, einen integrierten Schneidemechanismus.

entferner. Hierbei muss berücksichtigt werden, dass dies je nach Kooperationsbereitschaft des Patienten ggf. in Narkose erfolgen muss. Einige Literaturstellen verweisen zudem auf einen suboptimalen Heilungsverlauf beim Einsatz von Klammern beim Kleinsäuger.

5.4.3 Metallclips

Clips wie z. B. Hämoclips® (▶Abb. 5-29) oder Ligaclips® können bei Gefäßligaturen verwendet werden. Sie eignen sich vor allem bei schwer zugänglichen Gefäßen. Vor Setzen der Clips sollte das Gefäß frei präpariert werden, um einen zuverlässigen Verschluss zu gewährleisten. Um ein Abrutschen des Clips zu vermeiden, sollte der Gefäßstumpf 2–3 mm über den Clip herausreichen. Bei Gefäßen über 11 mm Durchmesser wird der Einsatz von Clips nicht empfohlen.

Vorteile von Metallclips sind die Verkürzung der Operationsdauer sowie die Reduktion von Verklebungen durch geringere Manipulationen des Gewebes.

5.4.4 Elektrochirurgie

An dieser Stelle soll auch der Einsatz der Elektrochirurgie bei Eingriffen von Kaninchen und Meerschweinchen genannt werden. Das Verfahren wurde in den letzten Jahren verfeinert und gewinnt auch in der Veterinärmedizin eine zunehmende Bedeutung Die einzelnen Instrumente können bei verschiedenen Operationen zur Hämostase und Gewebekoagulation bis hin zum Gewebeschneiden zum Einsatz kommen. Vorteile der Technik bestehen in einer Verkürzung der Operationsdauer, einem geringeren Blutverlust, einem begünstigten Heilungsverlauf sowie einem geringeren Ligatur- und Nahtmaterialverbrauch.

Bei der Elektrochirurgie gibt es **monopolare** oder **bipolare Instrumente**. Die monopolaren Instrumente benötigt eine inaktive Elektrode bzw. ein Erdungspad, um den elektrischen Schaltkreis zu erzeugen, der eine Dehydrierung der Zellen und Koagulation der Gefäße bewirkt. Häufig kommen bei Kaninchen und Meerschweinchen bipolare Instrumente zum Einsatz, um z. B. Gefäßstümpfe zu „verschweißen“ (▶Abb. 5-30). Der hochfrequente Wechselstrom fließt hierbei zwischen den Instrumentenspitzen durch das Gewebe und ermöglicht eine Koagulation von oberflächlichem Gewebe ohne die Notwendigkeit eines Erdungspads. Durch die isolierte Energieübertragung und somit begrenzte Stromanwendung sind die peripheren Gewebeschädigungen gering. Beim Einsatz muss jedoch berücksichtigt werden, dass die Wärmeableitung in umliegendes Gewebe zu Kollateralschäden an neurovaskulären Strukturen führen kann.

6 Der abdominale Zugang

6.1 Vorbereitung des Operationsfeldes

Das Operationsfeld sollte stets so klein wie möglich und so groß wie nötig gewählt werden, um Wärmeverluste für den Patienten so gering wie möglich zu halten. Das Fell wird im ausgewählten Bereich entfernt. Eine Verletzung der empfindlichen Haut ist hierbei zu vermeiden. Geeignet sind Schermaschinen oder elektrische Handrasierer. Alternativ können auch Enthaarungsmittel zum Einsatz kommen. Jedoch entfernen diese die Haare oft nicht gründlich genug und die Enthaarungsmittel müssen wieder vollständig von der Haut entfernt werden. Vor der Anwendung sollte immer die Verträglichkeit derartiger Mittel in einem kleinen Areal überprüft werden.

Die Haut wird im rasierten Bereich, z.B. mit einer herkömmlichen Jodseife, gewaschen. Die Waschlösung sollte lauwarm sein, um ein zusätzliches Auskühlen der Haut zu vermeiden. Anschließend erfolgt die Desinfektion mit Desinfektionsmitteln auf Alkohol- oder Jodbasis unter Berücksichtigung der Produktinformation des jeweiligen Herstellers. Diese sollten unter sterilen Kautelen aufgetragen und sparsam verwendet werden, um einem zusätzlichen Wärmeverlust vorzubeugen.

Werden Operationsabdecktücher (z.B. Buster® Op-Cover) mit Klemmen (z.B. Hirschhornklemmen) fixiert, müssen diese vorsichtig gesetzt werden, um Hautschäden vorzubeugen.

> Durch die Verwendung von selbstklebenden, sterilen Abdeckfolien kann auf den Einsatz von potenziell traumatischen Klemmen verzichtet werden. Jedoch können selbstklebende Folien vor allem bei der empfindlichen Kaninchenhaut ebenfalls zu Verletzungen der Haut im Operationsbereich führen.

Um das Monitoring während der Anästhesie zu erleichtern, sind transparente oder semitransparente Abdeckfolien von Vorteil.

6.2 Allgemeine Techniken

Wie in ▶Kap. 5 bereits erwähnt, muss stets darauf geachtet werden, das Gewebe und die Organe sehr vorsichtig und so wenig wie möglich zu handeln, um Verklebungen und anderen postoperativen Komplikationen vorzubeugen. Ist eine Manipulation des umliegenden Gewebes oder einzelner Organe unabdingbar, sollten atraumatische Instrumente verwendet werden.

Das Austrocknen des Gewebes und der Organe während der Operation kann durch regelmäßiges Befeuchten mit steriler Kochsalz- oder Ringer-Laktat-Lösung vermieden werden. Die Lösung sollte auf Körperinnentemperatur angewärmt sein, damit kein zusätzlicher Wärmeverlust entsteht. Alternativ können auch feuchte, sterile Vlies-Wundkompressen verwendet werden.

> **Abdominale Operationen bei Kaninchen und Meerschweinchen**
> - Operationsfeld so klein wie möglich wählen
> - warme Waschlösungen verwenden
> - vorsichtiges Handling von Gewebe und Organen
> - Organe und Gewebe intraoperativ mit warmer, steriler Kochsalz- oder Ringer-Laktat-Lösung befeuchten

6.3 Ausführung: Schritt für Schritt

Die meisten der hier dargestellten Operationen erfolgen in Rückenlage. Hierbei sollte eine leicht nach kaudal abfallende Position gewählt werden. Im Verhältnis zum Abdomen haben Kaninchen und Meerschweinchen einen kleinen Brustkorb und ein geringes Atemzugvolumen. Durch die leicht abfallende Positionierung kann der Druck auf den Brustkorb durch die Abdominalorgane während der Operation gesenkt werden. Sollte eine abweichende Positionierung des Patienten erforderlich sein, wird diese im jeweiligen Kapitel für die einzelne Operation aufgeführt.

- Zunächst erfolgt der Hautschnitt in der Mittellinie auf einer für die jeweilige Operation erforderlichen Länge (▶Abb. 6-1). Mögliche auftretende Blutungen einzelner Hautgefäße können durch Druck gestillt werden. Falls erforderlich, kann auch der Einsatz elektrochirurgischer Instrumente zur Blutstillung erfolgen. Aus hygienischen Gründen sollte die Skalpellklinge nach dem Hautschnitt ausgewechselt werden.
- Das Unterhautgewebe wird vorsichtig stumpf abpräpariert. Dies kann mit einer feinen gewebeschneidenden Schere (z. B. Metzenbaumschere) erfolgen (▶Abb. 6-2).
- Die Linea alba wird dargestellt und auf beiden Seiten mit einer feingezahnten chirurgischen Pinzette von den viszeralen Organen abgehoben. Mit der Spitze einer Skalpellklinge (z. B. Nr. 10 oder Nr. 15) wird die Bauchdecke in der Linea alba vorsichtig punktuell eröffnet. Das schneidende Ende der Skalpellklinge ist hierbei in Richtung des Chirurgen und weg vom Patienten gerichtet. Das ingestagefüllte Zäkum liegt unmittelbar der Bauchwand an und hat eine sehr dünne Wand (▶Abb. 6-3). Hier ist besondere Vorsicht geboten, damit dieses nicht perforiert wird.
- Nach Eröffnung der Bauchhöhle wird der Schnitt mit einer feinen gewebeschneidenden Schere (z. B. Metzenbaumschere) nach kranial und kaudal auf die gewünschte Länge erweitert. Zur Schonung der abdominalen Organe können hierfür die Finger des Chirurgen oder die Schenkel einer anatomischen Pinzette zwischen der Bauchdecke und den Organen platziert werden. Die Bauchdecke wird z. B. mit Gewebefasszangen angehoben. Ein Schenkel der Schere wird in die Bauchhöhle eingeführt und der Schnitt erfolgt im Verlauf der Linea alba. Es sollte stets unter Sichtkontrolle geschnitten werden (▶Abb. 6-4, ▶Abb. 6-5).

> Zusätzlich können angefeuchtete Bauchtücher, Laparotomieschwämme oder quadratische Vlies-Wundkompressen entlang der Schnittlinie zwischen der Bauchdecke und den abdominalen Organen platziert werden.

Der Verschluss der Bauchhöhle erfolgt analog zu anderen Tierarten dreischichtig mit fortlaufenden oder unterbrochenen Nähten, wie in ▶Kap. 5 dargestellt.

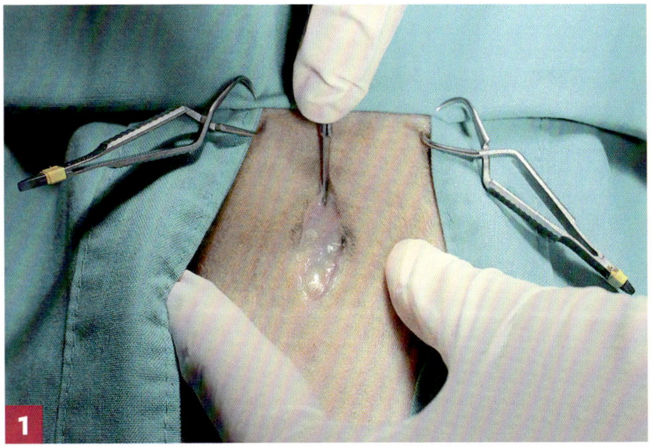

Abb. 6-1 Der abdominale Zugang: Meerschweinchen in Rückenlage mit vorbereitetem Operationsfeld für eine Bauchhöhlenoperation. Die Haut wird unter Spannung gehalten und mittels Skalpell ein Hautschnitt in der Mittellinie gesetzt.

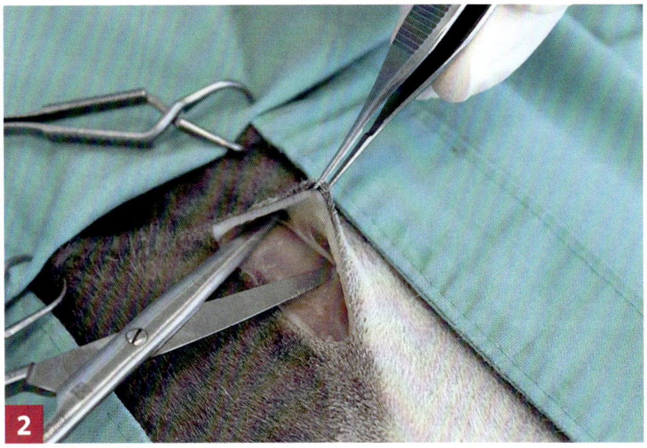

Abb. 6-2 Der abdominale Zugang: Die Haut wird auf der einen Seite mit einer anatomischen Pinzette angehoben und das Unterhautgewebe mit Hilfe einer Präparierschere vorsichtig stumpf abpräpariert.

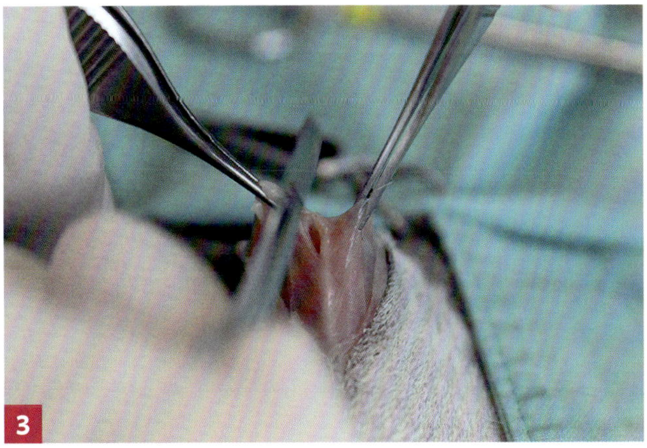

Abb. 6-3 Der abdominale Zugang: Punktuelle Eröffnung der Linea alba mittels Skalpell. Zum Schutz der viszeralen Organe wird die Bauchdecke beidseits der Linea alba durch zwei feingezahnte chirurgische Pinzetten angehoben und fixiert.

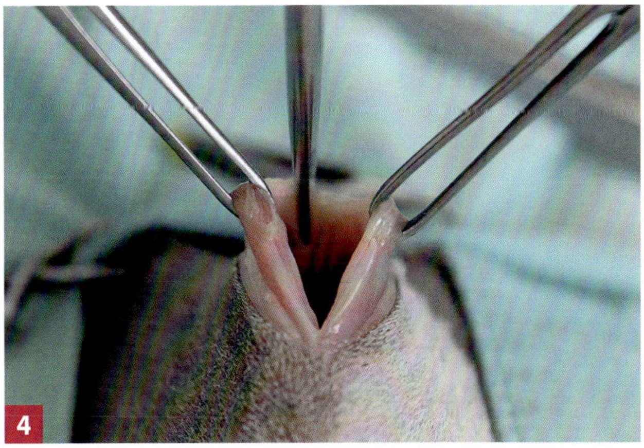

Abb. 6-4 Der abdominale Zugang: Erweiterung des Bauchhöhlenschnittes mittels gewebeschneidender Schere nach kranial und kaudal unter Sichtkontrolle. Die Bauchdecke wird zum Schutz der Bauchhöhlenorgane mit Hilfe von Gewebefasszangen fixiert und angehoben.

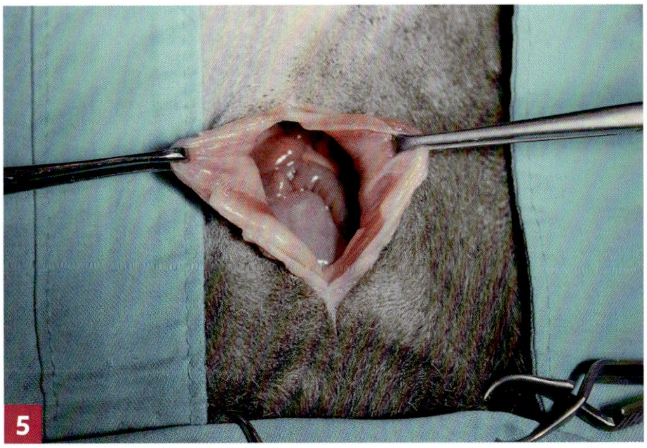

Abb. 6-5 Der abdominale Zugang: Eröffnete Bauchhöhle bei einem Meerschweinchen mit Blick auf den Darmtrakt.

7 Der abdominale Situs – Kaninchen

Nach Eröffnung von Bauchdecke und Peritoneum in der Linea alba werden zunächst der sehr große Blinddarm und Anteile des Kolons sichtbar, welche sich vom rechten Leberlappen bis zur linken Seite der Harnblase erstrecken (▶Abb. 7-1). Die meisten Abdominalorgane liegen dorsal des Dickdarms und können erst nach vorsichtigem Um- oder Herauslagern von Zäkum und Kolon inspiziert werden.

Der dünnwandige, j-förmige **Magen** liegt auf der linken Körperseite (▶Abb. 7-2) und ist physiologischerweise mit einer Mischung aus Futter, Haaren und Flüssigkeit gefüllt. Je nach Füllungszustand kann die Größe des Magens sehr unterschiedliche Ausmaße annehmen. Aufgrund ihrer ausgeprägten Kardiamuskulatur können Kaninchen nicht erbrechen. Auch der Pylorus ist mit einem muskulösen Sphinkter ausgestattet und deutlich dickwandiger als der Rest des Magens. Die flache und längliche **Milz** liegt linksseitig der großen Kurvatur des Magens an (▶Abb. 7-3).

Das **Duodenum descendens** verläuft rechts des Magens an der Leber vorbei nach kaudal und kann unter anderem durch eine Lebervergrößerung (z.B. bei Vorliegen einer Leberlappentorsion) eingeengt werden. Die Pars transversa des Duodenums verläuft von rechts nach links und geht ins kranial ziehende **Duodenum ascendens** über. Im proximalen Anteil des Duodenums befindet sich die Einmündung des Gallengangs, der Ausführungsgang des Pankreas mündet etwa 40 cm weiter aboral am Übergang von der Pars transversa

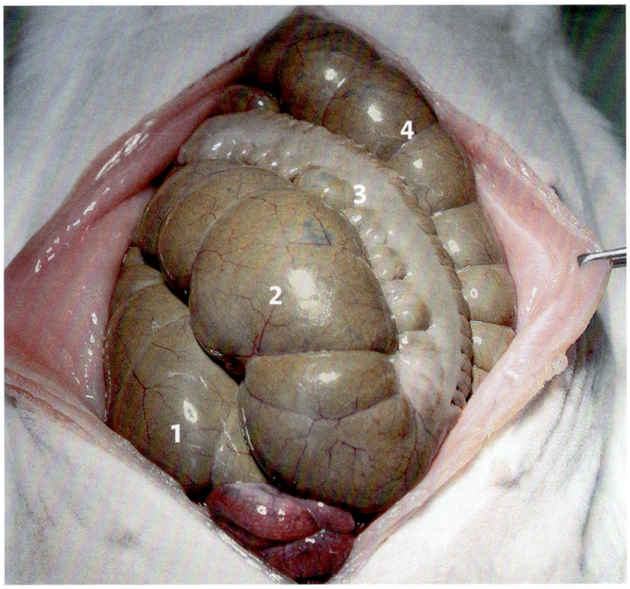

Abb. 7-1 Abdominaler Situs (Sektion) eines weiblichen Kaninchens in Rückenlage (kranial = oberer Bildrand, kaudal = unterer Bildrand). Direkt unter der Bauchdecke liegen Blinddarm- sowie Kolonanteile, welche einen großen Teil der Bauchhöhle einnehmen: zweite Gyralfalte des Zäkums (**1**), erste Gyralfalte des Zäkums (**2**), Colon proximalis (**3**), dritte Gyralfalte des Zäkums (**4**). Kaudal des Zäkums ist der Uterus zu erkennen.

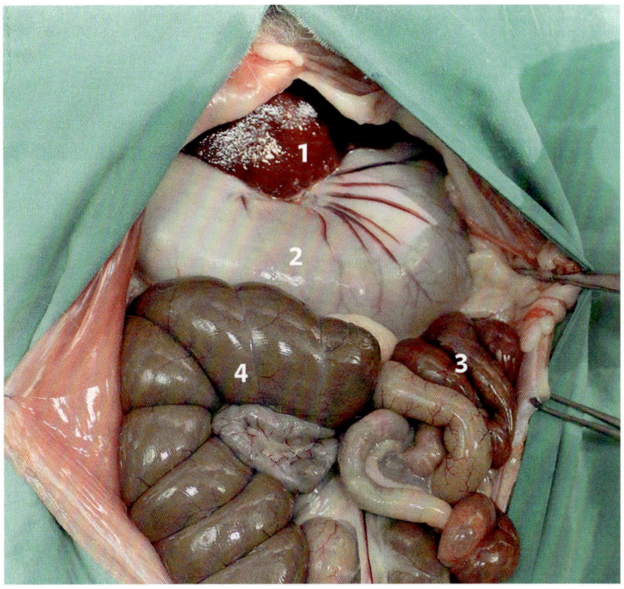

Abb. 7-2 Abdominaler Situs (Sektion) eines weiblichen Kaninchens in Rückenlage (kranial = oberer Bildrand, kaudal = unterer Bildrand). Kaudal des Xyphoids ist der Lobus medialis dexter der Leber erkennbar (**1**). Ein Großteil der Leber befindet sich unterhalb des Rippenbogens und wird vom j-förmigen Magen (**2**) verdeckt. Anteile des Jejunums (**3**) sind linksseitig im Abdomen sichtbar. Blinddarm und Kolon wurden zur besseren Darstellung nach rechts verlagert (**4**).

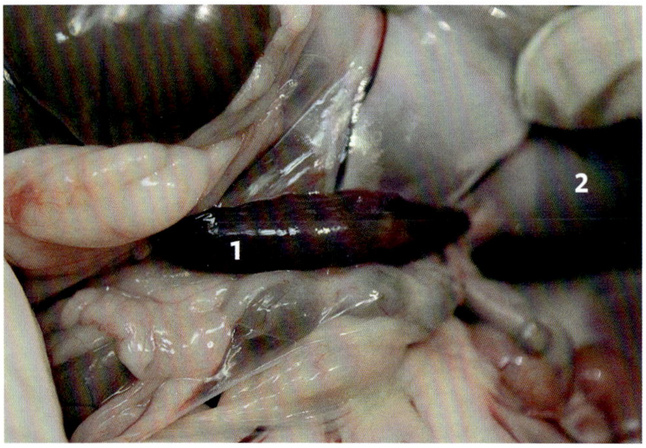

Abb. 7-3 Abdominaler Situs (Sektion) eines weiblichen Kaninchens in Rückenlage (kranial = rechter Bildrand, kaudal = linker Bildrand). Die dunkelrote, längliche Milz (**1**) liegt linksseitig der großen Kurvatur des Magens an. Der Magen (**2**) wurde zur besseren Adspektion der Milz angehoben und nach rechts verlagert.

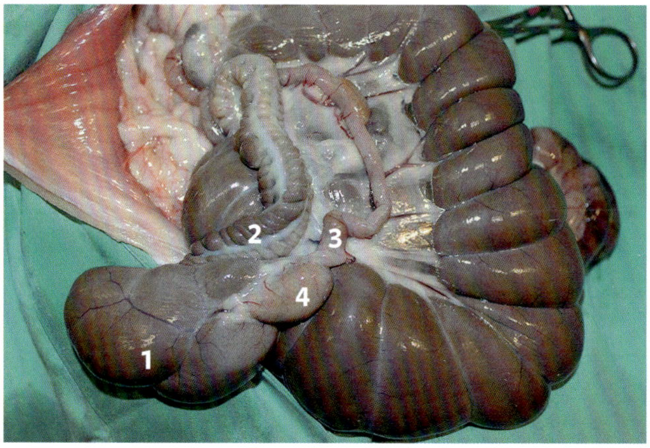

Abb. 7-4 Abdominaler Situs (Sektion) eines weiblichen Kaninchens in Rückenlage (kranial = oberer Bildrand, kaudal = unterer Bildrand). Nach Vorlagern des Zäkums und Umlegung nach links wird die Verbindungsstelle zwischen Zäkum (**1**), Kolon (**2**) und Jejunum (**3**) sichtbar. Der Sacculus rotundus (**4**) markiert prominent den Übergang von Dünn- zu Dickdarm.

zur Pars ascendens. **Jejunum** und **Ileum** befinden sich vor allem auf der linken Seite des Abdomens und haben wie das Duodenum einen relativ geringen Durchmesser (▶Abb. 7-2). Das terminale Ileum ist zum sogenannten Sacculus rotundus (Zäkaltonsille) erweitert, welcher viele Lymphfollikel enthält und die Verbindungsstelle zwischen Ileum, Kolon und Zäkum markiert (▶Abb. 7-4).

Der **Blinddarm** der Kaninchen ist in Relation zu dessen Körpergewicht der größte unter allen Tieren. Er windet sich schneckenartig in 3 Gyralfalten (▶Abb. 7-1) um sich selbst und endet in einem dickwandigen, blind endenden Appendix veriformis.

Das **Kolon** ist funktionell in einen proximalen und in einen distalen Abschnitt unterteilt. Am Anfang des proximalen Kolons (▶Abb. 7-1) findet man 3 Tänien sowie 3 Poschen (▶Abb. 7-4), weiter distal nur noch 1 Tänie und zuletzt den Fusus coli (die Kolonspindel), welcher einen ca. 5–8 cm langen Darmanteil mit verdickter Muskulatur darstellt. Das distale Kolon verfügt weder über Tänien noch Poschen und geht in das dünnwandige Rektum über, welches in der Regel harte Kotballen enthält.

Im Rahmen einer Operation ist Folgendes zu beachten

- Der sehr große Dickdarm des Kaninchens liegt unmittelbar unter der dünnen Bauchdecke. Diese muss bei der chirurgischen Eröffnung daher weit angehoben werden, um Organverletzungen zu vermeiden.
- Die Darmwand (vor allem die des Dickdarmes) der Kaninchen ist dünn und fragil und sollte so wenig wie möglich und nur sehr vorsichtig berührt werden.
- Muss der Darm zur besseren Darstellbarkeit anderer Organe aus dem Abdomen herausgelagert werden, sollte er z. B. mit Hilfe von körperwarmer Kochsalz- oder Ringer-Laktat-Lösung und Vlies-Wundkompressen warm und feucht gehalten werden.
- Die genaue physiologische Lage von Zäkum und Kolon muss nach einer durchgeführten Bauchoperation mit Umlagern des Dickdarms unbedingt wiederhergestellt werden, da es sonst zu Verdauungsproblemen bis hin zu Torsionen kommen kann.

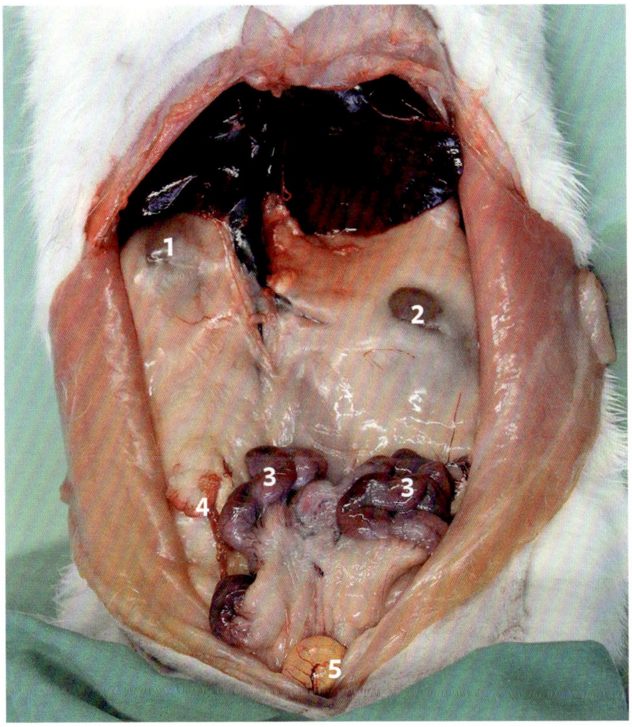

Abb. 7-5 Abdominaler Situs (Sektion) eines weiblichen Kaninchens in Rückenlage nach Entfernung der Verdauungsorgane (kranial = oberer Bildrand, kaudal = unterer Bildrand). Die retroperitoneal gelegenen Nieren (**1, 2**) sind von viel Fettgewebe umgeben. Die rechte Niere (**1**) liegt deutlich weiter kranial als die linke Niere (**2**). Der prominente Uterus duplex (**3**) windet sich schlingenartig im kaudalen Abdomen. Die Ovarien (rechtes Ovar von Fett umgeben und von der frischroten Salpinx umrandet, **4**) liegen im Vergleich zum Meerschweinchen weit kaudal. Die dünnwandige Blase ist nur geringgradig gefüllt (**5**).

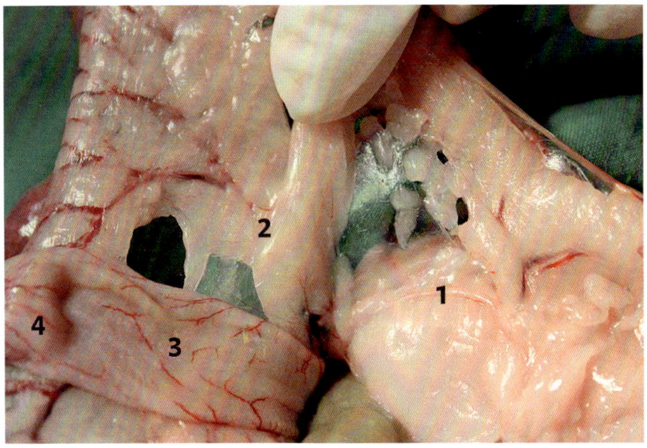

Abb. 7-6 Abdominaler Situs (Sektion) eines weiblichen Kaninchens in Rückenlage nach Entfernung der Verdauungsorgane (kranial = rechter Bildrand, kaudal = linker Bildrand). Der Geschlechtstrakt wurde nach kaudal aus der Bauchhöhle vorgelagert. Der fadendünne rechte Ureter (**1**) verläuft retroperitoneal nach kaudal und befindet sich auf Höhe der Harnblase in unmittelbarer Umgebung des Ligamentum latum uteri und der darin enthaltenen Gefäße (**2**). Dies muss vor allem bei einer Ovariohysterektomie bedacht werden. Die lange, schlaffe Vagina ist im unteren, linken Bildrand erkennbar (**3**). Links davon sind die Zervices (**4**) zu erkennen.

Die **Leber** liegt beim Kaninchen innerhalb des Rippenbogens kranial des Magens und ist in 6 Lappen aufgeteilt (Lobus sinister medialis, Lobus sinister lateralis, Lobus dexter medialis, Lobus dexter lateralis, Lobus caudatus, Lobus quadratus, ▶Abb. 7-2). Manche Autoren fassen den medialen und lateralen Anteil des rechten bzw. linken Leberlappens zusammen und gehen folglich von 4 Lobi aus. Vor allem der Lobus caudatus ist sehr beweglich an der Hilusregion der Leber aufgehängt und für eine Leberlappentorsion prädisponiert (▶Kap. 9.5). Die Gallenblase befindet sich tief im rechten, medialen Leberlappen.

Die einwarzigen **Nieren** liegen hochdorsal und sind je nach Ernährungszustand von mehr oder weniger viel retroperitonealem Fettgewebe umgeben (▶Abb. 7-5). Die rechte Niere liegt auf Höhe des 1. Lendenwirbels und damit deutlich weiter kranial als die linke, welche sich auf Höhe des 2. bis 4. Lendenwirbels befindet. Nach ihrem Austritt aus dem Nierenhilus verlaufen die kleinlumigen **Ureteren** retroperitoneal rechts und links der Wirbelsäule zu ihren Eintrittsstellen im Bereich des Harnblasenhalses. In dieser Region verlaufen sie beim Weibchen hochdorsal in unmittelbarer Nachbarschaft der uterinen Gefäße (▶Abb. 7-6) und dürfen bei einer Ovariohysterektomie nicht mit abgebunden werden. Die dünnwandige **Harnblase** ist sehr dehnbar und kann in ihrer Größe je nach Füllungszustand stark variieren (▶Abb. 7-5, ▶Abb. 7-7). Das mittlere Blasenband verbindet den Harnblasenkörper mittig mit der Bauchwand und enthält vor allem bei adipösen Tieren viel Fettgewebe. Der Blasenhals geht in die **Urethra** über, welche beim männlichen Kaninchen an der Penisspitze endet und beim weiblichen Kaninchen ventral in den distalen Anteil der Vagina (Vestibulum vaginae) mündet.

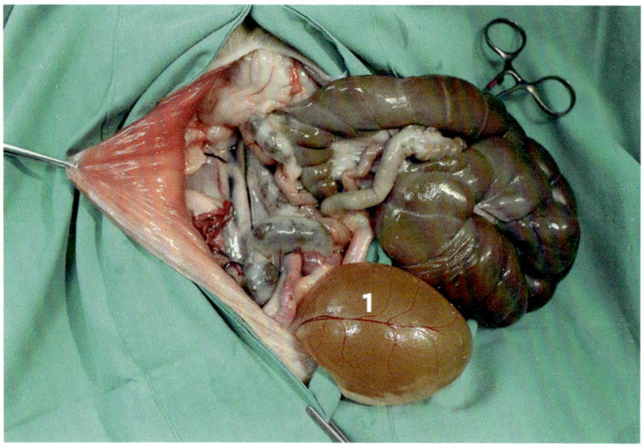

Abb. 7-7 Abdominaler Situs (Sektion) eines weiblichen Kaninchens in Rückenlage (kranial = oberer Bildrand, kaudal = unterer Bildrand). Die dünnwandige Blase (**1**, aus der Bauchhöhle vorgelagert) kann große Harnmengen beinhalten und einen Großteil des kaudalen Abdomens einnehmen.

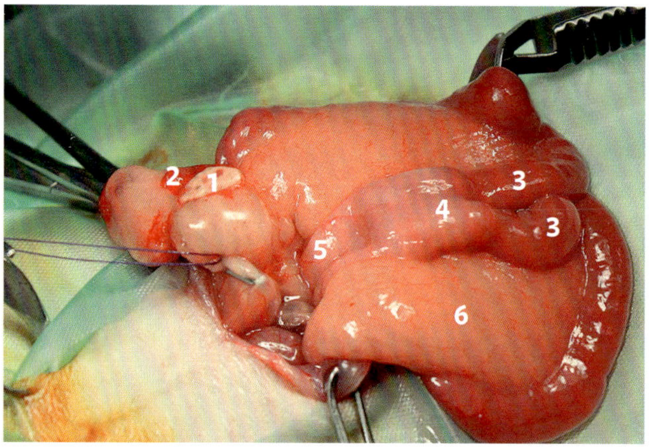

Abb. 7-8 Geschlechtsorgane eines weiblichen Kaninchens in Rückenlage im Rahmen einer Ovariohysterektomie (kranial = rechter Bildrand, kaudal = linker Bildrand). Das längliche, helle rechte Ovar (**1**) enthält mehrere Follikel und wird von dem fettreichen Mesovar und der frischroten Salpinx (**2**) umgeben. Der darmschlingenartig gewundene Uterus duplex (**3**) geht in zwei eigenständige Zervices über (**4**). Die schlaffe und deutlich hellere Vagina (**5**) ist auffällig lang und zieht nach kaudal. Im Gekröse der Uteri (**6**) ist viel Fettgewebe eingelagert.

7

Weibliche Geschlechtsorgane

Die hellen Ovarien des Kaninchens sind länglich und deutlich weiter kaudal lokalisiert als die des Meerschweinchens (▶Abb. 7-5, ▶Abb. 7-8). Beim geschlechtsreifen Weibchen können sie multiple Follikel enthalten. Die gewundene, lange **Salpinx** ist frischrot und liegt im langen **Mesovar**, welches sich gut aus der Bauchhöhle vorlagern lässt. Sowohl das Mesovar als auch das Mesometrium können sehr viel Fett enthalten, was die Darstellung und die Ligatur von Gefäßen im Rahmen einer Ovariohysterektomie erschweren kann. Kaninchen besitzen 2 Uteri (Uterus duplex), welche vollständig voneinander getrennt sind und keinen Uteruskörper bilden. Zwei eigenständige Zervices gehen in eine lange, schlaffe Vagina über (▶Abb. 7-6, ▶Abb. 7-8). Die Vaginalmuskulatur ist kräftig ausgebildet und Kontrakturen können im Rahmen einer Kastration gegebenenfalls beobachtet werden. Die ovariellen (A. und V. ovaricae) und uterinen Gefäße (A. und V. uterinae) gehen im Vergleich zum Meerschweinchen kaum Anastomosen ein.

Männliche Geschlechtsorgane

Die männlichen Geschlechtsorgane liegen vor allem außerhalb der Bauchhöhle und werden daher erst im Rahmen von (▶Kap. 11.4) näher besprochen. Die akzessorischen Geschlechtsdrüsen des Kaninchens bestehen aus der Samenblasendrüse, den paarigen Bulbourethraldrüsen, den Glandulae ampullae sowie dem Prostata-Komplex (Proprostata, Prostata, Paraprostata).

8 Der abdominale Situs – Meerschweinchen

Nach Eröffnung von Bauchdecke und Peritoneum in der Linea alba werden zunächst der sehr große Blinddarm und Anteile des Kolons sichtbar. Der Blinddarm fasst 65 % des Magen-Darm-Traktes und füllt fast die gesamte linke Hälfte des Abdomens aus. Die meisten Abdominalorgane liegen dorsal des Dickdarms und können erst nach vorsichtigem Um- oder Herauslagern von Zäkum und Kolon inspiziert werden.

Der drüsenhaltige **Magen** liegt im linken vorderen Quadranten des Abdomens (▶Abb. 8-1). Der Winkel zwischen kleiner Kurvatur und Ösophagus wird als Inzisura angularis bezeichnet. Je nach Füllungszustand kann die Größe des Magens sehr unterschiedliche Ausmaße annehmen. Aufgrund ihrer ausgeprägten Kardiamuskulatur können Meerschweinchen nicht erbrechen.

Die **Milz** ist beim Meerschweinchen verglichen mit den meisten anderen Nagetieren und auch im Vergleich zum Kaninchen verhältnismäßig groß (▶Abb. 8-2). Über das Ligamentum gastrolineale ist sie mit dem Magen verbunden und liegt linksseitig lateral der großen Kurvatur des Magens an.

Der **Dünndarm** hat eine Länge von circa 125 cm und befindet sich in der rechten Hälfte des Abdomens (▶Abb. 8-1). Es gibt wenig Anhaltspunkte, um die einzelnen Abschnitte des Dünndarms zu differenzieren. In der Lamina propria der Darmwand befinden sich Lymphknötchen, die Peyer-Platten. Im Bereich des **Duodenum descendens** (Pars descencdens duodeni) ist die Bauchspeicheldrüse (Pankreas) lokalisiert. Das dreilappige Organ ist von dreieckiger Form und rosaroter Farbe. An der Valva Ileocaecalis beginnt der Dickdarm.

Der **Blinddarm** stellt als dünnwandiger, grünbrauner Sack die größte Erweiterung des Verdauungskanals dar (▶Abb. 8-1, ▶Abb. 8-3). An dem 15–20 cm langen Organ unterscheidet man äußerlich drei weiße muskulöse längsgerichtete Bänder, die dorsale, ventrale und mediale Taenia caeci. Zusätzlich lassen sich die kürzeren sackförmigen Ausbuchtungen des Zäkums, die Haustren, differenzieren.

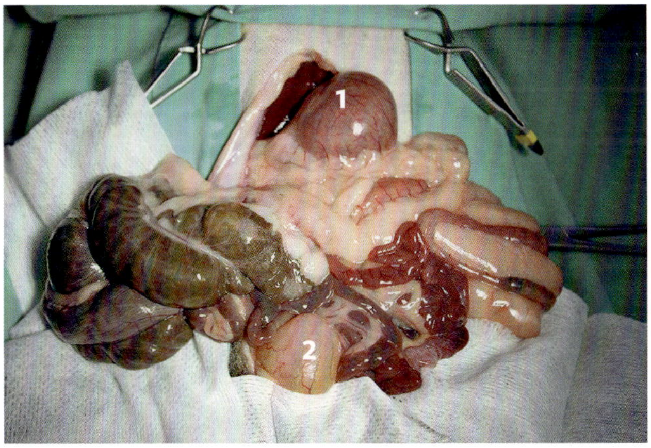

Abb. 8-1 Abdominaler Situs (Sektion) eines Meerschweinchens mit vorgelagertem Magen-Darm-Trakt (kranial = oberer Bildrand, kaudal = unterer Bildrand). Der dünnwandige Magen befindet sich im linken vorderen Quadranten des Abdomens (**1**). Die vorgelagerte Harnblase ist im kaudalen Abdomen als dünnwandiges Organ sichtbar (**2**). Rechts im Bild ist der Blinddarm als grünbrauner Sack sichtbar. Anteile des Dünndarms sind im Fett erkennbar (linke Bildhälfte).

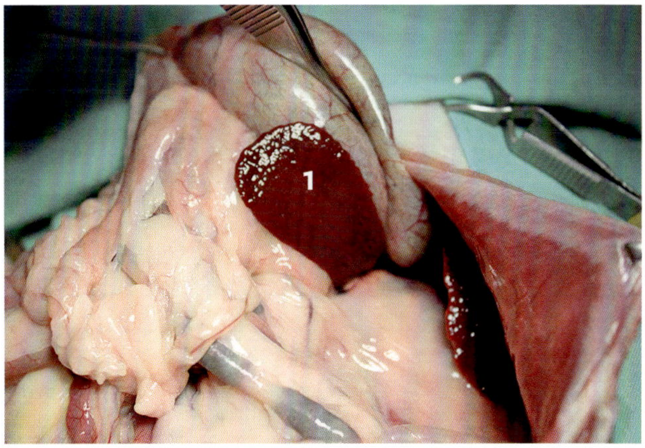

Abb. 8-2 Abdominaler Situs (Sektion) eines männlichen Meerschweinchens (kranial = oberer Bildrand, kaudal = unterer Bildrand): Der Magen wurde mit einer anatomischen Pinzette angehoben. Linksseitig ist an der großen Kurvatur des Magens die große zungenförmige Milz des Meerschweinchens erkennbar (**1**).

Das **Kolon** (**Grimmdarm**) (▶Abb. 8-3) ist funktionell in einen proximalen (20 cm) und in einen distalen (50 cm) Abschnitt unterteilt. Im Bereich des Kolons sind keine Haustren (wie beim Kaninchen beschrieben) vorhanden. Jedoch faltet sich die Mukosa der mesenterialen Seite ein und bildet eine longitudinale Furche. Anatomisch umfasst das Kolon nach dessen Lage in der Bauchhöhle einen aszendierenden, transversen und deszendierenden Teil.

Im Rahmen einer Operation ist Folgendes zu beachten

- Der sehr große Dickdarm des Meerschweinchens liegt unmittelbar unter der dünnen Bauchdecke. Diese muss bei der chirurgischen Eröffnung daher weit angehoben werden, um Organverletzungen zu vermeiden.
- Die Darmwand (vor allem die des Dickdarms) der Meerschweinchen ist dünn und fragil und sollte so wenig wie möglich und nur sehr vorsichtig berührt werden.
- Muss der Darm zur besseren Darstellbarkeit anderer Organe aus dem Abdomen herausgelagert werden, sollte er mit Hilfe von körperwarmer Kochsalz- oder Ringer-Laktat-Lösung und Vlies-Kompressen warm und feucht gehalten werden.
- Die genaue physiologische Lage von Zäkum und Kolon muss nach einer durchgeführten Bauchoperation mit Umlagern des Dickdarms unbedingt wiederhergestellt werden, da es sonst zu Verdauungsproblemen bis hin zu Torsionen kommen kann.

Die **Leber** stellt die größte Drüse des Körpers dar und liegt beim Meerschweinchen innerhalb des Rippenbogens kranial des Magens und ist in 6 Lappen aufgeteilt (Lobus sinister medialis, Lobus sinister lateralis, Lobus dexter, Lobus medius, Lobus caudatus, Lobus quadratus). Die gut ausgeprägte **Gallenblase** liegt medial im Lobus quadratus.

Die **Nieren** weisen ein großes Pelvis renalis auf und enthalten nur eine einzige longitudinale Papille. Sie liegen retroperitoneal beidseits der Mittellinie, wobei die linke Niere weiter kaudal als die rechte Niere liegt. An ihren kaudalen und medialen Rändern sind die Nieren je nach Ernährungszustand des Tieres meist von dichtem Fettgewebe umgeben (▶Abb. 8-4). Der kaudale Pol der rechten Niere ist beim Meerschweinchen auf Höhe des 2. Lendenwirbels und der kaudale Pol der linken Niere auf Höhe der Mitte des 3. Lendenwirbels lokalisiert. Beim weiblichen Meerschweinchen ist das Ligamentum latum uteri mit der Ventralfläche der Niere verbunden.

Mit der kraniomedialen Oberfläche jeder Niere sind die großen Nebennieren verbunden. Diese stellen sich als annähernd dreieckige, zweilappige Organe von gelbbrauner Farbe dar (▶Abb. 8-4).

Nach ihrem Austritt aus dem Nierenhilus verlaufen die sehr kleinlumigen **Ureteren** retroperitoneal rechts und links der Wirbelsäule zu ihren Eintrittsstellen im Bereich des Blasenhalses.

Die große, sackartige, dreieckige **Harnblase** enthält den alkalischen Urin. Ihre Größe kann je nach Füllungszustand stark variieren. Das Organ ist mittig im ventrokaudalen Bereich der Bauchhöhle lokalisiert (▶Abb. 8-1). Generell ist die Harnblase in drei Abteilungen unterteilt: den Apex, den Harnblasenkörper und den Harnblasenhals. Sie liegt ventral des distalen Kolonabschnittes und (beim weiblichen Tier) des Genitaltraktes.

Der Harnblasenhals geht kontinuierlich in die **Urethra** über. Durch die innere Harnröhrenöffnung wird die Harnblase von der Harnröhre separiert.

Beim männlichen Meerschweinchen beginnt die Urethra an der inneren Harnröhrenöffnung, zieht über den Beckenboden bis zur äußeren Harnröhrenöffnung an die Spitze des Penis.

Beim weiblichen Meerschweinchen ist die äußere Harnröhrenöffnung von der Vagina getrennt ventral der Genitalöffnung äußerlich sichtbar.

Weibliche Geschlechtsorgane

Die kaudolateral der Nieren liegenden **Ovarien** werden von einem kurzen Mesovar gehalten. In der Eierstockstasche (Bursa ovarica) ist die **Salpinx** (Eileiter) eng mit ihr verbunden. Meerschweinchen besitzen einen **Uterus bicornis**. Kaudal verlaufen die beiden Uterushörner parallel und sind durch das Ligamentum intercornuale verbunden. Von außen betrachtet, scheint ein einheitlicher Uteruskörper (Corpus uteri) vorzuliegen, der jedoch durch ein muskuläres Septum (Velum uteri) im Innern getrennt wird. Dieses endet kranial der einzelnen Zervix (▶Abb. 8-5). Die Zervix mündet in die Vagina.

Die Identifizierung des Eierstockgekröses wird erschwert durch viel eingelagertes Fett im Ligamentum latum uteri (breites Gebärmutterband) (▶Abb. 8-5). Dieses setzt sich aus dem Mesovarium, der Mesosalpinx und dem Mesometrium zusammen.

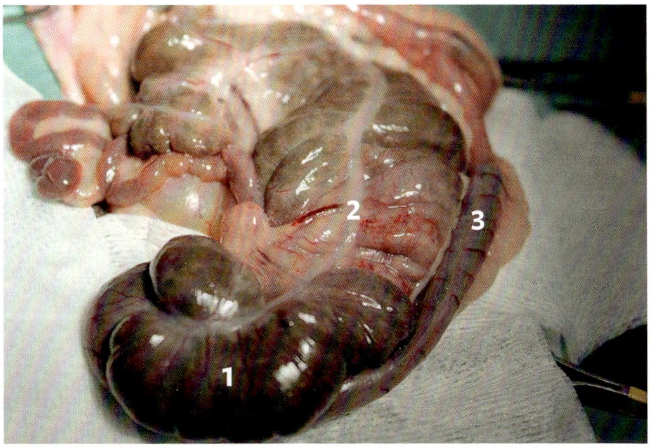

Abb. 8-3 Abdominaler Situs (Sektion) eines Meerschweinchens (kranial = oberer Bildrand, kaudal = unterer Bildrand). Vorgelagerter Blinddarm (**1**). Die mediale Taenia caeci ist als weißes längsgerichtetes muskulöses Band sichtbar (**2**). Weiter sind die einzelnen Haustren differenzierbar. Rechts im Bild sind Anteile des Kolons (**3**) sichtbar.

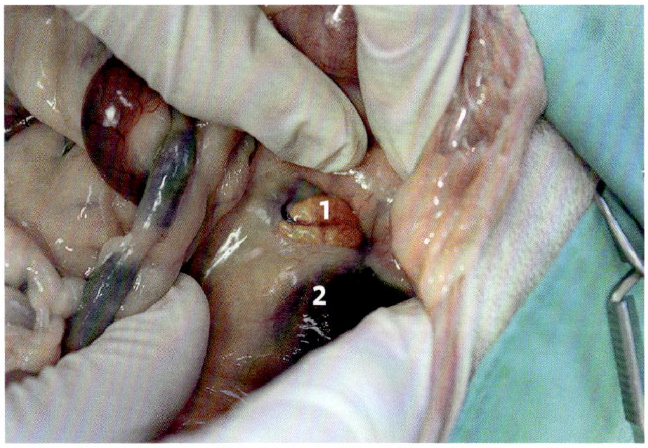

Abb. 8-4 Abdominaler Situs (Sektion) eines Meerschweinchens (kranial = oberer Bildrand, kaudal = unterer Bildrand): Kraniomedial der Niere befindet sich die große Nebenniere von gelbbrauner Farbe (**1**). Die Niere (**2**) wird von dichtem Fettgewebe umgeben.

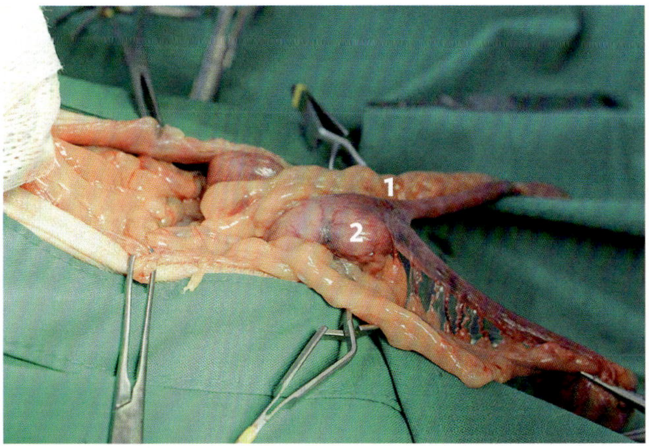

Abb. 8-5 Abdominaler Situs (Sektion) eines weiblichen Meerschweinchens (kranial = linker Bildrand, kaudal = rechter Bildrand). Die beiden Uterushörner wurden nach kaudal aus der Bauchhöhle vorgelagert. Der kurze Uteruskörper (**1**) und die Zervix (**2**) sind erkennbar. Im Gebärmuttergekröse ist viel Fett eingelagert.

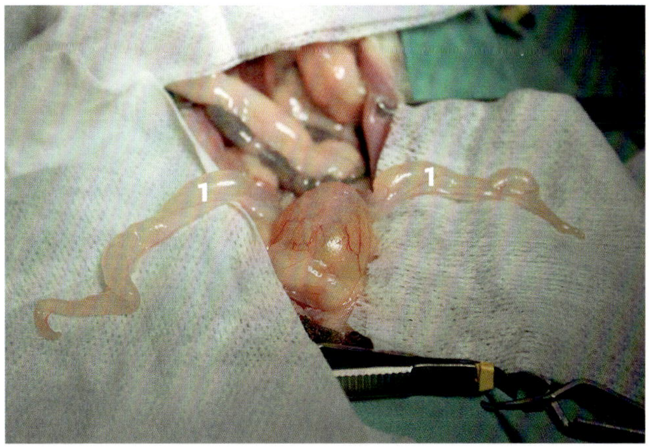

Abb. 8-6 Abdominaler Situs (Sektion) eines männlichen Meerschweinchens in Rückenlage (kranial = oberer Bildrand, kaudal = unterer Bildrand): Dorsal der Harnblase erstrecken sich die blind endenden, paarigen **Samenblasendrüsen** (Glandulae vesiculares **1**) schneckenförmig aufgerollt nach kranial in das Abdomen.

Es besteht, wie bei den meisten Säugetieren, eine Anastomose zwischen der A. ovarica (Ast der Aorta abdominalis) und der A. uterina (Ast der A. iliaca interna) im Gebärmuttergekröse. Den Hauptanteil der Blutversorgung des Ovars stellt die A. uterina dar.

Eine anatomische Besonderheit des weiblichen Meerschweinchens ist die **vaginale Membran**. Diese dünne, durchscheinende epitheliale Membran ist nur während des Östrus und der Geburt geöffnet. Ansonsten verschließt sie das Ostium vaginae. Nach dem Östrus bzw. nach einer stattgefundenen Kopulation verschließt sie sich nach dem Ausstoßen des sogenannten Deckpfropfens.

Männliche Geschlechtsorgane

Die **männlichen Geschlechtsorgane** des Meerschweinchens umfassen den Hoden, die akzessorischen Geschlechtsdrüsen, die Glandulae perineales und die Glandulae caudales. Da sich die meisten dieser Organe außerhalb der Bauchhöhle befinden, werden sie in ▶Kap. 11 beschrieben. An dieser Stelle soll lediglich auf die **akzessorischen Geschlechtsdrüsen** eingegangen werden.

Sie setzen sich beim Meerschweinchen aus der **Prostata**, den Glandulae coagulatianae, den **Samenblasendrüsen** (Glandulae vesiculares) und den **Bulbourethraldrüsen** zusammen: Die paarigen Glandulae vesiculares lassen sich in der kaudalen Peritonealhöhle dorsal der Harnblase als große, gelblichweiße bis rosafarbene, wurmförmige Säcke identifizieren. Sie enden blind, haben eine Länge von ca. 10 cm und befinden sich meist schneckenförmig aufgerollt im kaudalen Abdomen (▶Abb. 8-6).

Nahe der Basis der Samenblasendüsen sind die Glandulae coagulatianae und die Prostata lokalisiert. Eng benachbart der Urethra befinden sich die Bulbourethraldrüsen als ovale, paarige Drüsen auf Höhe des Arcus ischiadicus.

Die großen **Samenblasendrüsen** (Glandulae vesiculares) beim männlichen Meerschweinchen können aufgrund ihrer Lokalisation und ihres Aussehens während einer Bauchhöhlenoperation fälschlicherweise mit einem weiblichen Uterus verwechselt werden.

9 Operationen des Magen-Darm-Traktes

EXKURS

Intestinale Obstruktionen

Intestinale Obstruktionen (ausgelöst durch Trichobezoare, Johannisbrotkerne, Teppichfasern; seltener durch Tumoren, Parasiten etc.) kommen vor allem beim Kaninchen häufig vor. Da Kaninchen durch ihre ausgeprägte Kardiamuskulatur nicht erbrechen oder eruktieren können, führt eine Obstruktion des Dünndarms (Obstruktionen des Dickdarms sind seltener) zu einer schnellen, oftmals hochgradigen Ansammlung von Gas und Flüssigkeit im Magen und Darmtrakt.

Klinisches Bild

Typisch für diesen Krankheitskomplex ist der plötzliche Beginn der Symptome. In den meisten Fällen berichten Besitzer von einer unvermittelt einsetzenden, vollständigen Inappetenz, fehlendem Kotabsatz und einer zusammengekauerten Körperhaltung. Wenig zutrauliche Tiere lassen sich mitunter streicheln und leicht einfangen. Andere Tiere verstecken sich und ziehen sich zurück. Anamnestisch wird häufig von einem vorrangegangenen Fellwechsel des betroffenen Tieres oder des Partners, gesteigerter Putzaktivität sowie von „Köttelketten" (mit Haaren verbundene Kotballen) berichtet. In der Allgemeinuntersuchung wird neben einem vergrößerten und teilweise prallen Magen eine vermehrte Schmerzhaftigkeit im kranialen Abdomen festgestellt. In den meisten Fällen werden die Tiere bereits im Stadium eines dekompensierten Schockgeschehens mit folgenden Symptomen vorgestellt:

- Apathie
- Hypothermie
- Dehydratation
- Hypovolämie
- ggf. Bradykardie und Hypotonie

Durch die hochgradige Dehnung der Magenwand kann es zu Entzündungen, Ulzerationen und Minderdurchblutung kommen, was zu einer Ruptur des Magens führen kann. An den Obstruktionsstellen im Dünndarm können weiterhin Nekrosen der Darmwand und eine damit einhergehende Perforation und Peritonitis auftreten.

Ein obstruktiver Ileus ist daher als absoluter Notfall einzustufen. Eine sofortige Einleitung intensiver Therapiemaßnahmen ist nötig, um diese potenziell lebensbedrohliche Erkrankung zu behandeln!

Weiterführende Diagnostik

Zur Diagnose eines obstruktiven Ileus ist die **Röntgendiagnostik** (▶ Abb. 9-1) besonders gut geeignet. Typischerweise wird ein vergrößerter, runder Magen festgestellt, der zu deutlich mehr als ein Drittel über den Rippenbogen hinausragt und ggf. der ventralen Bauchwand aufliegt. In den meisten Fällen entwickeln sich zeitnah nach Einsetzen der Stase eine Verflüssigung des Mageninhalts sowie Gasansammlungen im Lumen. Dies zeigt sich röntgenologisch in einem homogen verschatteten Magen mit zentraler Gasblase („Spiegeleimagen"). Befindet sich der Verschluss im Pylorusbereich oder weit proximal im Duodenum, kann der restliche Darmtrakt röntgenologisch unauffällig wirken. Ist die Obstruktion weiter distal im Dünndarm lokalisiert, gasen die Darmschlingen oral des Verschlusses auf und/oder füllen sich mit Flüssigkeit, während der Darm aboral normal entleert wird. Im Röntgenbild zeigt sich dies in dilatierten Dünndarmschlingen („fahrradschlauchartig") welche homogen verschattet sind und/oder mit Gas gefüllt sind.

Zur Beurteilung der Magen-Darm-Passage können **Kontrastaufnahmen** angefertigt werden. Dazu eignet sich sowohl die vorsichtige orale Eingabe von Bariumsulfatlösungen (10–20 ml/kg KGW) als auch die von jodhaltigem Kontrastmittel (z. B. Peritrast® 300 mg, 7 ml/kg KGW). Bei ungestörter Magen-Darm-Passage ist in der Regel nach 1 Stunde Kontrastmittel im Zäkum zu erkennen (▶ Abb. 9-2). Sollte eine Obstruktion vorliegen, wandert das Kontrastmittel (je noch Lokalisation der Obstruktion) nicht aus dem Magen oder dem Dünndarm weiter. Nach Einleitung von Therapiemaßnahmen können zum Monitoring des

Behandlungserfolges die Röntgenaufnahmen circa alle 45–60 Minuten wiederholt werden, bis Dickdarminhalt angefärbt wird oder (im Falle eines Therapieversagens) eine Operation durchgeführt werden muss.

Die typischen klinischen Symptome und Röntgenbildbefunde weisen auf einen obstruktiven Ileus hin, sind aber nicht beweisend! Weitere Ursachen für eine Magenentleerungsstörung (z.B. stress-, schmerz- oder medikamentenbedingte Hypomotilität) sollten in Betracht gezogen werden. Auch die genaue Obstruktionsursache kann durch ein Röntgenbild nicht geklärt werden.

Zur weiteren Abklärung sowie zur Einschätzung der Prognose ist eine **Blutuntersuchung** bei einem Verdacht auf obstruktiven Ileus ratsam (▶Tab. 9-1).

Konservative Therapie

Viele Kaninchen können beim Vorliegen eines obstruktiven Ileus rein konservativ erfolgreich behandelt werden.

Die Grundpfeiler der Ileustherapie bestehen aus:

- langsamem Aufwärmen der Tiere (z.B. mittels Wärmekissen oder im Inkubator)
- intravenöser Flüssigkeitssubstitution (▶Kap. 2.4)
- einer adäquaten Analgesie mit Opioiden (z.B. Buprenorphin, ▶Kap. 3.2)

Zusätzlich können nach Abwägen der Risiken (z.B. Darmperforationen bei vollständiger Obstruktion) Prokinetika wie Metoclopramid und Ranitidin zum Einsatz kommen (▶Kap. 2.5). Die Eingabe oraler Medikamente (z.B. Kontrastmittel, Laktulose, Entschäumer) muss sehr vorsichtig und unter Kontrolle der Magengröße erfolgen und ist als zweitrangig anzusehen.

Allgemeinbefinden, Körpertemperatur, Hydratationsstatus, Magengröße sowie veränderte Blutparameter müssen während der Behandlung regelmäßig kontrolliert werden. Auch eine Kontrastmittelpassage kann den Behandlungserfolg oder -misserfolg dokumentieren. Sollte unter den eingeleiteten Therapiemaßnahmen eine Besserung ausbleiben oder sich der Zustand des Patienten verschlechtern, ist eine diagnostische Laparotomie und ggf. eine der im Folgenden dargestellten Operationen angezeigt.

Tab. 9-1 Häufige Blutbefunde bei Kaninchen mit obstruktivem Ileus

Untersuchter Parameter	Häufige Befunde
Kreatinin	Erhöhung (prärenale Azotämie)
Harnstoff	Erhöhung (prärenale Azotämie)
Glukose	Hyperglykämie Hohe Blutzuckerwerte sprechen beim Kaninchen für das Vorliegen hochgradiger Schmerz- und/oder Stresszustände. Eine Operation sollte bei einer persistierenden, hochgradigen Hyperglykämie, unter Einbeziehung der klinischen und röntgenologischen Befunde, erwogen werden.
Leberenzyme	meist unverändert Bei einer Erhöhung sollten weitere Erkrankungen (z.B. Lipomobilisation, RHD [Rabbit hemorrhagic disease], Leberlappentorsion etc.) abgeklärt werden.
Hämatokrit	Erhöhung oder im oberen Referenzbereich (Hämokonzentration) Bei einer Erniedrigung sollten weitere Erkrankungen (z.B. Hämometra, Leberlappentorsion etc.) abgeklärt werden.
Säure-Basen-Status	metabolische Azidose
Elektrolyte	Hyponatriämie

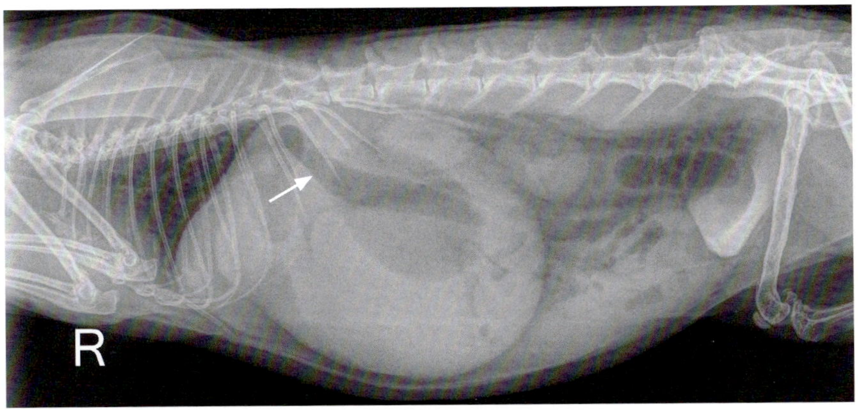

Abb. 9-1 Typischer Befund eines Kaninchens mit Verdacht auf obstruktiven Ileus (Übersichtsröntgen in laterolateralem rechtsanliegendem Strahlengang). Der Magen ist hochgradig mit Flüssigkeit und Gas gefüllt („Spiegeleimagen"), reicht weit über den Rippenbogen hinaus und liegt der ventralen Bauchwand auf. Die Obstruktion befindet sich vermutlich im proximalen Dünndarm, da dieser nur über eine kurze Strecke dilatiert und mit Gas gefüllt ist (Pfeil). Zusätzlich sind Harnblasengrieß und eine Veränderung des Femurs zu erkennen.

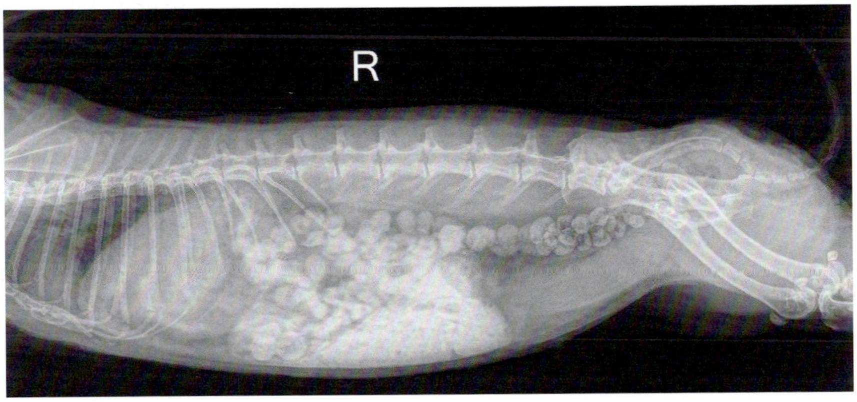

Abb. 9-2 Kontrastmittelpassage bei einem Kaninchen (Übersichtsaufnahme in laterolateralem rechtsanliegendem Strahlengang) mehrere Stunden nach oraler Eingabe von jodhaltigem Kontrastmittel. Nach ungestörter Magen-Darm-Passage ist Kontrastmittel in Zäkum und Rektum erkennbar.

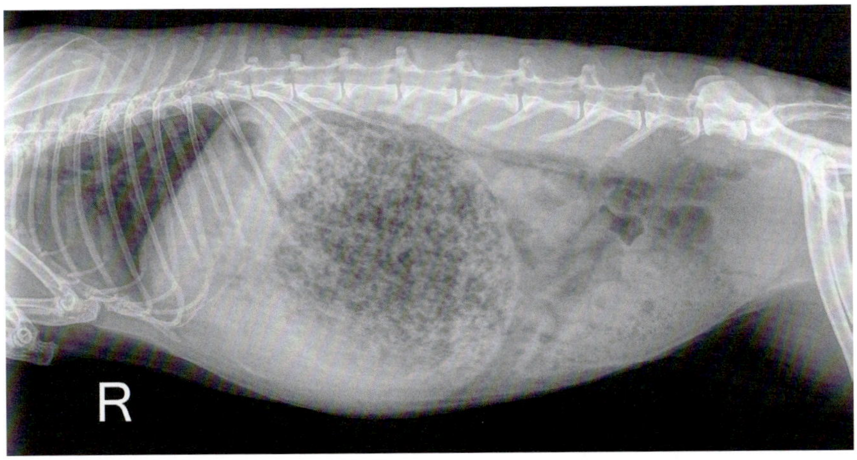

Abb. 9-3 Hochgradige Magenvergrößerung und Magenentleerungsstörung bei einem fünfjährigen, männlich-kastrierten Kaninchen nach der Aufnahme großer Mengen Strohpellets (Übersichtsaufnahme in laterolateralem rechtsanliegendem Strahlengang). Eine Gastrotomie war in diesem Fall nicht nötig, die sofort eingeleitete konservative Therapie (▶ Exkurs S. 54) führte zur vollständigen Ausheilung.

9.1 Gastrotomie

9.1.1 Indikationen

Eine Gastrotomie wird hauptsächlich zur Entfernung von obstruierenden Trichobezoaren aus dem Magen eingesetzt, welche vor allem bei Kaninchen vorkommen. Bei Meerschweinchen ist die Entwicklung von Haarballen deutlich seltener und wird vorrangig bei Langhaarmeerschweinchen beobachtet. Auch die orale Aufnahme von Fremdmaterialien, wie beispielsweise von Teppichfasern, Plastikfolie oder einer großen Menge quellfähigen Materials, kann eine Eröffnung des Magens nötig machen, wenn dadurch die Magen-Darm-Passage behindert wird (▶ Abb. 9-3). Die Röntgenuntersuchung, ggf. inklusive Kontrastmittelpassage, ist auch in diesen Fällen das wichtigste Diagnostikum (▶ Exkurs S. 53)

Magenbezoare sind beim Kaninchen seltener, als allgemein angenommen wird. Der physiologische Mageninhalt, welcher aus einer Mischung aus Futter, Haaren und Flüssigkeit besteht, darf dabei nicht mit einer pathologischen Ansammlung von Haaren verwechselt werden.

Viel häufiger werden circa bohnengroße, längliche Trichobezoare im Darmtrakt von Kaninchen vorgefunden. Durch die dadurch ausgelöste Obstruktion des Darmtraktes und aufgrund der fehlenden Möglichkeit sich zu erbrechen (▶Kap. 7), kommt es in der Folge zu einer schmerzhaften Vergrößerung des Magens, Hypovolämie und Schock.

Ein obstruktiver Ileus kann unbehandelt sehr schnell zum Tod führen und ist unbedingt als Notfall einzustufen. Eine sofortige Einleitung intensiver Therapiemaßnahmen ist nötig, um diese potenziell lebensbedrohliche Erkrankung zu behandeln (▶Exkurs S. 53).

Die Gastrotomie eignet sich nicht nur für die Entfernung von Fremdkörpern im Magenlumen. Auch wenn ein an sich verschieblicher Fremdkörper im Darmtrakt nicht nach aboral weitergeschoben (▶Kap. 9.3) werden kann (z.B. aufgrund einer Engstelle im Darm) kann eine Gastrotomie die Fremdkörperentfernung ermöglichen. Dazu wird der Fremdkörper zunächst in den Magen zurückgeschoben und von dort entfernt. Diese Operationsmethode ist der Enterotomie (▶Kap. 9.4) vorzuziehen, da sie mit einem geringeren Risiko postoperativer Komplikationen wie einer Peritonitis oder Strikturen einhergeht.

Auch zur Diagnose von Magentumoren oder -ulzera kann die Gastrotomie herangezogen werden. Gegebenenfalls müssen anschließend veränderte Magenbereiche im Rahmen einer partiellen Gastrektomie entfernt werden.

9.1.2 Kontraindikationen

Nicht jede Fremdkörperaufnahme oder jeder vermutete obstruktive Ileus muss operativ behandelt werden. Viele Tiere sprechen sehr gut auf eine zügig eingeleitete, konservative Therapie (▶Exkurs S. 54) an.

Sollte eine chirurgische Intervention nötig werden, kann beim Vorliegen kleiner, beweglicher Fremdkörper die Operationstechnik aus (▶Kap. 9.3) zur Anwendung kommen. Durch das vorsichtige manuelle Weiterschieben des Fremdkörpers müssen weder Magen noch Darmtrakt eröffnet werden, was mit einem geringeren Risiko postoperativer Komplikationen einhergeht.

Sollte bereits eine Magenruptur vorliegen, ist die Prognose infaust und das Tier muss zügig euthanasiert werden.

9.1.3 OP-Technik – Schritt für Schritt

WAS BRAUCHE ICH?

- Tuchklemmen zur Befestigung des Abdecktuches (optional)
- Bauchtücher
- Skalpellklingen (z.B. Nr. 15, Nr. 11)
- Skalpellgriff
- Metzenbaumscheren klein und mittel
- Fadenschere gebogen
- Nadelhalter
- chirurgische und anatomische Pinzetten
- Klemmen, z.B. Mosquito gerade und gebogen, Hirschhornklemmen, Pean
- 2 × Gewebefasszangen, z.B. Allis
- chirurgischer Löffel
- Stieltupfer
- Vlies-Wundkompressen
- Sauger
- ggf. Spritzen und Kanülen zur Magenpunktion
- warme sterile Kochsalz- oder Ringer-Laktat-Lösung
- Nierenschalen
- Nahtmaterial

- Der Patient wird in Allgemeinanästhesie auf dem OP-Tisch in Rückenlage gelagert.

Präoperative Dekompression des Magens

- Die präoperative Dekompression eines gasgefüllten Magens durch das Legen einer Schlundsonde oder einer Nasenschlundsonde kann als Notfallmaßnahme hilfreich sein. Es muss dabei allerdings beachtet werden, dass sich die bereits vorliegende Schocksituation durch diesen Eingriff weiter verschlechtern kann. Eine adäquate intravenöse Flüssigkeitssubstitution wird zur Stabilisation des Kreislaufs vor einer Dekompression dringend angeraten (▶Kap. 2.4).

- Sollte der Magen stark dilatiert und präoperativ keine Dekompression erfolgt sein, kann intraoperativ Gas und Flüssigkeit durch Punktion mit einer Kanüle und aufgesetzten Spritze aus dem Magen abgesaugt werden (▶Kap. 9.3). Bei dieser Vorgehensweise besteht das Risiko, dass Mageninhalt in die Bauchhöhle austritt. Vorbeugend können im Punktionsbereich zusätzliche Abdeckmaßnahmen, z. B. Vlies-Wundkompressen, vorgenommen werden.

- Die Schnittführung erfolgt in der Mittellinie kaudal des Sternums bis zum Nabel (▶Abb. 9-4). Falls erforderlich, kann der Schnitt nach kaudal verlängert werden.
- Nach routinemäßiger Eröffnung der Bauchhöhle (▶Kap. 6) wird der Magen aufgesucht und die Lokalisation des Fremdkörpers, der Umfangsvermehrung oder des Ulkus im Magenlumen palpatorisch bestätigt. Auch der Darmtrakt und das restliche Abdomen sollten gründlich auf das Vorliegen von Fremdkörpern (z. B. Trichobezoare) oder Veränderungen hin untersucht werden!

Der Magen kann bei einem obstruktiven Ileus stark vergrößert sein. Daher muss bei der Eröffnung der Bauchhöhle besonders darauf geachtet werden, diesen nicht zu verletzen.

- Zur Isolation des Operationsfeldes und um eine Kontamination des Abdomens mit Mageninhalt zu verhindern, wird der Magen auf körperwarme, feuchte Vlies-Wundkompressen oder eine zweite Lage OP-Tücher (▶Abb. 9-5) gelagert.
- Die Eröffnung des Magens erfolgt an der wenig vaskularisierten Stelle zwischen großer und kleiner Kurvatur (▶Abb. 9-5).

Auf eine Eröffnung des Pylorus sollte verzichtet werden, da postoperativ Strikturen und Magenentleerungsstörungen auftreten können. Falls dies unumgänglich ist, sollte der Pylorus längs eröffnet und quer verschlossen werden.

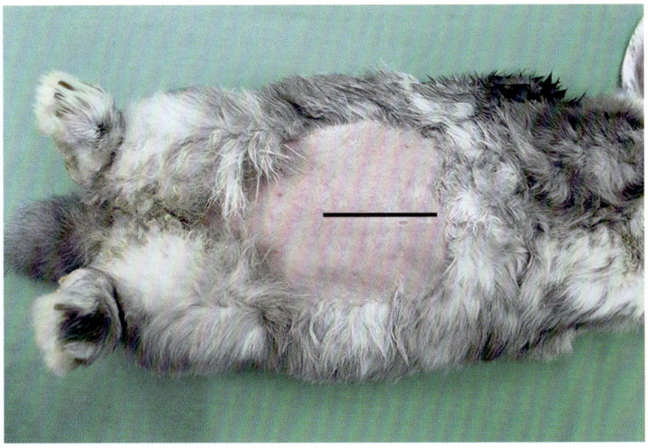

Abb. 9-4 Beispiel für die Schnittführung bei einem Kaninchen in Rückenlage für die Eröffnung der Bauchhöhle bei einer Gastrotomie: Die Schnittführung erfolgt in der Mittellinie kaudal des Sternums bis zum Nabel (schwarze Linie).

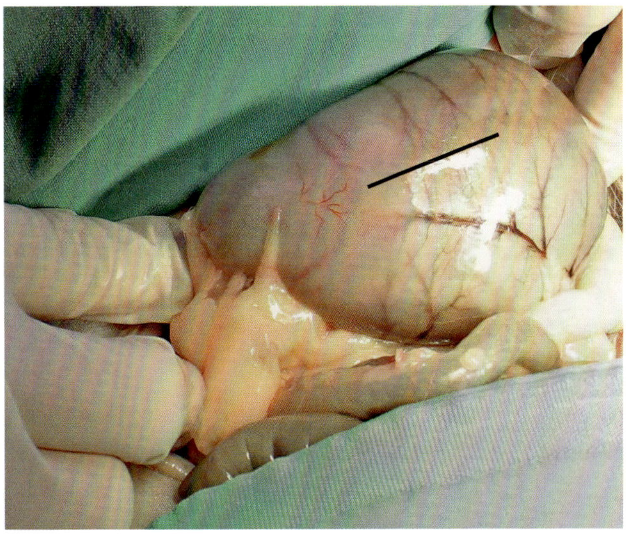

Abb. 9-5 Magen eines Kaninchens (Sektion, kranial = oberer Bildrand, kaudal = unterer Bildrand). Die Eröffnung des Magens erfolgt an der wenig vaskularisierten Stelle zwischen großer und kleiner Kurvatur (Linie). Der Magen ist durch eine zweite Lage OP-Tücher vom restlichen Abdomen isoliert, welche in einer reellen Operation mittels warmer, steriler Kochsalz- oder Ringer-Laktat-Lösung befeuchtet werden.

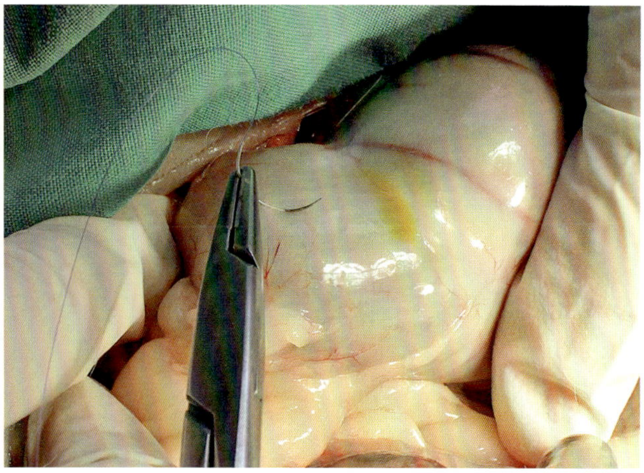

Abb. 9-6 Magen eines Kaninchens (Sektion, kranial = oberer Bildrand, kaudal = unterer Bildrand). Circa 1–2 cm kranial und kaudal der geplanten Schnittführung werden nicht perforierende Haltezügel gesetzt.

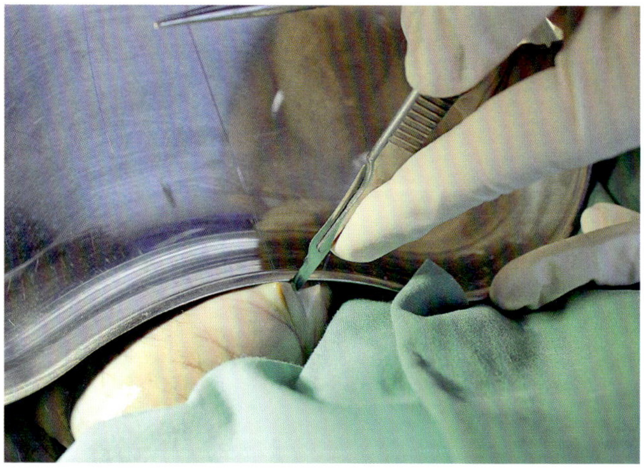

Abb. 9-7 Magen eines Kaninchens (Sektion, kaudal = oberer Bildrand, kranial = unterer Bildrand). Die Haltezügel werden durch den Assistenten vorsichtig unter Zug gehalten und der Magen mit einer Stichinzision (hier wurde ein Skalpell Nr. 15 verwendet) eröffnet.

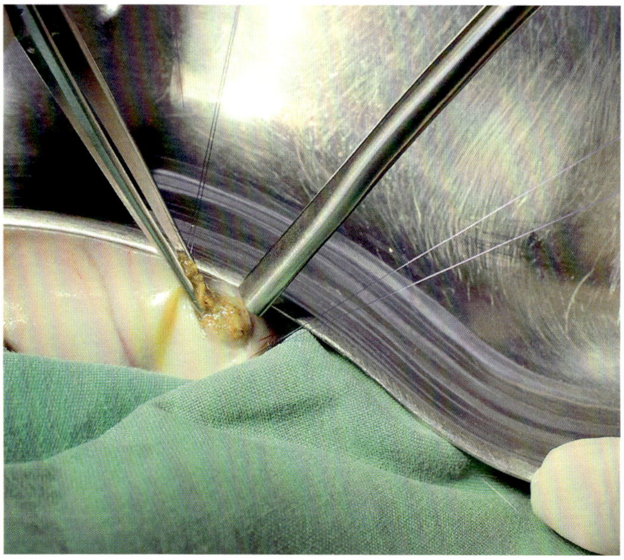

Abb. 9-8 Magen eines Kaninchens (Sektion, kaudal = oberer Bildrand, kranial = unterer Bildrand). Nach Vergrößerung der Inzision mittels Metzenbaumschere kann der Fremdkörper mit einer anatomischen Pinzette unter kontinuierlicher Absaugung entfernt werden.

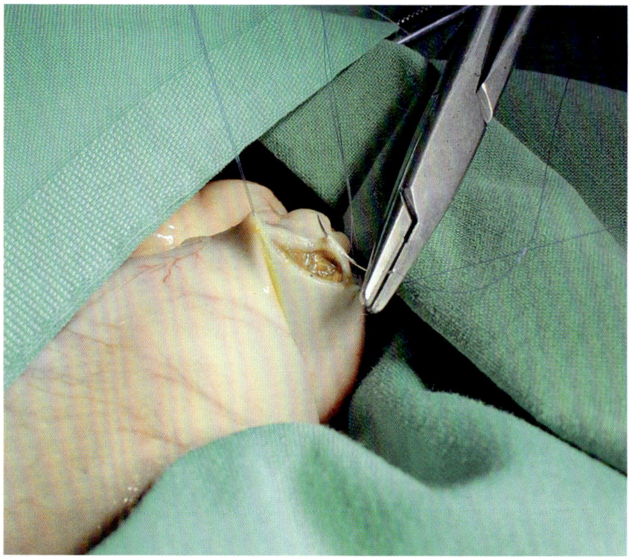

Abb. 9-9 Magen eines Kaninchens (Sektion, kaudal = oberer Bildrand, kranial = unterer Bildrand). Die Magenwand wird zweischichtig mit monofilem, resorbierbarem Nahtmaterial verschlossen. Eine fortlaufende, einstülpende Naht kommt jeweils zur Anwendung.

- Circa 1–2 cm kranial und kaudal der geplanten Schnittführung werden nicht perforierende Haltezügel gesetzt (▶Abb. 9-6), um den Magen vorsichtig anzuheben und die Kontamination der Umgebung mit Mageninhalt zu minimieren. Die Haltezügel werden mittels Klemmen fixiert und vorsichtig unter Zug gehalten.
- Eine Stichinzision mit einem Skalpell (Nr. 11 oder Nr. 15) durch alle Schichten der Magenwand vermindert das Risiko einer Ablösung der Tunica mucosa (▶Abb. 9-7). Eine Nierenschale zum Auffangen des entwickelten Mageninhaltes wird bereitgehalten und austretender Mageninhalt kontinuierlich durch den Assistenten mittels Sauger entfernt (▶Abb. 9-8).
- Die Inzision wird mittels Metzenbaumschere vergrößert, wobei die Länge auf die Fremdkörpergröße anzupassen ist.
- Anschließend wird der Fremdkörper vorsichtig (z. B. mittels anatomischer Pinzette) extrahiert (▶Abb. 9-8).

Da der Magen von Kaninchen und Meerschweinchen stets futtergefüllt ist, kann eine Adspektion der Magenschleimhaut (z. B. bei einem Verdacht auf Ulzera oder Neoplasien) erst nach vollständiger oder teilweiser Entfernung des Mageninhaltes erfolgen.

- Der Pylorus sollte stets palpatorisch auf Durchgängigkeit oder evtl. verbliebene Fremdkörperbestandteile kontrolliert werden.
- Die Magenwand wird anschließend zweischichtig mit monofilem, resorbierbarem Nahtmaterial verschlossen (▶Abb. 9-9). Eine fortlaufende, einstülpende Naht (z. B. Lembert- oder Cushing-Naht) ist dafür geeignet. Bei der ersten Naht sollten, wenn möglich, alle Schichten der Magenwand, außer der Tunica mucosa, erfasst werden. Die zweite Naht erfasst die Serosa- und Muskularisschicht.
- Abschließend sollte eine Spülung der Bauchhöhle mit warmer, steriler Kochsalz- oder Ringer-Laktat-Lösung vor dem routinemäßig dreischichtigen Verschluss der Bauchhöhle (▶Kap. 5.2) durchgeführt werden.

Ist es bei der Gastrotomie zu einer Kontamination mit Mageninhalt gekommen, sollten alle verschmutzen Instrumente sowie Handschuhe vor dem Verschluss der Bauchhöhle ersetzt werden.

9.1.4 Komplikationen

Mögliche Komplikationen sind Nahtdehiszenzen, Austritt von Mageninhalt sowie die Entstehung eines postoperativen paralytischen Ileus oder eines Schockgeschehens. Auch Verklebungen können auftreten. Bei perforierenden Fremdkörpern oder nach Austritt von Mageninhalt intra- oder postoperativ in die Bauchhöhle kann es zu einer Peritonitis kommen. Verletzungen der Magengefäße können zu Nekrosen der Magenwand führen.

9.1.5 Nachbehandlung

- Der Patient sollte noch für 24–48 Stunden postoperativ stationär betreut und beobachtet werden. Gegebenenfalls kann eine Kontrolle ausgewählter Blutparameter erfolgen.
- Postoperativ sollte das Tier je nach Indikation und Verlauf für 5–10 Tage analgetisch versorgt werden, z. B. mit Opioiden und/oder Metamizol (▶Kap. 3.2).
- Die Indikationsstellung zur antibiotischen Therapie erfolgt individuell, bevorzugt nach Antibiogramm. Vor allem bei einer Verunreinigung der Bauchhöhle mit Mageninhalt ist eine perioperative Antibiotikagabe angezeigt.
- Die Infusionstherapie (▶Kap. 2.4) sollte angepasst an das jeweilige Krankheitsbild des Patienten auch postoperativ fortgesetzt werden.
- Das Fress- und Kotabsatzverhalten des Patienten sollte die ersten Tage nach der Operation gut beobachtet und das Körpergewicht täglich kontrolliert werden. Bei Bedarf erfolgt eine Handfütterung mit entsprechenden handelsüblichen Präparaten (▶Kap. 2.5).

Kaninchen und Meerschweinchen sollten auch nach einer Gastrotomie nicht gefastet werden. Circa 2 Stunden post operationem kann mit der Handfütterung begonnen werden. Diese ist wichtig, um die Magen-Darm-Motilität zu unterstützen sowie die physiologische Magen-Darm-Flora aufrechtzuerhalten.

- Antazida, Schleimhautprotektiva und ggf. Prokinetika sollten für einige Tage post operationem eingesetzt werden (▶Kap. 2.5).
- Eine Wundkontrolle sollte einige Tage nach der Operation erfolgen.
- Bei einer intrakutanen Hautnaht ist ein Ziehen der Fäden nicht notwendig. Bei Einzelheften sollten die Fäden circa 10 Tage nach der Operation gezogen werden.

9.2 Gastropexie

9.2.1 Indikationen

Eine Gastropexie ist indiziert bei einer Magendrehung. Diese tritt vorrangig beim Meerschweinchen auf.

EXKURS

Magendrehung (Dilatatio et Torsio ventriculi) beim Meerschweinchen

Magendrehungen können mit akuten Todesfällen in Verbindung gebracht werden, treten jedoch auch im Zusammenhang mit chronischen Erkrankungen auf. Insgesamt ist über die Risikofaktoren, die Ätiologie und Pathogenese der Magendrehung beim Meerschweinchen nur wenig bekannt. Es wird ein multifaktorielles Geschehen angenommen, dem eine primäre Aufgasung und Hypomotilität des Magen-Darm-Traktes zugrunde liegt. Als mögliche diskutierte prädisponierende Faktoren sind zu nennen:

- Stress und Schmerzen (z.B. in Zusammenhang mit einer Grunderkrankung)
- der Einsatz verschiedener Medikamente (z.B. der α_2-Agonist Xylazin)
- die Aufnahme großer Mengen quellendes Futter (z.B. Pelletfütterung)
- die Verdrängung der Bauchhöhlenorgane durch raumfordernde Prozesse

Die Magendrehung beim Meerschweinchen zeichnet sich durch eine hohe Mortalität aus und ist als absoluter Notfall einzustufen.

Klinisches Bild

Häufige klinische Symptome einer Magendrehung (Dilatatio et Torsio ventriculi) beim Meerschweinchen sind:

- Apathie
- Inappetenz
- Regurgitation
- fehlender Kotabsatz
- Hypersalivation
- Dyspnoe
- ein gasgefülltes und druckdolentes Abdomen

Weiterführende Diagnostik

Röntgenaufnahmen sind der Goldstandard in der Diagnostik beim Verdacht auf eine Magendrehung (▶Abb. 9-10), ggf. auch in Kombination mit einer Kontrastmittelpassage. Diese kann vor allem im Falle einer unklaren Diagnose wichtige Informationen liefern.

Zu den typischen Befunden zählen ein hochgradig vergrößerter, gasgefüllter, rechtsliegender Magen sowie Dünndarmschlingen kranial des Magens. Bei einer Drehung von mehr als 180° kann der Magen auch linksseitig lokalisiert sein. Zur Evaluierung des Gesamtzustandes des Patienten sollten weiterhin eine Blut- und eine Urinuntersuchung erfolgen.

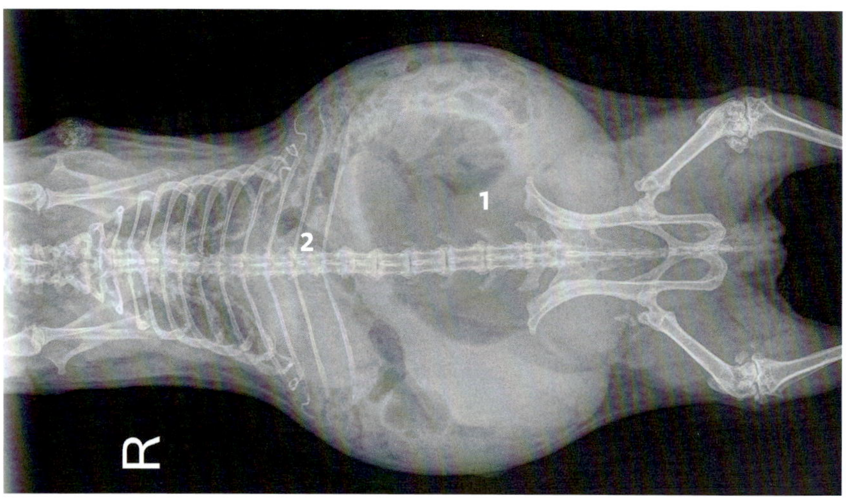

Abb. 9-10 Röntgenbild im ventrodorsalen Strahlengang eines Meerschweinchens mit Magendrehung (mindestens um 360° gedreht). Der gasgefüllte Magen (**1**) nimmt fast den gesamten abdominalen Raum ein. Zwischen Magen und Leber sind Darmschlingen erkennbar (**2**).

Die Verdachtsdiagnose Magendrehung kann durch eine diagnostische Laparotomie verifiziert werden.

Therapieoptionen

Die Stabilisierung des Patienten steht zunächst im Vordergrund: Neben einer suffizienten Analgesie sind eine intravenöse Infusionstherapie und die Therapie einer bestehenden Hypothermie besonders wichtig.

Bei Patienten, deren Allgemeinbefinden eine orale Medikation zulässt, können zudem Laxanzien, Carminativa und Schleimhautprotektiva per os verabreicht werden.

Bei hochgradiger Aufgasung kann eine Dekompression durch perkutane Punktion des Magens oder durch das Schieben einer Schlundsonde als Notfallmaßnahme durchgeführt werden. Da diese Maßnahmen mit schwerwiegenden Komplikationen (Verschlechterung der bestehenden Schocksituation, Austritt von Mageninhalt in die Bauchhöhle, Magenruptur, Entwicklung einer Peritonitis) einhergehen können, sollte für jeden Patienten individuell abgewogen werden, ob sie als Ultima Ratio zum Einsatz kommen sollten. In jedem Fall sollte vor einer Dekompression eine adäquate intravenöse Flüssigkeitssubstitution zur Stabilisation des Kreislaufs erfolgt sein (▶Kap. 2.4).

9.2.2 Kontraindikationen

Die Prognose einer Magendrehung beim Meerschweinchen ist ungünstig bis schlecht. Bisher liegen keine belastbaren Studienergebnisse vor, die belegen, dass eine Gastropexie die Rezidivgefahr im Vergleich zur alleinigen Zurückverlagerung des Magens im Rahmen einer Laparotomie oder im Vergleich zu einem konservativen Therapieversuch signifikant senkt. Auch zu möglichen Langzeitfolgen oder unerwünschten Nebenwirkungen des operativen Vorgehens finden sich in der Literatur kaum Informationen.

Je nach Allgemeinzustand des Patienten sollte individuell abgewogen werden, ob ein chirurgischer Eingriff erfolgen kann und sinnvoll ist.

9.2.3 OP-Technik – Schritt für Schritt

WAS BRAUCHE ICH?

- Tuchklemmen zur Befestigung des Abdecktuches (optional)
- Bauchtücher
- Skalpellklingen (z. B. Nr. 15)
- Skalpellgriff
- Metzenbaumscheren klein und mittel
- Fadenschere gebogen
- Nadelhalter
- chirurgische und anatomische Pinzetten
- Klemmen, z. B. Mosquito gerade und gebogen, Hirschhornklemmen, Pean
- 2 × Gewebefasszangen, z. B. Allis
- Stieltupfer
- Vlies-Wundkompressen
- Sauger
- warme sterile Kochsalz- oder Ringer-Laktat-Lösung
- Nierenschale
- Nahtmaterial

- Der Patienten wird in Allgemeinanästhesie auf dem OP-Tisch in Rückenlage gelagert.
- Die Schnittführung erfolgt analog zur Gastrotomie in der Mittellinie kaudal des Sternums bis zum Nabel (▶Abb. 9-11). Die Bauchhöhle wird wie in ▶Kap. 6 beschrieben eröffnet.

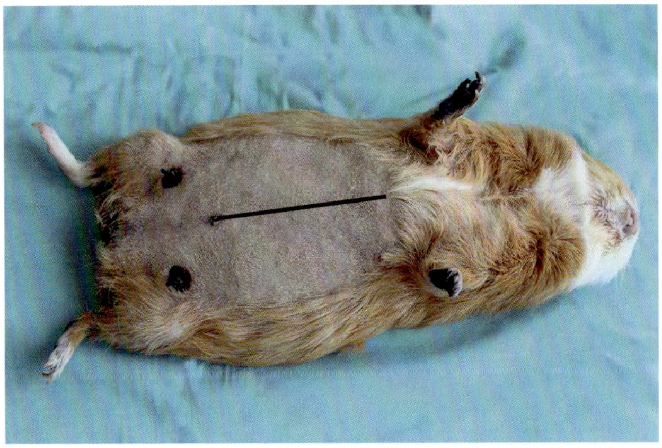

Abb. 9-11 Beispiel für die Schnittführung bei einem Meerschweinchen in Rückenlage für die Eröffnung der Bauchhöhle bei einer Gastropexie: Der Schnitt erfolgt in der Mittellinie vom Sternum bis zum Nabel (schwarze Linie).

- Der gedrehte Magen wird identifiziert (▶Abb. 9-12). Die Drehung ist in der Regel im Bereich der Eintrittspforte des Ösophagus in den Magen lokalisiert und kann um 90 bis zu 540° erfolgen. Gekröse, Fett und Anteile des Dünndarms werden meist mit um den Kardiabereich gedreht.
- Der Magen wird vorsichtig zurückverlagert.
- Es erfolgt eine Skarifizierung mit oberflächlichen parallelen Schnitten im Bereich des Antrum pyloricum sowie der rechten Bauchwand auf Höhe des Rippenbogens (▶Abb. 9-13).
- Der Magen wird in diesem Bereich fortlaufend an die Bauchwand adaptiert (▶Abb. 9-14, ▶Abb. 9-15, ▶Abb. 9-16). Die Naht erfolgt nichtperforierend durch die seromuskuläre Schicht des Antrum pyloricum sowie durch das Peritoneum und die fascia interna der Bauchmuskulatur mit monofilem (pseudomonofilem) Nahtmaterial (4-0/5-0).
- Abschließend sollte eine Spülung der Bauchhöhle mit warmer, steriler Kochsalz- oder Ringer-Laktat-Lösung vor dem routinemäßig dreischichtigen Verschluss der Bauchhöhle durchgeführt werden (▶Kap. 5.2).

9.2.4 Komplikationen

Mögliche Komplikationen sind Nahtdehiszenzen und Perforationen der Magenwand, ein postoperativer paralytischer Ileus sowie ein persistierendes Schockgeschehen. Auch Verklebungen innerhalb der Bauchhöhle können auftreten.

Auch wenn die Gastropexie dazu dient, Rezidiven vorzubeugen, kann sich die Fixationsstelle postoperativ lösen und eine erneute Magendrehung kann nicht ausgeschlossen werden.

9.2.5 Nachbehandlung

- Der Patient sollte noch für 24–48 Stunden postoperativ stationär betreut und beobachtet werden. Gegebenenfalls kann eine Kontrolle ausgewählter Blutparameter erfolgen.
- Postoperativ sollte das Tier je nach Indikation und Verlauf für 5–10 Tage analgetisch versorgt werden, z. B. mit Opioiden und/oder Metamizol (▶Kap. 3.2).
- Die Indikationsstellung zur antibiotischen Therapie erfolgt individuell, bevorzugt nach Antibiogramm.
- Unterstützend können Carminativa, Prokinetika, Antazida, Laxanzien und Schleimhautprotektiva verabreicht werden.
- Das Fress- und Kotabsatzverhalten des Patienten sollte die ersten Tage nach der Operation gut beobachtet und das Körpergewicht täglich kontrolliert werden. Bei Bedarf erfolgt eine Handfütterung mit entsprechenden handelsüblichen Präparaten (▶Kap. 2.5).
- Eine Infusionstherapie (mit kristalloider Vollelektrolytlösung) sollte an das jeweilige Krankheitsbild des Patienten angepasst auch postoperativ fortgesetzt werden (▶Kap. 2.4).
- Eine Wundkontrolle sollte einige Tage nach der Operation erfolgen.
- Bei einer intrakutanen Hautnaht ist ein Ziehen der Fäden nicht notwendig. Bei Einzelheften sollte dies ca. 10 Tage nach der Operation erfolgen.

9.3 Obstruktiver Ileus – Operationstechnik ohne Eröffnung des Darms

9.3.1 Indikation zur Operation

Bei Verdacht auf einen obstruktiven Ileus und bei ausbleibendem Behandlungserfolg nach konservativer Therapie (▶Exkurs S. 54) sollte eine diagnostische Laparotomie durchgeführt werden. Wird dabei ein verschieblicher Fremdkörper im Darmlumen aufgefunden, kann die unten genannte Operationstechnik zur Anwendung kommen.

In vielen Fällen ist beim Kaninchen ein Trichobezoar Verursacher der Obstruktion. Diese circa bohnengroßen, länglichen Fremdkörper aus verfilztem Fell sind weich und formbar und lassen sich in der Regel sehr einfach nach aboral massieren.

Häufige Lokalisationen für intestinale Fremdkörper beim Kaninchen sind das proximale Duodenum, der Sacculus rotundus und der Bereich der Ileozäkalklappe.

9.3.2 Kontraindikationen

Sollte bereits eine Magenruptur vorliegen, ist die Prognose infaust und das Tier muss euthanasiert werden.

Harte, scharfkantige oder festsitzende Fremdkörper (z. B. Johannisbrotkerne) können eine Enterotomie (▶Kap. 9.4) erfordern.

Wenn ein an sich verschieblicher Fremdkörper im Darmtrakt nicht nach aboral weitergeschoben werden kann (z. B.

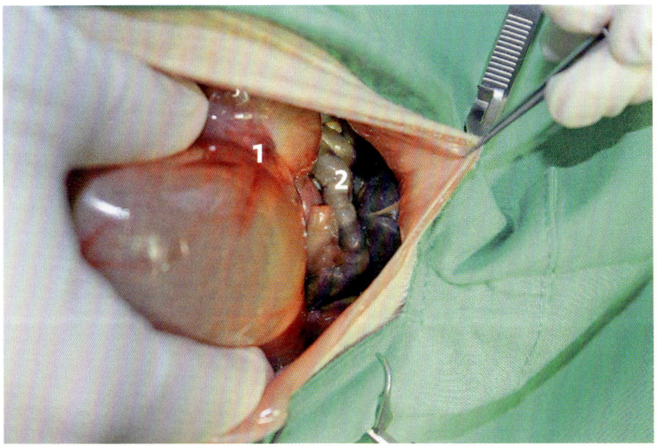

Abb. 9-12 Blick in die Bauchhöhle bei einem Meerschweinchen mit einer Dilatatio et Torsio ventriculi (Sektion, kaudal = unterer Bildrand, kranial = oberer Bildrand): Der Magen ist im Bereich der Kardia um 180° gedreht (**1**). Die Magenschleimhaut ist im Bereich der Drehstelle gerötet bis bläulich verfärbt. Dünndarmanteile befinden sich pathologischerweise kranial des Magens (**2**).

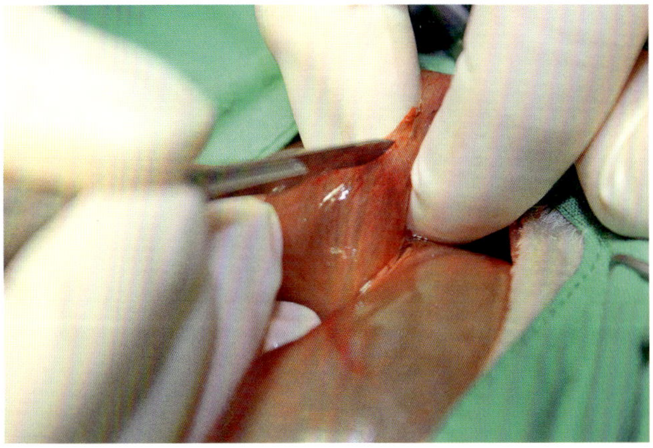

Abb. 9-13 Blick in die Bauchhöhle bei einem Meerschweinchen mit einer Dilatatio et Torsio ventriculi (Sektion): Skarifizierung der Magenwand im Bereich des Antrum pyloricum mit Hilfe eines Skalpells.

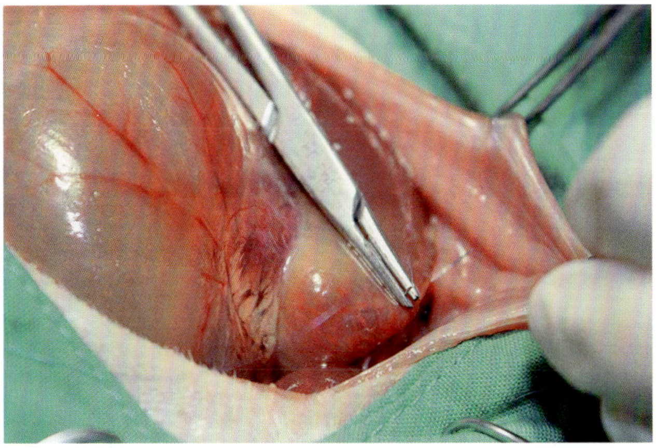

Abb. 9-14 Blick in die Bauchhöhle bei einem Meerschweinchen mit einer Dilatatio et Torsio ventriculi (Sektion): vorsichtige Adaptation des Magens an die Bauchwand im Bereich der rechten Bauchwand auf Höhe des Rippenbogens (unten im Bild befindet sich der kraniale Wundwinkel).

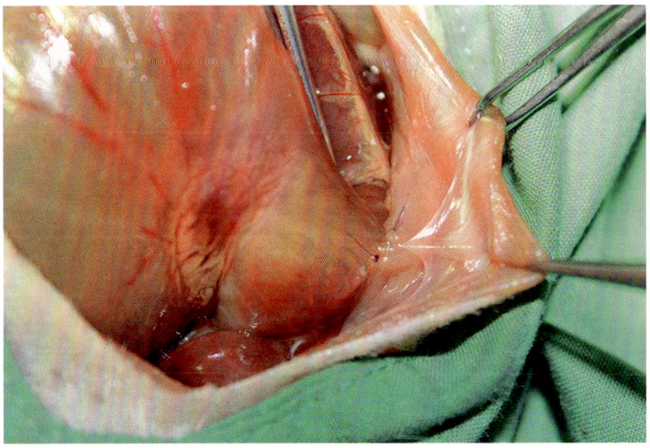

Abb. 9-15 Blick in die Bauchhöhle bei einem Meerschweinchen mit einer Dilatatio et Torsio ventriculi (Sektion): Die Naht erfolgt fortlaufend und nicht perforierend (unten im Bild befindet sich der kraniale Wundwinkel).

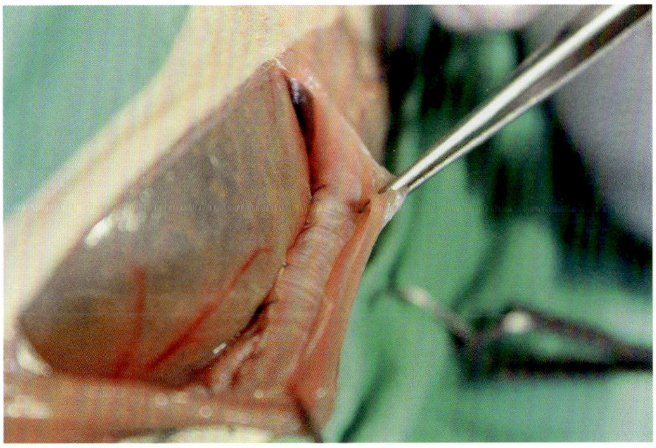

Abb. 9-16 Blick in die Bauchhöhle bei einem Meerschweinchen mit einer Dilatatio et Torsio ventriculi (Sektion). Der zurückverlagerte Magen wurde auf Höhe des Rippenbogens fortlaufend mittels nichtperforierender Naht an die rechte Bauchwand adaptiert (unten im Bild befindet sich der kraniale Wundwinkel).

aufgrund einer Engstelle im Darm) kann eine Gastrotomie durchgeführt werden (▶Kap. 9.1). Dazu wird der Fremdkörper zunächst in den Magen zurückgeschoben und von dort entfernt. Diese Operationsmethode ist der Enterotomie (▶Kap. 9.4) vorzuziehen, da sie mit einem geringeren Risiko postoperativer Komplikationen wie einer Peritonitis oder Strikturen einhergeht.

Bei obstruierenden Neoplasien oder anderen Veränderungen im Bereich der Darmwand, sowie wenn einzelne Darmabschnitte infolge einer Obstruktion bereits nekrotisch geworden sind, kann eine Enterektomie und Anastomose der einzelnen Darmabschnitte indiziert sein.

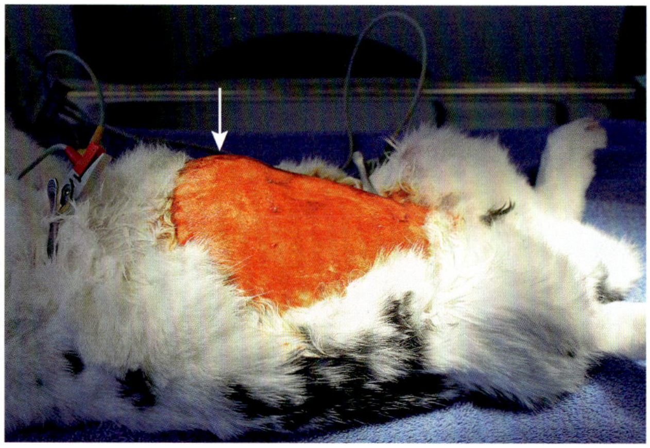

Abb. 9-17 Kaninchen mit obstruktivem Ileus kurz vor der Eröffnung der Bauchdecke in Rückenlage. Man beachte den vergrößerten Magen, der die Bauchdecke kaudal des Rippenbogens vorwölbt (Pfeil).

9.3.3 OP-Technik – Schritt für Schritt

WAS BRAUCHE ICH?

- Tuchklemmen zur Befestigung des Abdecktuches und der Bauchtücher (optional), z.B. Backhaus
- Bauchtücher
- Skalpellklingen (z.B. Nr. 15)
- Skalpellgriff
- Metzenbaumscheren klein und mittel
- Fadenschere gebogen
- Nadelhalter
- chirurgische und anatomische Pinzetten
- 2 × Gewebefasszangen, z.B. Allis
- Stieltupfer
- Vlies-Wundkompressen
- ggf. Spritzen und Kanülen zur Magenpunktion
- warme sterile Kochsalz- oder Ringer-Laktat-Lösung
- Nierenschale
- Nahtmaterial

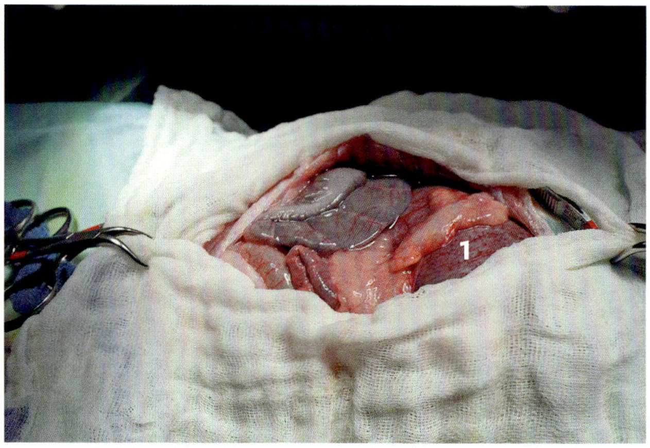

Abb. 9-18 Schnittführung für den abdominalen Zugang zur Operation eines obstruktiven Ileus beim Kaninchen (linker Bildrand kaudal, rechter Bildrand kranial am Tierkörper). Die Schnittführung erfolgt in der Mittellinie kaudal des Sternums bis zum Beckeneingang. Die stark gedehnte Magenwand weist in diesem Fall multiple Rötungen auf (**1**).

9

- Die Lagerung des Patienten in Allgemeinanästhesie erfolgt auf dem OP-Tisch in Rückenlage (▶Abb. 9-17).
- Die Schnittführung erfolgt in der Mittellinie auf der gesamten Länge des Magen-Darm-Traktes vom Bereich kaudal des Sternums bis zum Beckeneingang (▶Abb. 9-18; ▶Kap. 6).

Der Magen kann bei einem obstruktiven Ileus stark vergrößert sein. Daher muss bei der Eröffnung der Bauchhöhle besonders darauf geachtet werden, diesen nicht zu verletzen.

- Sollte präoperativ keine Dekompression des Magens, z.B. mittels Magensonde, erfolgt sein, können Gas und Flüssigkeit durch Punktion mit einer Kanüle und aufgesetzter Spritze aus dem Magen abgesaugt werden (▶Abb. 9-19). Durch die dadurch bewirkte Verkleinerung des Magens wird eine bessere Übersicht im Operationsfeld geschaffen. Bei dieser Vorgehensweise besteht das Risiko, dass Mageninhalt in die Bauchhöhle austritt. Vorbeugend können im Punktionsbereich zusätzliche Abdeckmaßnahmen, z.B. Vlies-Wundkompressen, eingesetzt werden.

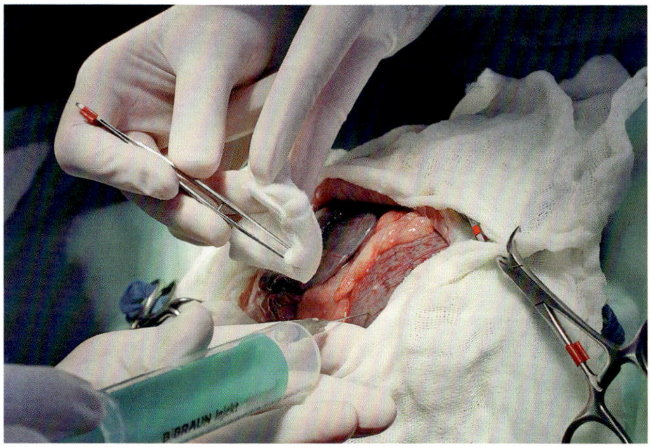

Abb. 9-19 Obstruktiver Ileus bei einem Kaninchen: Zur Schaffung einer besseren Übersicht kann mit einer Kanüle mit aufgesetzter Spritze Gas und Flüssigkeit aus dem Magen abpunktiert werden (linker Bildrand kaudal, rechter Bildrand kranial am Tierkörper). Der Assistent kann ggf. austretenden Mageninhalt mittels Vlies-Wundkompresse aufnehmen.

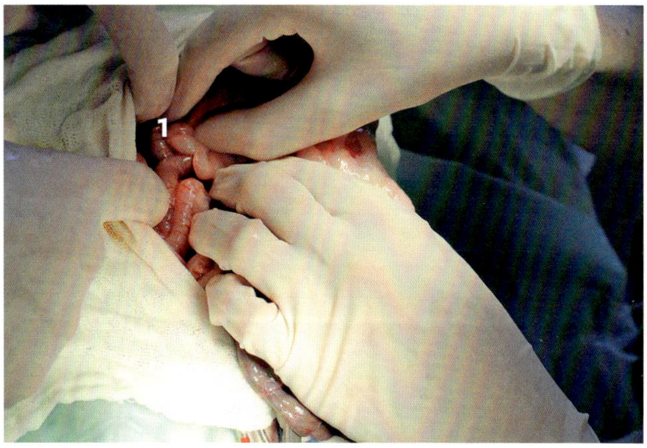

Abb. 9-20 Obstruktiver Ileus bei einem Kaninchen: Am Pylorus beginnend (**1**) wird der gesamte Dünndarm vorsichtig auf das Vorliegen eines Fremdkörpers untersucht (oberer Bildrand kranial, unterer Bildrand kaudal am Tierkörper).

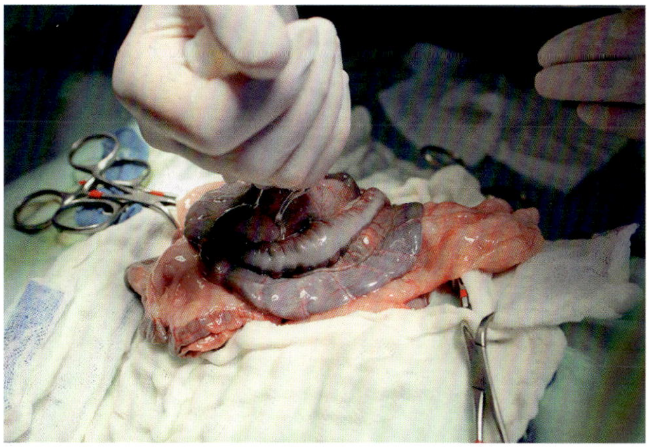

Abb. 9-21 Obstruktiver Ileus bei einem Kaninchen: Exponierte Organe wie der Darmtrakt müssen über die gesamte Operationsdauer kontinuierlich warm und feucht gehalten werden (linker Bildrand kaudal, rechter Bildrand kranial am Tierkörper).

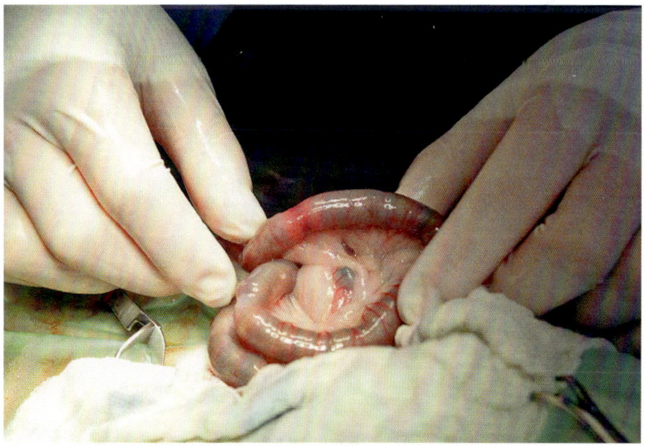

Abb. 9-22 Obstruktiver Ileus bei einem Kaninchen: Typische Kontraktur und ringförmige Rötung des Dünndarms beim Kaninchen aufgrund eines intestinalen Fremdkörpers.

- Der Pylorus sowie der gesamte Dünndarm werden untersucht und vorsichtig palpiert (▶Abb. 9-20). Hierbei kann es teilweise erforderlich sein, einzelne Darmabschnitte oder den gesamten Darmtrakt vorzulagern. Eine Lagerung auf warmen, feuchten Bauchtüchern ist anzuraten und alle Darmabschnitte sollten regelmäßig mit warmer Kochsalz- oder Ringer-Laktat-Lösung benetzt werden (▶Abb. 9-21). Es empfiehlt sich, den Dünndarm vollständig zu untersuchen, auch wenn bereits ein Fremdkörper aufgefunden wurde. Erfahrungsgemäß können mehrere Trichobezoare zeitgleich im Dünndarm vorkommen.
- Die Bereiche des Dünndarms, an denen der Fremdkörper saß oder sitzt, sind häufig gerötet und zeigen eine vermehrte Kontraktilität (▶Abb. 9-22). Bei längerem Verschluss kann das Darmgewebe auch schwarz verfärbt und nekrotisch sein. Perforationen sind hier besonders häufig und der Darm muss entsprechend vorsichtig gehandelt werden.
- Ist der Fremdkörper lokalisiert worden, wird dieser sanft nach aboral massiert (▶Abb. 9-23). Sowohl die Handschuhe als auch der Darm selbst sollten hierfür mit warmer Kochsalz- oder Ringer-Laktat-Lösung gleitfähig gemacht werden.

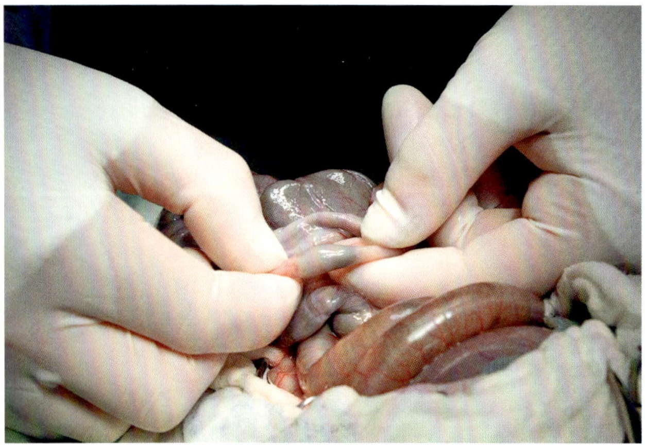

Abb. 9-23 Obstruktiver Ileus bei einem Kaninchen: Der aufgefundene Fremdkörper (hier Trichobezoar) im Dünndarm eines Kaninchens wird vorsichtig nach aboral massiert.

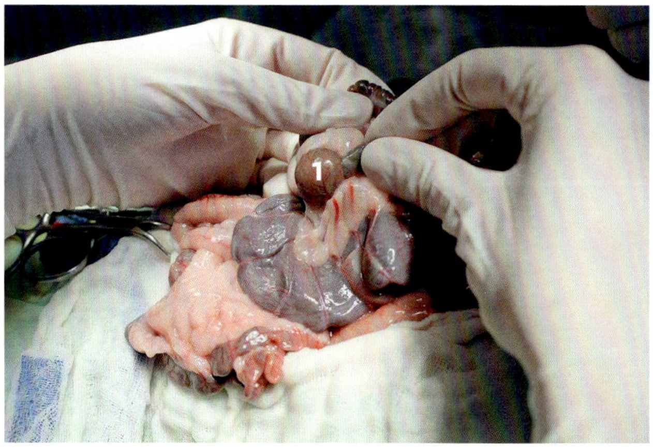

Abb. 9-24 Obstruktiver Ileus bei einem Kaninchen: Im Bereich des Dickdarms angelangt, wird der Fremdkörper durch den Sacculus rotundus (**1**) und die Ileozäkalklappe geschoben und in der Ampulla coli platziert.

- Am Übergang zum Dickdarm angekommen, wird der Trichobezoar durch den Sacculus rotundus und die Ileozäkalklappe massiert und in der Ampulla coli platziert (▶Abb. 9-24). Dieser großlumige Darmabschnitt kann durch die relativ kleinen Fremdkörper nicht verlegt werden und diese werden per vias naturales ausgeschieden.
- Beim Zurücklagern der Bauchorgane muss die genaue physiologische Lage von Zäkum und Kolon unbedingt wiederhergestellt werden, um postoperative Verdauungsstörungen (wie beispielsweise Torsionen) zu vermeiden (▶Kap. 7).
- Abschließend erfolgt der routinemäßige dreischichtige Verschluss der Bauchhöhle (▶Kap. 5.2).

9.3.4 Komplikationen

Intraoperativ können einzelne Darmabschnitte durch die Manipulation, vor allem an vorgeschädigten Stellen, perforieren. In der Folge der Manipulation des Darmtraktes kann es zu einem Schockgeschehen oder paralytischen Ileus kommen.

Durch die Minderdurchblutung/Entzündung der obstruierten Darmbereiche können im Heilungsverlauf Stenosen und wiederholt Obstruktionen auftreten. Auch Adhäsionen und Verklebungen einzelner Darmabschnitte untereinander oder mit umliegenden Geweben können entstehen.

9.3.5 Nachbehandlung

- Der Patient sollte noch für 24–48 Stunden postoperativ stationär betreut und beobachtet werden. Ggf. kann eine Kontrolle ausgewählter Blutparameter erfolgen.
- Postoperativ sollte das Tier je nach Indikation und Verlauf für 5–10 Tage analgetisch versorgt werden, z. B. mit Opioiden und/oder Metamizol (▶Kap. 3.2).
- Die Indikationsstellung zur antibiotischen Therapie erfolgt individuell, bevorzugt nach Antibiogramm. Vor allem bei einer Verunreinigung der Bauchhöhle mit Darminhalt ist eine perioperative Antibiotikagabe angezeigt.
- Das Fress- und Kotabsatzverhalten des Patienten sollte die ersten Tage nach der Operation gut beobachtet und das Körpergewicht täglich kontrolliert werden. Bei Bedarf erfolgt eine Handfütterung mit entsprechenden handelsüblichen Präparaten (▶Kap. 2.5).
- Die Infusionstherapie (▶Kap. 2.4) sollte angepasst an das jeweilige Krankheitsbild des Patienten auch postoperativ fortgesetzt werden.
- Antazida, Schleimhautprotektiva und ggf. Prokinetika können für einige Tage p. op. eingesetzt werden.
- Eine Wundkontrolle sollte einige Tage nach der Operation erfolgen.
- Bei einer intrakutanen Hautnaht ist ein Ziehen der Fäden nicht notwendig. Bei Einzelheften sollte dies circa 10 Tage nach der Operation erfolgen.

9.4 Enterotomie

9.4.1 Indikationen

Die Hauptindikation für eine Enterotomie beim Kaninchen ist ein obstruktiver Ileus (▶Exkurs S. 53). Mögliche Ursachen sind die orale Aufnahme von Johannisbrotkernen, (Soja-)

Bohnen, Teppichfasern und generell organische oder anorganische Substanzen, die Verklumpungen fördern. Auch Trichobezoare, die sich manuell nicht verschieben lassen, können eine Indikation für eine Enterotomie sein. Als weitere Indikationen für eine Enterotomie sind Traumata im Bereich des Darms und in seltenen Fällen kleine Darmtumoren oder Biopsieentnahmen zu nennen. Meistens erfolgt eine Enterotomie im Bereich des Dünndarms. Indikationen für eine Eröffnung des Dickdarms sind selten. Beim Meerschweinchen wird eine Enterotomie vor allem aufgrund der geringen Körper- und Organgröße nur sehr selten durchgeführt.

Häufige Lokalisationen für intestinale Fremdkörper beim Kaninchen sind das proximale Duodenum, der Sacculus rotundus und der Bereich der Ileozäkalklappe.

9.4.2 Kontraindikationen

Bei schwerwiegenden intestinalen Traumata (z. B. infolge einer Bissverletzung), Neoplasien oder anderen ausgedehnten Veränderungen der Darmwand, z. B. nekrotische Darmabschnitte bei langanhaltender Obstruktion oder Ischämie, ist eine Enterotomie oft nicht sinnvoll. In solchen Fällen sollte je nach Ausprägung und klinischem Bild des Patienten eine Enterektomie und Anastomose der einzelnen Darmabschnitte in Erwägung gezogen werden.

Nicht jeder obstruktive Ileus muss operativ behandelt werden. Gerade bei Trichobezoaren im Darmtrakt reagieren viele Tiere sehr gut auf eine zügig eingeleitete konservative Therapie (▶ Exkurs S. 54).

Sollte eine chirurgische Intervention nötig werden, kann beim Vorliegen kleiner, beweglicher Fremdkörper die Operationstechnik aus ▶ Kap. 9.3 zur Anwendung kommen. Durch das vorsichtige manuelle Weiterschieben der Obstruktion müssen weder Magen noch Darmtrakt eröffnet werden, was mit einem geringeren Risiko postoperativer Komplikationen einhergeht.

Wenn ein an sich verschieblicher Fremdkörper im Darmtrakt nicht nach aboral weitergeschoben werden kann (z. B. aufgrund einer Engstelle im Darm) kann eine Gastrotomie durchgeführt werden. Dazu wird der Fremdkörper zunächst in den Magen zurückgeschoben und von dort entfernt. Diese Operationsmethode (▶ Kap. 9.1) ist der Enterotomie vorzuziehen, da sie mit einem geringeren Risiko postoperativer Komplikationen wie einer Peritonitis oder Strikturen einhergeht.

9.4.3 OP-Technik – Schritt für Schritt

WAS BRAUCHE ICH?

- Tuchklemmen zur Befestigung des Abdecktuches (optional)
- Bauchtücher
- Skalpellklingen (z. B. Nr. 15)
- Skalpellgriff
- Metzenbaumscheren klein und mittel
- Fadenschere gebogen
- Nadelhalter
- chirurgische und anatomische Pinzetten
- Klemmen, z. B. Mosquito gerade und gebogen, Hirschhornklemmen, Pean
- 2 × Gewebefasszangen, z. B. Allis
- Darmklemmen
- chirurgischer Löffel
- Stieltupfer
- Vlies-Wundkompressen
- Sauger
- warme sterile Kochsalz- oder Ringer-Laktat-Lösung
- Nierenschale
- Nahtmaterial
- 5-ml-Spritze
- Kanüle (Injektionsnadel) 25 Gauge oder kleiner

- Der Patient wird in Allgemeinanästhesie auf dem OP-Tisch in Rückenlage gelagert.
- Die Schnittführung erfolgt in der Mittellinie auf der gesamten Länge des Magen-Darm-Traktes vom Bereich kaudal des Sternums bis hin zum Becken (▶ Abb. 9-25). Die Bauchhöhle wird routinemäßig eröffnet (▶ Kap. 6).

Die Darmwände von Kaninchen und Meerschweinchen sind deutlich dünner im Vergleich zu Hunden und Katzen. Insbesondere das Zäkum ist sehr empfindlich für Verletzung durch Manipulationen bis hin zu Perforationen. Eine intraoperative optische Vergrößerung und an die Größe angepasstes Nahtmaterial können helfen, Komplikationen vorzubeugen.

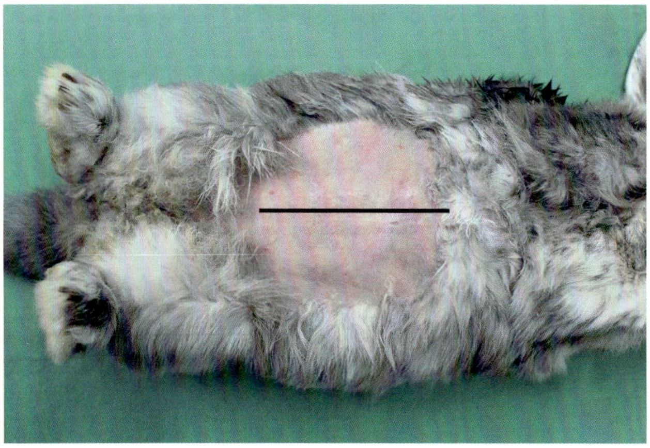

Abb. 9-25 Beispiel für die Schnittführung für den abdominalen Zugang bei der Enterotomie beim Kaninchen. Die Schnittführung erfolgt in der Mittellinie kaudal des Sternums bis zum Becken (schwarze Linie).

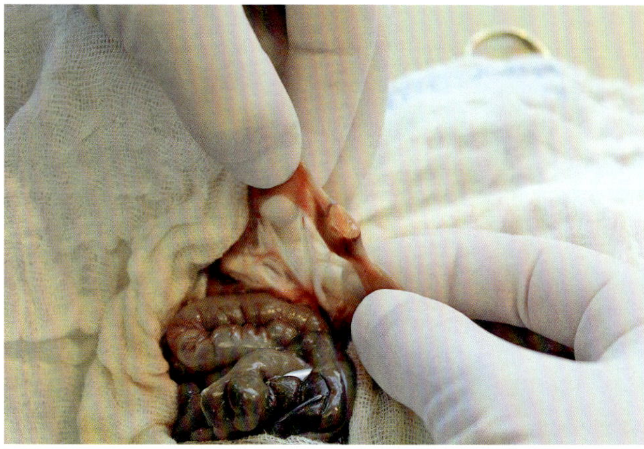

Abb. 9-26 Dünndarmabschnitt mit einem Fremdkörper bei einem Kaninchen (Sektion): Der Darminhalt wird oral und aboral des Fremdkörpers vorsichtig manuell wegmassiert.

Abb. 9-27 Dünndarm eines Kaninchens (Sektion): Haltezügel zur Fixierung des veränderten Darmabschnittes

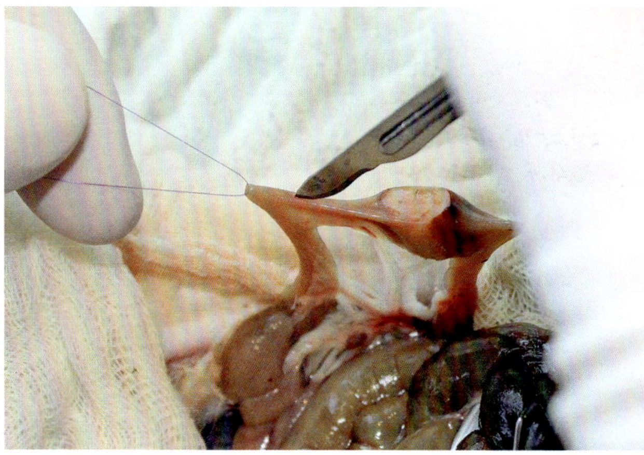

Abb. 9-28 Dünndarm eines Kaninchens (Sektion): Der betroffene Darmabschnitt wird mit Hilfe der Haltezügel fixiert. Die Schnittführung zur Eröffnung des Darms erfolgt längs aboral der Obstruktion im gesunden Darmbereich auf der antimesenterialen Seite.

9

- Der Bereich des veränderten Darmabschnittes wird vorsichtig aufgesucht. Hierbei kann es erforderlich sein, einzelne Darmabschnitte oder den gesamten Darmtrakt vorzulagern.
- Durch angefeuchtete Vlies-Wundkompressen oder chirurgische Schwämme kann der veränderte Bereich von der Abdominalhöhle isoliert werden.
- Der Darminhalt sollte oral und aboral des zu eröffnenden Bereiches vorsichtig wegmassiert werden, um das Risiko einer Kontamination der Bauchhöhle mit Darminhalt bei Eröffnung des Darms zu minimieren (▶Abb. 9-26).

Um Austritt von Darminhalt bei Eröffnung eines Darmabschnittes zu verhindern, kann das Lumen der angrenzenden Darmabschnitte während der Eröffnung kurzzeitig durch eine assistierende Person vorsichtig durch Fingerdruck verschlossen werden. Es können auch kleine atraumatische Darmklemmen eingesetzt werden.

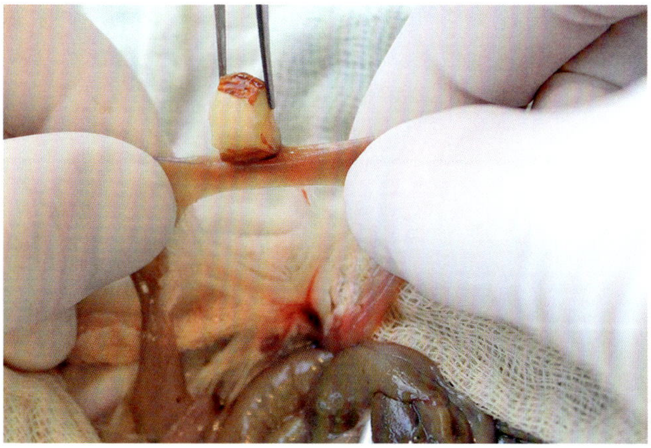

Abb. 9-29 Dünndarm eines Kaninchens (Sektion): Entfernung des Fremdkörpers mit einer anatomischen Pinzette. Beachte die hier dargestellte alternative Fixierung des Darms durch die Finger des Assistenten.

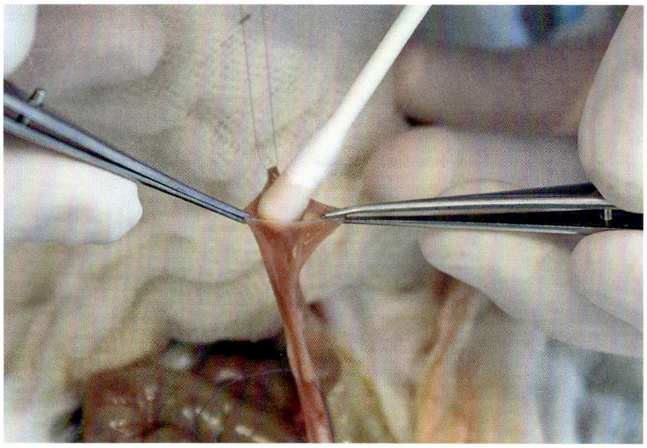

Abb. 9-30 Dünndarm eines Kaninchens (Sektion): Vorsichtige Reinigung der Darmwand nach Entfernung des Fremdkörpers mit einem Stieltupfer.

Haltezügel im Bereich des betroffenen Darmabschnittes können alternativ zur Manipulation und Fixation des Darmabschnittes hilfreich sein (▶Abb. 9-27).

- Die intestinale Schnittführung erfolgt aboral der Obstruktion im gesunden Bereich des Darms an der antimesenterialen Seite (▶Abb. 9-28). Bei Extraktion eines Fremdkörpers sollte der Schnitt der Größe des zu entfernenden Fremdkörpers angepasst werden, um Gewebeverletzungen zu minimieren.
- Nachdem der Fremdkörper entfernt wurde bzw. eine Biopsie der Darmwand entnommen wurde, kann das Lumen des Darms im eröffneten Bereich vorsichtig mit einem Schwamm oder Stieltupfer gereinigt werden. So kann das Risiko von Kontaminationen reduziert werden (▶Abb. 9-29, ▶Abb. 9-30).
- Der Verschluss des Darmabschnittes erfolgt mit einer einfachen unterbrochenen (oder fortlaufenden) Naht. Hierfür sollte resorbierbares monofiles Nahtmaterial (z.B. 4-0/5-0/6-0) verwendet werden. Da die Submukosa häufig schwer von anderen Schichten der Darmwand abzugrenzen ist, wird eine perforierende Naht empfohlen.

Um das Darmlumen so wenig wie möglich einzuengen, sollte die Eröffnung des Darms im Längsschnitt erfolgen und der eröffnete Darmabschnitt anschließend quer verschlossen werden.

- Bei Querverschluss eines längs eröffneten Darmabschnitts werden einzelne Knopfhefte in der Mitte des Schnittes platziert, um so die Schnittführung der Wunde zu verändern (▶Abb. 9-31). Die folgenden Knopfhefte werden links und rechts der ersten gesetzt (▶Abb. 9-32). Hierbei ist darauf zu achten, dass die Nähte vorsichtig zusammengezogen werden, damit sich der Faden nicht durch die einzelnen Darmabschnitte schneidet.

Bei der intestinalen Naht sollte darauf geachtet werden, die Nadel so zu winkeln, dass die Serosa des Darms etwas weiter vom Rand entfernt ist als die Mukosa. Hierdurch stülpt sich die Mukosa des Darms wieder in das Darmlumen ein.

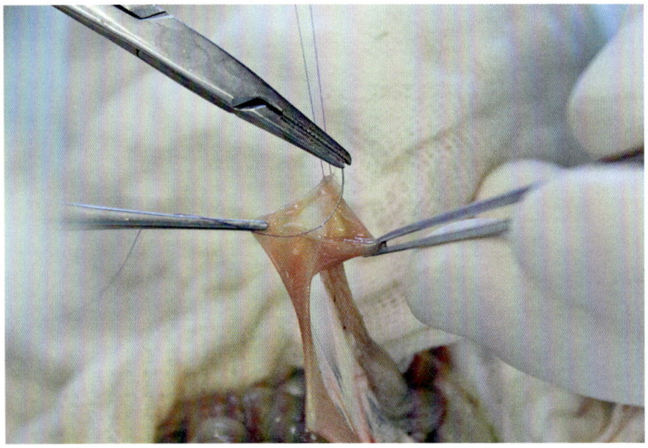

Abb. 9-31 Dünndarm eines Kaninchens (Sektion): Setzen eines Einzelknopfheftes in der Mitte des Wundspaltes, um den längs eröffneten Darmabschnitt quer zu verschließen.

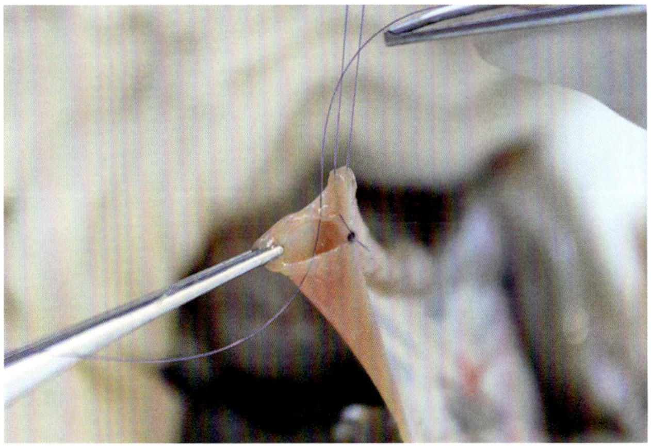

Abb. 9-32 Dünndarm eines Kaninchens (Sektion): Verschluss des Lumens des eröffneten Darmabschnittes durch weitere Einzelknopfhefte links und rechts des quer positionierten Einzelknopfheftes.

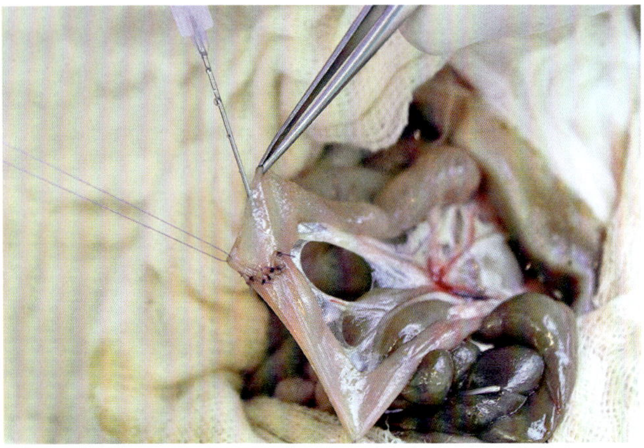

Abb. 9-33 Dünndarm eines Kaninchens (Sektion): Nach Verschluss des Darmabschnittes werden wenige Milliliter warme, sterile Kochsalzlösung in das Darmlumen eingebracht. So wird die Naht auf Dichtigkeit überprüft.

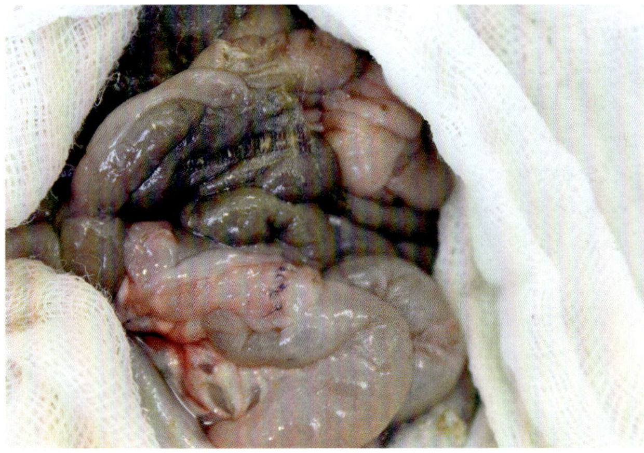

Abb. 9-34 Dünndarm eines Kaninchens (Sektion): Nach dem erfolgten Eingriff wird der Darm zurück in die Bauchhöhle verlagert.

Erfolgt die Enterotomie im Bereich des Zäkums, sollte eine doppelte invertierende Naht (erste Schicht einfache fortlaufende Naht, zweite Schicht invertierende Naht) gemacht werden. Hierfür sollten sehr feines Nahtmaterial (6-0/8-0) und eine atraumatische Nadel verwendet werden, um Austritt von Darminhalt durch die sehr dünne Wand dieses Darmabschnittes zu verhindern.

- Nach der Enterotomie kann die Naht auf Dichtigkeit durch Einbringen von wenigen Millilitern warmer steriler Kochsalzlösung und anschließendem vorsichtigem digitalen Druck überprüft werden (▶Abb. 9-33). Treten Leckagen auf, ist eine zusätzliche Naht erforderlich.
- Nach dem erfolgten Eingriff wird der Darm zurück in die Bauchhöhle verlagert (▶Abb. 9-34). Vor dem routinemäßigen Verschluss der Bauchhöhle (▶Kap. 5.2) sollte eine Spülung der Bauchhöhle mit warmer steriler Kochsalz- oder Ringer-Laktat-Lösung erfolgen. Das Operationsbesteck und die Handschuhe des/der Chirurgen sollten vor dem Verschluss gewechselt werden.

Aufgrund der kleinen Größe des Omentums ist eine Omentalisierung des operierten Darmabschnittes bei Kaninchen und Meerschweinchen nur in Einzelfällen möglich. Das Omentum sollte in diesen Fällen um die Naht gelegt werden und ggf. an die Serosa des Darms oder mittels Einzelheften im Gekröse des betroffenen Darmabschnittes fixiert werden.

9.4.4 Komplikationen

Intraoperativ durch Manipulation oder postoperativ durch Nahtdehiszenz kann eine Darmperforation auftreten. Infolge von Manipulationen des Darmtraktes kann es zu einem Schockgeschehen oder paralytischen Ileus kommen. Durch operativ bedingte Darmlumenreduktionen können sich Stenosen ausbilden und zu rezidivierenden Obstruktionen führen. Auch Adhäsionen und Verklebungen einzelner Darmabschnitte untereinander oder mit umliegenden Geweben können entstehen. Darmischämien sind als weitere mögliche Komplikation zu nennen.

Generell ist die Prognose nach Enterotomien bei Kaninchen und Meerschweinchen ungünstig. Vor allem beim Meerschweinchen ist die Mortalität bei Operationen des Dickdarms sehr hoch.

9.4.5 Nachbehandlung

- Der Patient sollte noch für 24–48 Stunden postoperativ stationär betreut und beobachtet werden. Gegebenenfalls kann eine Kontrolle ausgewählter Blutparameter erfolgen.
- Postoperativ sollte das Tier je nach Indikation und Verlauf für 5–10 Tage analgetisch versorgt werden, z. B. mit Opioiden und/oder Metamizol (▶ Kap. 3.2).
- Die Indikationsstellung zur antibiotischen Therapie erfolgt individuell, bevorzugt nach Antibiogramm. Vor allem bei einer Verunreinigung der Bauchhöhle mit Darminhalt ist eine perioperative Antibiotikagabe angezeigt.
- Die Infusionstherapie (▶ Kap. 2.4) sollte angepasst an das jeweilige Krankheitsbild des Patienten auch postoperativ fortgesetzt werden.
- Das Fress- und Kotabsatzverhalten des Patienten sollte die ersten Tage nach der Operation gut beobachtet und das Körpergewicht täglich kontrolliert werden. Bei Bedarf erfolgt eine Handfütterung mit entsprechenden handelsüblichen Präparaten (▶ Kap. 2.5).
- Eine Wundkontrolle sollte einige Tage nach der Operation stattfinden.
- Bei einer intrakutanen Hautnaht ist ein Ziehen der Fäden nicht notwendig. Bei Einzelheften sollte dies circa 10 Tage nach der Operation erfolgen.

9.5 Lobektomie/partielle Hepatektomie

9.5.1 Indikationen

Hauptindikation für eine Lobektomie beim Kaninchen ist eine Leberlappentorsion. Diese Erkrankung spielt beim Meerschweinchen nach dem Kenntnisstand der Autorinnen keine Rolle. Zudem können Neoplasien oder Abszesse der Leber eine Lobektomie erforderlich machen.

EXKURS

Leberlappentorsion beim Kaninchen

In der Literatur finden sich vermehrt Fallberichte und Studien zu Leberlappentorsionen beim Kaninchen. Die Ätiologie ist nicht abschließend geklärt. Als prädisponierend werden eine reduzierte Festigkeit oder das Fehlen von unterstützenden Leberbändern im Bereich des betroffenen Leberlappens angesehen. In diesem Zusammenhang wird eine mögliche Rasseprädisposition für Zwergwidder diskutiert.

Ähnlich wie beim Hund wird auch beim Kaninchen angenommen, dass rezidivierende Phasen von gastrointestinaler Stase, die mit einer Dilatation des Magens einhergehen, das Risiko einer Leberlappentorsion erhöhen können. Die mit der Magendilatation einhergehende Dehnung des linken Leberbandes (Lig. triangulare sinistrum) wird in diesen Fällen als Ursache vermutet.

Zudem kann eine Leberlappentorsion auch sekundär infolge von Traumata und Hepatopathien (z. B. Neoplasien, Infektionen oder Endoparasitosen) entstehen.

Klinisches Bild

Die Leberlappentorsion beim Kaninchen geht häufig mit unspezifischen Symptomen einher. Symptome, die im Zusammenhang mit einer Leberlappentorsion auftreten können sind:

- Inappetenz
- Lethargie
- abdominale Schmerzen
- Dyspnoe (Tachypnoe)
- Hypothermie (selten auch Hyperthermie)
- Ikterus
- blasse Schleimhäute
- veränderte Kotqualität oder reduzierter Kotabsatz

In der Regel treten die Symptome akut innerhalb von 24 Stunden auf. Aber auch perakute Todesfälle oder in seltenen Fällen chronische Verläufe können mit einer Leberlappentorsion in Verbindung gebracht werden.

Weiterführende Diagnostik

Die Blutuntersuchung liefert in der Regel erste Hinweise auf eine Leberlappentorsion. Häufige Befunde sind eine Erhöhung der Alanin-Aminotransferase (ALT), der Aspartat-Aminotransferase (AST) sowie der Gamma-Glutamyltransferase (Gamma-GT). Blutungen in den betroffenen Leberlappen bzw. in den Bauchraum sowie eine Erythrozytenfragmentation als Ausdruck einer Mikrozirkulationsstörung spiegeln sich im Blutbild zudem häufig durch eine Anämie wider.

Weiterführend können bildgebende Verfahren wie Sonografie, Röntgen, CT und MRT für die Diagnosestellung genutzt werden. CT und MRT kommen dabei in der Praxis im Zusammenhang mit einer Leberlappentorsion beim Kaninchen nur selten zum Einsatz.

Auch die **Röntgendiagnostik** spielt bei der Diagnose eine untergeordnete Rolle. Es finden sich nur in seltenen Fällen eindeutige Hinweise auf eine Leberlappentorsion (wie z. B. eine Hepatomegalie oder abgerundete Leberränder). Typische röntgenologische Befunde, die im Zusammenhang mit einer Leberlappentorsion beim Kaninchen auftreten, können eine reduzierte Detailerkennbarkeit im kranialen Abdomen infolge eines Aszites sowie Anzeichen einer gastrointestinalen Stase sein.

Mittels Sonografie kann der Verdacht auf eine Leberlappentorsion hingegen sicher bestätigt oder verworfen werden: Eine Gefäßstauung bzw. Mangeldurchblutung eines Leberlappens aufgrund einer Torsion lässt sich sehr gut mittels Ultraschall (insbesondere mit der farbkodierten [color flow] Dopplersonografie) darstellen. Weitere häufige sonografisch erhobene Befunde sind eine Hepatomegalie bzw. eine Vergrößerung des veränderten Leberlappens, abgerundete Leberränder oder freie peritoneale Flüssigkeit.

Konservative Therapie

Generell ist die Prognose für den Patienten bei einem konservativen Therapieversuch schlechter als bei der zügigen chirurgischen Intervention.

Die konservative Therapie umfasst folgende Maßnahmen:

- eine adäquate intravenöse Infusionstherapie
- eine suffiziente Analgesie
- eine antibiotische Versorgung
- Handfütterung bei Inappetenz
- Wärmesubstitution beim Vorliegen einer Hypothermie
- Präparate zur Unterstützung der Leberfunktion (z. B. Mariendistelpräparate)

Liegt eine hochgradige Anämie und/oder Thrombozytopenie vor, kann zusätzlich eine Bluttransfusion durchgeführt werden.

Vor einer Lobektomie erfolgen diese therapeutischen Maßnahmen analog zur Stabilisierung des Patienten.

Das Anästhesieprotokoll sollte auf eine bestehende Funktionseinschränkung der Leber abgestimmt werden.

Zudem kann es hilfreich sein, die präoperative Handfütterung des Patienten zu reduzieren, da ein starker Füllungszustand des Magens den Eingriff erschweren kann.

9.5.2 Kontraindikationen

Bei diffusen disseminierten Neoplasien oder Metastasen der Leber sollte aufgrund der ungünstigen bis infausten Prognose keine Lobektomie erfolgen.

9.5.3 OP-Technik – Schritt für Schritt

WAS BRAUCHE ICH?

- Tuchklemmen zur Befestigung des Abdecktuches (optional)
- Bauchtücher
- Skalpellklingen (z.B. Nr. 15)
- Skalpellgriff
- Metzenbaumscheren klein und mittel
- Fadenschere gebogen
- Nadelhalter
- chirurgische und anatomische Pinzetten
- Klemmen, z.B. Mosquito gerade und gebogen, Hirschhornklemmen, Pean
- 2 × Gewebefasszangen, z.B. Allis
- chirurgische Löffel groß und klein
- Stieltupfer
- Vlies-Wundkompressen
- Sauger
- warme sterile Kochsalz- oder Ringer-Laktat-Lösung
- Nierenschale
- Nahtmaterial

- Der Patient wird in Allgemeinanästhesie in Rückenlage gelagert.
- Die Schnittführung erfolgt in der Mittellinie kaudal des Sternums bis zum Nabel (▶Abb. 9-35) und die Bauchhöhle wird routinemäßig dreischichtig eröffnet (vgl. ▶Kap. 6).
- Nach vorsichtigem Beiseiteschieben des Magens und des großen Netzes (manuell oder z.B. durch einen chirurgischen Löffel) wird die Leber aufgesucht und alle Leberlappen können identifiziert werden.

Beim Kaninchen sind der Lobus caudatus oder der Lobus lateralis dexter häufig in eine Leberlappentorsion involviert.

- Der gedrehte Leberlappen stellt sich dunkel und geschwollen dar (▶Abb. 9-36). Häufig sind größere Mengen Blut frei in der Bauchhöhle vorhanden. Dieses kann für eine bessere Sicht mit dem Sauger entfernt werden.

Der Leberlappen sollte nicht zurückgedreht werden, um ein Reperfusionssyndrom zu vermeiden.

- Die Gefäße an der Basis des gedrehten Leberlappens werden ligiert (▶Abb. 9-37). Hierfür eignet sich monofiles oder pseudomonofiles resorbierbares Nahtmaterial (4-0, 5-0) oder es können vaskuläre Clips verwendet werden.
- Anschließend wird der veränderte Leberlappen distal der Ligatur abgesetzt und entfernt (▶Abb. 9-38).

Eine doppelte Ligatur unter Setzen einer Gewebebrücke kann indiziert sein, um Blutungen aus dem Leberstumpf entgegenzuwirken.

Alternativ können auch elektrochirurgische Geräte zum Einsatz kommen. Sie können das Risiko intra- oder postoperativer Blutungen deutlich reduzieren.

- Abschließend erfolgt der routinemäßige dreischichtige Verschluss der Bauchhöhle (▶Kap. 5.2).

9.5.4 Komplikationen

Häufige Komplikationen bei einer Leberlappentorsion sind intra- oder postoperativ auftretende Blutungen.

Verklebungen oder Verwachsungen im Bereich der Operationsstelle, z.B. mit dem Magen oder dem großen Netz, können auftreten.

Auch nach einer erfolgreich durchgeführten Lobektomie besteht die Gefahr von Rezidiven durch eine Drehung weiterer Leberlappen.

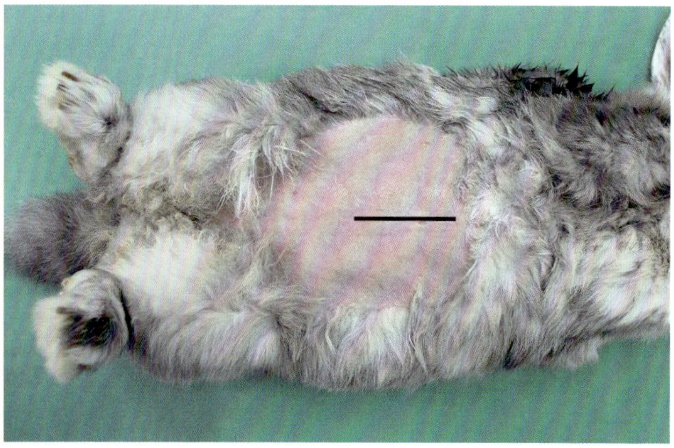

Abb. 9-35 Beispiel für die Schnittführung für den abdominalen Zugang bei der Lobektomie beim Kaninchen. Die Schnittführung erfolgt in der Mittellinie kaudal des Sternums bis zum Nabel (schwarze Linie).

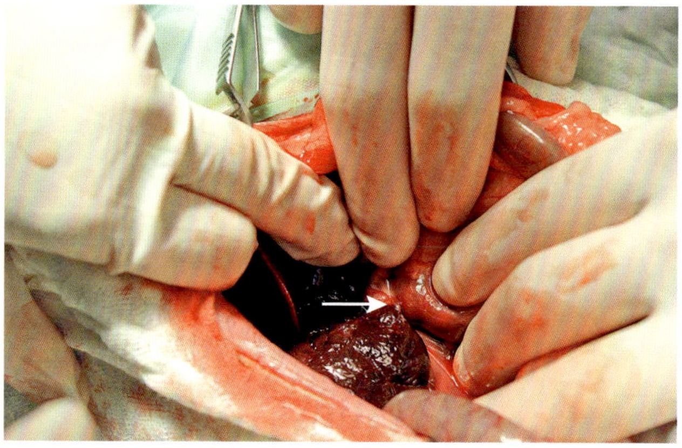

Abb. 9-36 Lobektomie bei einem Kaninchen (oberer Bildrand = kranial, unterer Bildrand = kaudal am Tierkörper): Blick auf den gedrehten, dunkelgeschwollenen Leberlappen und die dorsal gelegene Torsionsstelle (Pfeil).

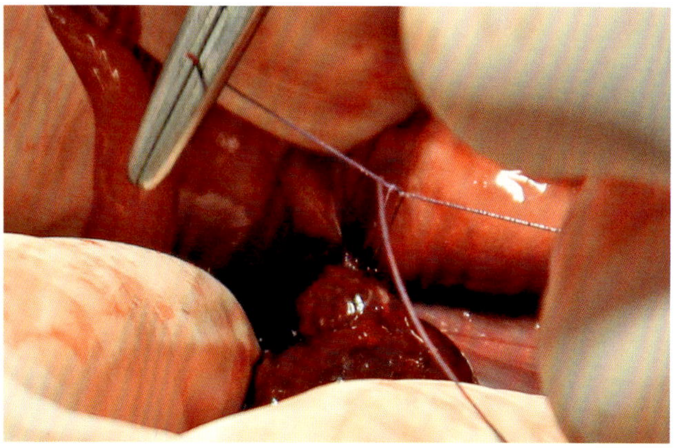

Abb. 9-37 Lobektomie bei einem Kaninchen (oberer Bildrand = kranial, unterer Bildrand = kaudal am Tierkörper): Der gedrehte Leberlappen wird im Bereich der Basis ligiert.

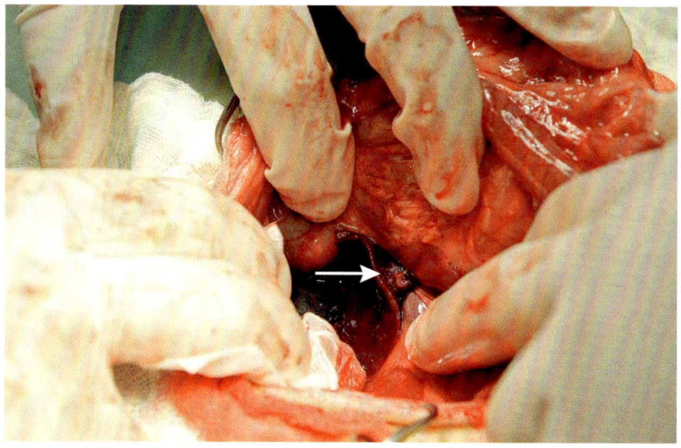

Abb. 9-38 Lobektomie bei einem Kaninchen (oberer Bildrand = kranial, unterer Bildrand = kaudal am Tierkörper): Blick auf den Stumpf des abgesetzten Leberlappens (Pfeil). Der Lappen wurde distal der Ligatur abgesetzt.

9.5.5 Nachbehandlung

- Der Patient sollte noch für 24–48 Stunden postoperativ beobachtet werden. Gegebenenfalls kann eine Kontrolle ausgewählter Blutparameter (vor allem des Hämatokrits) erfolgen.
- Die Indikationsstellung zur antibiotischen Therapie erfolgt individuell, bevorzugt nach Antibiogramm.
- Postoperativ sollte das Tier je nach Indikation und Verlauf für 5–10 Tage analgetisch versorgt werden, z. B. mit Opioiden und/oder Metamizol (▶Kap. 3.2).
- Die Infusionstherapie (▶Kap. 2.4) sollte angepasst an das jeweilige Krankheitsbild des Patienten auch postoperativ fortgesetzt werden.
- Das Fress- und Kotabsatzverhalten des Patienten sollte die ersten Tage nach der Operation gut beobachtet und das Körpergewicht täglich kontrolliert werden. Bei Bedarf erfolgt eine Handfütterung mit entsprechenden handelsüblichen Präparaten (▶Kap. 2.5).
- Präparate zur Unterstützung der Leberfunktion sollten auch postoperativ zum Einsatz kommen.
- Die Wunde sollte einige Tage nach der Operation kontrolliert werden.
- Bei einer intrakutanen Hautnaht ist ein Ziehen der Fäden nicht notwendig. Bei Einzelheften sollte dies circa 10 Tage nach der Operation erfolgen.

10 Operationen des Harntraktes

EXKURS

Urolithiasis bei Kaninchen und Meerschweinchen

Die Urolithiasis gehört zu den häufigen Krankheitsbildern bei Kaninchen und Meerschweinchen und stellt die Hauptindikation für eine Operation am Harntrakt dar.

Durch ihren speziellen Kalziumstoffwechsel (Kalzium wird nicht bedarfsdeckend, sondern im Überschuss aus dem Darm resorbiert und größtenteils über den Urin ausgeschieden) und den physiologisch alkalischen Urin-pH wird die Entstehung von kalziumhaltigen Harnkonkrementen gefördert. Neben einer erhöhten Kalziumaufnahme über das Futter sind auch weitere Faktoren (wie z.B. eine reduzierte Wasseraufnahme, Adipositas, Bewegungsstörungen und auch Infektionen des Harntraktes) für eine Urolithiasis begünstigend.

Klinisches Bild

Neben unspezifischen Symptomen wie einer reduzierten Futteraufnahme bis hin zu Anorexie, Gewichtsverlust, Apathie und Schmerzanzeichen wie Zähneknirschen oder einer aufgekrümmten Körperhaltung zeigen Kaninchen und Meerschweinchen bei einer Urolithiasis häufig folgende Symptome:

- Dysurie/Strangurie bis hin zur Anurie
- Hämaturie
- Lautäußerungen beim Urinabsatz (vor allem beim Meerschweinchen)
- starkes Pressen auf Urin
- urinverschmierte Anogenitalregion (teilweise mit Alopezie, Hautreizungen bis hin zu Dermatitiden)

Weiterführende Diagnostik

Zur Diagnose der Urolithiasis ist die **Röntgendiagnostik** besonders gut geeignet, da die kalziumhaltigen Konkremente bei Kaninchen und Meerschweinchen mineraldichtes Material darstellen und somit röntgenologisch leicht nachzuweisen sind (▶Abb. 10-1). Jedoch ist eine exakte Lokalisation von Konkrementen am Übergang vom Ureter in die Harnblase, die sichere Unterscheidung zwischen einem Ureterstein und Verkalkungen oder Konkrementen in anderen Weichteilstrukturen (z.B. den Glandulae vesiculares bei männlichen Meerschweinchen [▶Kap. 10.3], im Fettgewebe, dem Darmtrakt oder im Ligaturbereich nach Ovariohysterektomien) und eine Unterscheidung zwischen einem Zystolith und Harnblasenschlamm röntgenologisch nicht immer möglich. Diese Verdachtsdiagnosen können mit Hilfe einer abdominalen Ultraschalluntersuchung verifiziert werden. Zudem können die einzelnen Organe des Harntraktes genau beurteilt werden: Harnblase, Urethra, die Ureteren und die Nieren können im Ultraschall hinsichtlich ihrer Lage, möglichen Stauungserscheinungen und Struktur- und Größenveränderungen (wie z.B. eine Dickenzunahme der Harnblasenwand infolge einer Entzündung oder einer uni-/bilaterale Renomegalie infolge einer chronischen oder akuten Nephropathie) untersucht werden.

Zusätzlich helfen Urin- und Blutuntersuchungen dabei, die Schwere der Erkrankung einzuschätzen, mögliche Begleiterkrankungen aufzudecken und die Therapie entsprechend anzupassen. Die **Blutanalyse** mittels hämatologischer und klinisch-chemischer Untersuchungen kann z.B. das Vorliegen von Azotämien, Elektrolytimbalancen und Anämien aufdecken.

Die **Urinuntersuchung** beinhaltet neben der **makroskopischen Untersuchung** (Geruch, Farbe, Kristallurie) auch eine Analyse mittels **Urinteststreifen** auf Parameter wie den pH-Wert, das Vorhandensein von Hämoglobin/Erythrozyten, Glukose, Protein, Ketonkörpern oder Bilirubin im Urin und eine Bestimmung des urinspezifischen Gewichtes mittels Refraktometer (beim Kaninchen und Meerschweinchen wird meist ein spezifisches Harngewicht [USG] <1025 gemessen). Eine **mikroskopische Untersuchung** des Urinsediments zum Nachweis von Zellen, Zylindern, Kristallen und Mikroorganismen kann zudem, z.B. bei Verdacht auf eine bakterielle Zystitis, indiziert sein. Weiterhin ist eine bakteriologische Untersuchung des Harns möglich. Bei der Auswertung der Befunde ist zu berücksichtigen, dass lediglich Zystozentese-Harn steril gewonnen werden kann und

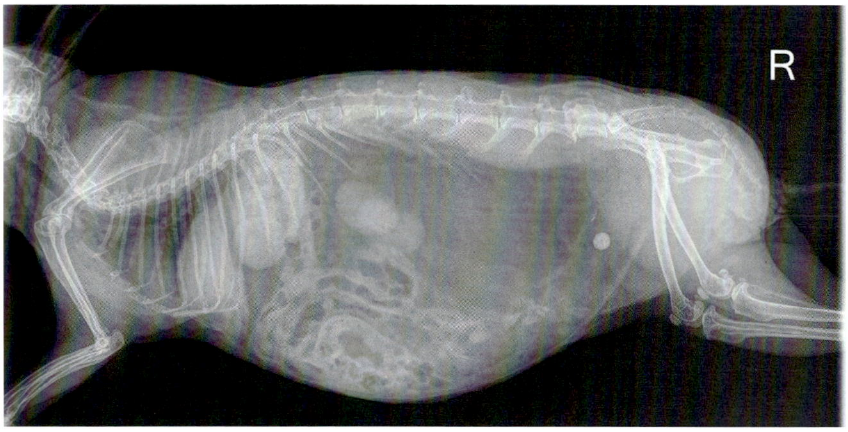

Abb. 10-1 Urolith in der Harnblase eines 7 Jahre alten weiblichen, hochgradig adipösen Kaninchens (laterolaterale rechtsanliegende Übersichtsaufnahme). Aufgrund ihres Kalziumgehaltes sind Harnsteine bei Kaninchen und Meerschweinchen gut röntgenologisch darstellbar.

bei anderen Methoden der Uringewinnung mit bakterieller Kontamination gerechnet werden muss.

Konservative Therapie

Eine Möglichkeit Harnsteine medikamentös aufzulösen, gibt es bei Kaninchen und Meerschweinchen nicht. Die konservative Therapie kann daher nur unterstützend eingesetzt werden, um Schmerzen (▶Kap. 3.2) und Infektionen zu bekämpfen und Begleiterkrankungen, wie z. B. Dehydratation, Schock, Inappetenz und Dysbiosen (▶Kap. 2.4) zu therapieren.

In Abhängigkeit von Größe und Lokalisation des/der Urolithen kann ggf. über eine gesteigerte Diurese (z. B. mittels Infusionstherapie) eine Ausscheidung per vias naturales ermöglicht werden. Diese Methode ist beim Vorliegen von geringen bis mittelgradigen Mengen an Harnblasengrieß und sehr kleinen Urolithen (vor allem in Harnblase und Urethra) geeignet, welche die harnableitenden Wege nicht vollständig verlegen. Die Harnblase sollte im Rahmen dieser Therapie mehrfach täglich vorsichtig hängend ausmassiert werden und der Erfolg röntgenologisch kontrolliert werden.

Beachte: Bei männlichen Tieren eignet sich diese Methode aufgrund ihrer begrenzt dehnbaren Urethra nur beim Vorliegen von Harnblasengrieß und sollte bei Harnsteinen lediglich in absoluten Ausnahmefällen bei Konkrementen von sehr geringer Größe eingesetzt werden.

Chirurgische Therapie

Urolithen, welche nicht auf natürlichem Weg ausgeschieden werden können, müssen in der Regel operativ entfernt werden. Ein vollständiger Verschluss der harnableitenden Wege stellt dabei einen sofort zu behandelnden Notfall dar, da er hochgradige Schmerzen verursacht und zu Nierenversagen, Hydronephrose, Hydroureter sowie einer Überdehnung bzw. Ruptur der Harnblasenwand führen kann. Nach der ggf. nötigen Stabilisierung des Patienten ist daher eine rasche chirurgische Intervention zu empfehlen.

Prophylaxe

Zur Prophylaxe der Urolithiasis sind folgende Maßnahmen geeignet:

- Sicherstellung einer bedarfsgerechten Versorgung mit Kalzium. Kalziumreiche Futtermittel (wie Luzerne, getrocknete Kräuter etc.) sollten vermieden werden. Das Angebot von Saftfuttermitteln und strukturreichem Futter wie Heu kann der Harnsteinbildung entgegenwirken.
- Steigerung der Wasseraufnahme (z. B. durch Angebot von Offentränken anstatt Nippeltränken)
- Steigerung des Bewegungsangebotes
- langsamer und kontrollierter Gewichtsverlust bei adipösen Tieren
- wenn möglich, Therapie bestehender Bewegungsstörungen (z. B. ausgelöst durch *Encephalitozoon cuniculi*)

Eine Möglichkeit der Urolithiasisprophylaxe über eine Ansäuerung des Urins besteht nicht!

Ein wenig untersuchter Therapieansatz, um die Kalziumausscheidung im Urin zu verringern, besteht in der Gabe von Hydrochlorothiazid (1 mg/kg KGW 1 × täglich p. o.). Diese Therapieoption eignet sich vor allem für Kaninchen und Meerschweinchen, bei denen die oben genannten Prophylaxemaßnahmen zu keinem Erfolg geführt haben. Da Untersuchungen über langfristige Auswirkungen fehlen, sollte ein Einsatz gut abgewogen werden. Eine regelmäßige Kontrolle des Elektrolythaushalts und der Nierenparameter im Blut sowie eine Beurteilung des Skelettsystems mittels Röntgendiagnostik werden bei Dauergabe von Hydrochlorothiazid empfohlen.

Zeigt Ihr Patient Symptome wie eine Hämaturie, Pressen auf Urin, eine urinverschmierte Anogenitalregion oder schmerzhaften Urinabsatz, muss eine Urolithiasis zunächst unbedingt röntgenologisch abgeklärt werden.

Die exakte Lokalisation des Harnsteins sollte unmittelbar präoperativ erneut durch bildgebende Verfahren ausgemacht werden, um das Auffinden intraoperativ zu erleichtern. Gerade Ureter- und Harnblasensteine können ihre Lokalisation innerhalb kürzester Zeit ändern.

10.1 Nephrotomie

10.1.1 Indikationen

Eine Nephrotomie eignet sich vor allem zur Entfernung von Harnsteinen aus dem Nierenbecken. Das beidseitige Vorkommen von Nierensteinen muss dabei keine infauste Prognose darstellen. Auch die Eröffnung beider Nieren kann erfolgreich operativ durchgeführt werden. Jedoch geht dies mit einem deutlich erhöhten Risiko von intra- und postoperativen Komplikationen einher und muss deshalb entsprechend abgewogen werden.

Weiterhin können Veränderungen im Nierenbecken wie Abszesse, Neoplasien und Blutungen eine Nephrotomie erforderlich machen.

Bei Hunden und Katzen kann die Nierenfunktion durch eine Nephrotomie, zumindest zeitweise, um 30–50 % reduziert werden. Ähnliche Konsequenzen können auch für Meerschweinchen und Kaninchen angenommen werden. Die Nierenfunktion sollte daher präoperativ, z. B. durch Blut- und Urinuntersuchungen, Ultraschall oder mit Hilfe eines exkretorischen Pyelogramms, evaluiert werden. Bei der Beurteilung muss berücksichtigt werden, dass präoperativ eine postrenale Azotämie vorliegen kann.

10.1.2 Kontraindikationen

Im extrarenalen Bereich des Nierenbeckens lokalisierte Urolithen sollten, wenn möglich, mittels Pyelolithotomie entfernt werden (▶Kap. 10.3). Diese Operationsmethode schont das Nierenparenchym und geht mit einer besseren Rekonvaleszenz sowie einem geringeren Risiko postoperativer Komplikationen einher.

Ist die betroffene Niere, z. B. durch eine Hydronephrose, bereits massiv geschädigt, sollte die Nephrektomie (▶Kap. 10.2) bevorzugt werden. In schweren Fällen kann auch eine Euthanasie in Betracht gezogen werden.

Auch bei irreversiblen Nierentraumata, ausgedehnten Neoplasien und Abszessen, therapieresistenten einseitigen Pyelonephritiden oder Blutungen im Nierenparenchym, ist eine Nephrektomie vorzuziehen. Wenn zusätzlich der Ureter betroffen ist, sollte dieser mitentfernt werden.

10.1.3 OP-Technik – Schritt für Schritt

WAS BRAUCHE ICH?

- Hirschhornklemmen zur Befestigung des Abdecktuches (optional)
- Bauchtücher
- Skalpellklingen (z.B. Nr. 15 und Nr. 11)
- Skalpellgriff
- Baby-Metzenbaumschere
- Nadelhalter
- Fadenschere
- chirurgische und anatomische Pinzetten
- Klemmen, z.B. Mosquito gerade und gebogen, Hirschhornklemmen, Pean
- 2 × Gewebefasszangen, z.B. Allis
- chirurgischer Löffel
- Stieltupfer
- Vlies-Wundkompressen
- Sauger
- gebogene Knopfkanüle
- 10-ml-Spritze
- warme sterile Kochsalz- oder Ringer-Laktat-Lösung
- Nierenschale
- Harnkatheter (1 mm Durchmesser)
- Nahtmaterial

- Die Lagerung des Patienten in Allgemeinanästhesie auf dem OP-Tisch erfolgt in Rückenlage. Die Schnittführung erstreckt sich von kaudal des Sternums bis zum Nabel (▶Abb. 10-2).

Alternativ ist für die Nephrotomie beim Kaninchen auch ein lateraler Zugang in Brust-Bauch-Lage beschrieben: Dieser erfolgt auf ca. 4 cm Länge im Bereich der Nieren, kaudal der letzten Rippe. Auch für das Meerschwein ist eine entsprechende Vorgehensweise denkbar.

- Nach routinemäßiger Eröffnung der Bauchhöhle (▶Kap. 6) wird die zu eröffnende Niere aufgesucht und mittels Vlies-Wundkompressen isoliert, sodass eine Verunreinigung des Abdomens mit austretendem Urin und/oder Konkrementen vermieden wird. Zur besseren Visualisierung ist es dabei meist nötig, den Darmtrakt vorsichtig aus dem Abdomen vorzulagern.

Exponierte Organe müssen unbedingt kontinuierlich warm und feucht gehalten werden. Am einfachsten gelingt dies mit in körperwarmer, steriler Kochsalz- oder Ringer-Laktat-Lösung getränkten Vlies-Wundkompressen. Alternativ kann das Gewebe auch regelmäßig mit der Kochsalz- oder Ringer-Laktat-Lösung beträufelt werden.

- Die betroffene Niere wird vom Assistenten zwischen Daumen und Zeigefinger fixiert und leicht angehoben, sodass die große Kurvatur für den Chirurgen gut zu erreichen ist (▶Abb. 10-3).

Erfahrungsgemäß kann bei Meerschweinchen und Kaninchen aufgrund der geringen Größe auf einen temporären Verschluss der Nierengefäße mit Klemmen verzichtet werden. Allein durch vorsichtigen Druck mit Daumen und Zeigefinger auf den Nierenhilus kann der OP-Assistent größere Blutverluste während der Nephrotomie verhindern.

- Da bei vielen Kaninchen und Meerschweinchen die Nieren von einer mehr oder weniger ausgeprägten Schicht retroperitonealen Fettgewebes umgeben sind, muss dieses zunächst von der großen Kurvatur der Niere stumpf abpräpariert werden (▶Abb. 10-4).
- Mit dem Skalpell wird nun sagittal entlang der großen Kurvatur das Nierenparenchym durchschnitten (Brötchenschnitt), bis das Nierenbecken freigelegt ist (▶Abb. 10-5). Die dabei auftretende Blutung muss (außer durch den Druck des Assistenten auf den Nierenhilus) nicht gestillt werden. Blut und Urin werden durch den Assistenten kontinuierlich abgesaugt.

Bei einem solitären Nierenstein kann die Schnittgröße der des Urolithen entsprechen. Häufiger kommen jedoch multiple Steine vor oder das gesamte Nierenbecken ist regelrecht mit Steinen und Sediment ausgegossen. In diesen Fällen sollte der Schnitt großzügig gewählt werden, sodass Zugang zum gesamten Nierenbecken entsteht und die Konkremente vollständig entfernt werden können.

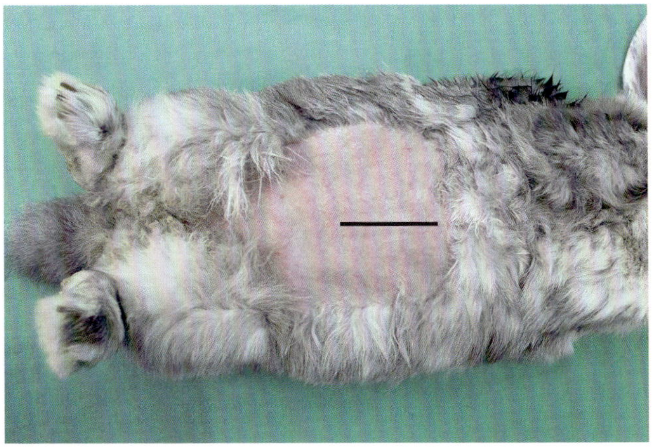

Abb. 10-2 Die Schnittführung im Rahmen der Nephrotomie erstreckt sich von kaudal des Sternums bis zum Nabel (schwarze Linie).

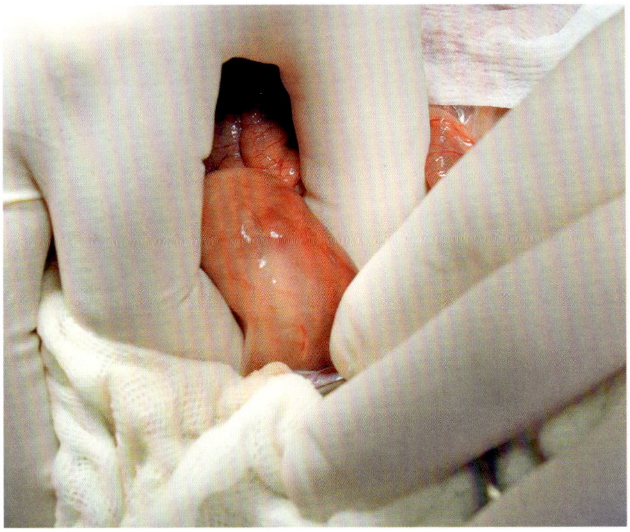

Abb. 10-3 Nephrotomie bei einem Kaninchen: Nach Vorlagern des Darmtraktes aus dem Abdomen wird dieser mit in steriler, warmer Kochsalz- oder Ringer-Laktat-Lösung getränkten Vlies-Wundkompressen feucht und warm gehalten. Die betroffene Niere wird vom Assistenten zwischen Daumen und Zeigefinger fixiert und leicht angehoben, sodass die große Kurvatur für den Chirurgen gut zu erreichen ist. Durch leichten Druck auf den Nierenhilus können größere Blutverluste vermieden werden.

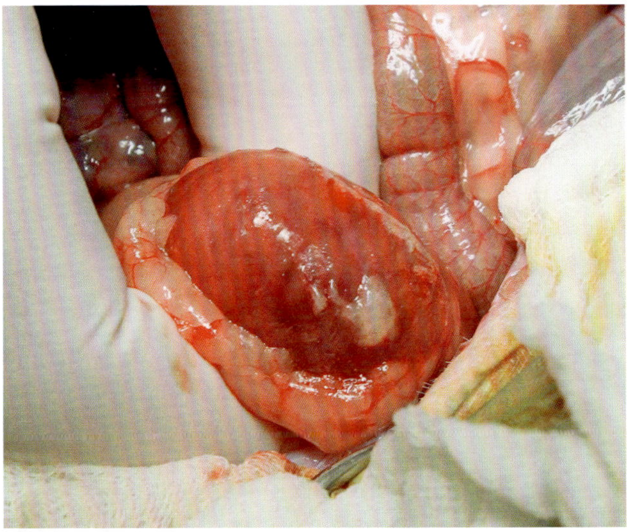

Abb. 10-4 Nephrotomie bei einem Kaninchen: Das die Niere umgebende retroperitoneale Fettgewebe wurde stumpf von der großen Kurvatur der Niere abpräpariert.

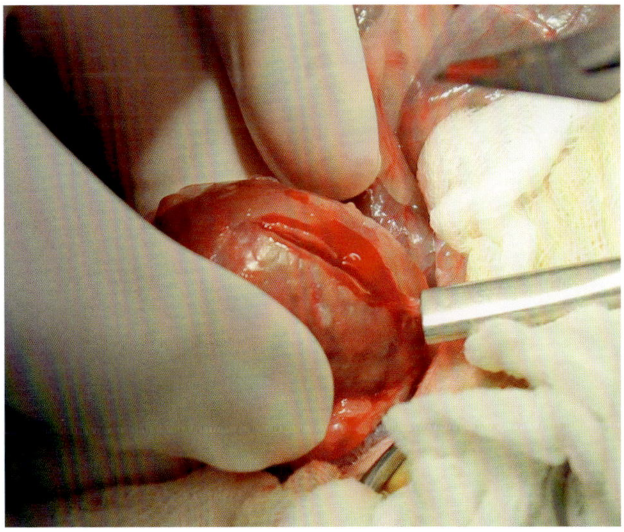

Abb. 10-5 Nephrotomie bei einem Kaninchen: Mit dem Skalpell wird sagittal entlang der großen Kurvatur das Nierenparenchym durchschnitten (Brötchenschnitt), bis das Nierenbecken freigelegt ist. Austretendes Blut und Urin werden abgesaugt.

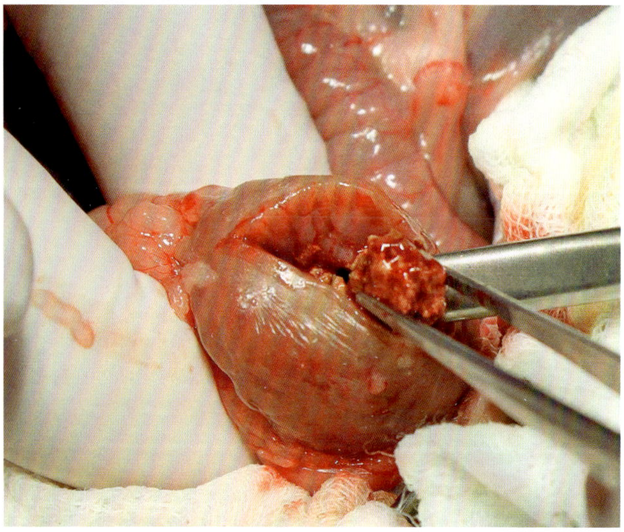

Abb. 10-6 Nephrotomie bei einem Kaninchen: Der Urolith wird mit Hilfe einer anatomischen Pinzette aus dem Nierenbecken entfernt.

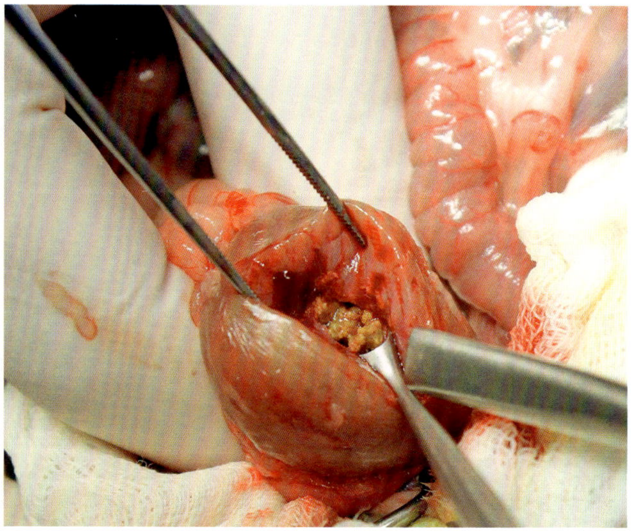

Abb. 10-7 Nephrotomie bei einem Kaninchen: Auch der vorsichtige Einsatz von chirurgischen Löffeln hat sich zur Entfernung von Urolithen bzw. Sediment aus dem Nierenbecken bewährt.

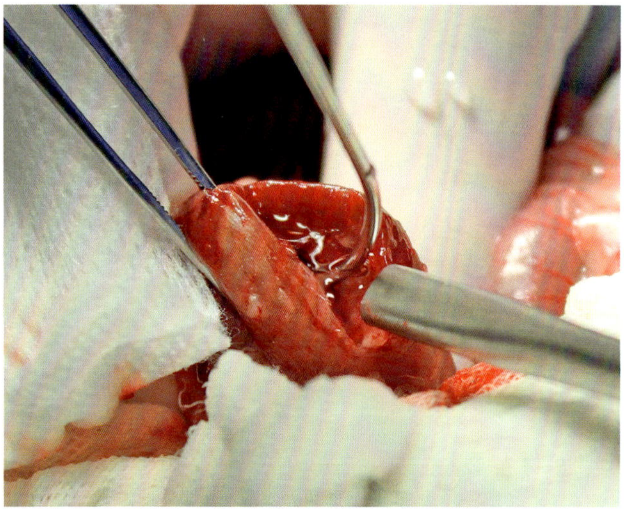

Abb. 10-8 Nephrotomie bei einem Kaninchen: Das gesamte Nierenbecken wird unter kontinuierlicher Absaugung gründlich mit körperwarmer, steriler Kochsalzlösung gespült, um Urolithfragmente, Harnsediment und Blutkoagel zu entfernen.

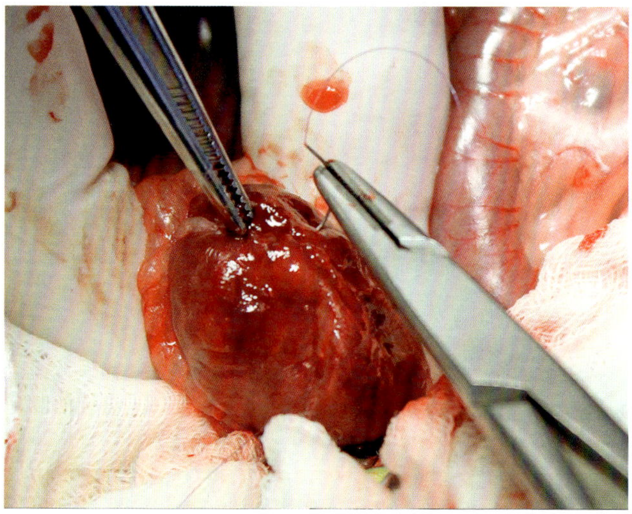

Abb. 10-9 Nephrotomie bei einem Kaninchen: Durch das vorsichtige Platzieren von U-Heften im Bereich des Nierenkortex unter Einbeziehung der Nierenkapsel mit sehr feinem Nahtmaterial (z. B. 6-0 PDS) kann die Wunde verschlossen werden.

- Anschließend werden der Urolith bzw. die Urolithen mit Hilfe einer anatomischen Pinzette (▶Abb. 10-6) entfernt. Auch der vorsichtige Einsatz von chirurgischen Löffeln (▶Abb. 10-7) hat sich hierfür bewährt.
- Nach Entnahme einer Tupferprobe zur mikrobiologischen Untersuchung sollte das Nierenbecken unter kontinuierlicher Absaugung gründlich mit körperwarmer, steriler Kochsalzlösung gespült werden, um Urolithfragmente, Harnsediment und Blutkoagel zu entfernen (▶Abb. 10-8).

Gerade in den beim Kaninchen sehr ausgeprägten kollateralen Recessus pelvis befinden sich häufig Sediment- oder Urolithansammlungen, die leicht übersehen werden. Gebogene chirurgische Löffel sowie gebogene Knopfkanülen sind gut geeignet, um diese anatomischen Strukturen zu erreichen.

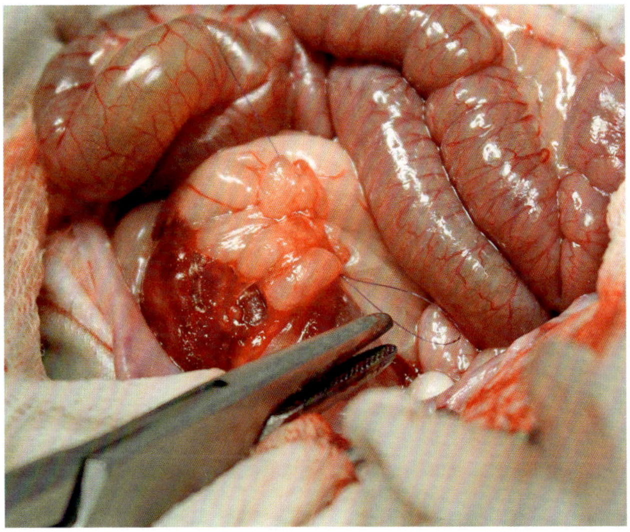

Abb. 10-10 Nephrotomie bei einem Kaninchen: Die entstandene Öffnung im retroperitonealen Fettgewebe sollte fortlaufend oder mit Einzelheften vernäht werden, um die Niere in ihrer korrekten Lokalisation zu stabilisieren.

- Mit Hilfe eines dünnen Harnkatheters (z. B. 1 mm Durchmesser) sollte anschließend die Durchgängigkeit des Ureters getestet werden, indem dieser im Ureter platziert und mit Kochsalzlösung gespült wird.

Eine gründliche Palpation des Nierenhilus sowie des angrenzenden Ureters ist nach Harnsteinentfernung und Spülung immer sinnvoll, um übersehene oder akzidentiell nach kaudal gespülte Urolithen oder deren Fragmente aufzuspüren (▶Kap. 10.3). Gerade Tiere mit Urolithiasisrezidiven können ein bereits hochgradig erweitertes Nierenbecken oder einen hochgradig dilatierten Ureter aufweisen, in die Urolithen bereits abgewandert sind oder leicht abwandern können.

- Anschließend können die beiden Hälften des renalen Parenchyms aneinander adaptiert und für einige Minuten zusammengedrückt werden (Verschluss ohne Naht). Auch das vorsichtige Platzieren von U-Heften im Bereich des Nierenkortex unter Einbeziehung der Nierenkapsel mit sehr feinem Nahtmaterial (z. B. 6-0 PDS) ist möglich (▶Abb. 10-9). Der Druck auf den Nierenhilus wird gelöst und die Wunde auf Blutungen kontrolliert.

Das alleinige Vernähen der Nierenkapsel ist aufgrund ihrer sehr geringen Dicke bei Kaninchen und Meerschweinchen in der Regel nicht möglich.

- Die nach der Darstellung der Niere entstandene Öffnung im retroperitonealen Fettgewebe sollte fortlaufend oder mit Einzelheften vernäht werden, um die Niere in ihrer korrekten Lokalisation zu stabilisieren (▶Abb. 10-10).
- Abschließend kann im Falle einer Kontamination der Bauchhöhle mit Urin und/oder Harnkonkrementen eine Spülung der Bauchhöhle mit warmer, steriler Kochsalz- oder Ringer-Laktat-Lösung vor dem routinemäßig dreischichtigen Verschluss der Bauchhöhle (▶Kap. 5.2) durchgeführt werden.

10.1.4 Komplikationen

Als mögliche Komplikationen sind Blutungen oder Urin-Leckagen zu nennen. Auch ein postoperatives Nierenversagen sowie die Bildung von Adhäsionen im Operationsgebiet können auftreten.

Ein rezidivierendes Auftreten von Urolithen kann nicht ausgeschlossen werden. Eine genaue Anamnese und eine Optimierung von Haltung und Fütterung sowie ein gutes Management bestehender Grunderkrankungen (z. B. von Bewegungsstörungen) sind essenziell für die Urolithiasisprophylaxe.

10.1.5 Nachbehandlung

- Der Urinabsatz und die produzierte Urinmenge müssen postoperativ genau beobachtet werden.
- Bei Verdacht auf ein Hämo- oder Uroperitoneum sollte eine Ultraschallkontrolle, ggf. mit Aspiration von Flüssigkeit und Bestimmung von Harnstoff und Kreatinin erfolgen.
- Der Patient sollte noch für 24–48 Stunden postoperativ stationär betreut und beobachtet werden.
- Postoperativ sollte das Tier je nach Indikation und Verlauf für 5–10 Tage analgetisch versorgt werden, z. B. mit Opioiden und/oder Metamizol (▶Kap. 3.2).
- Die Indikationsstellung zur antibiotischen Therapie erfolgt individuell, bevorzugt nach Antibiogramm.
- Das Fress- und Kotabsatzverhalten des Patienten sollte die ersten Tage nach der Operation gut beobachtet und das Körpergewicht täglich kontrolliert werden. Bei

Bedarf erfolgt eine Handfütterung mit entsprechenden handelsüblichen Präparaten (▶Kap. 2.5).
- Die Infusionstherapie sollte angepasst an das jeweilige Krankheitsbild des Patienten auch postoperativ und unter Kontrolle der Blutparameter (z.B. Kreatinin, Harnstoff, Elektrolyte, Hämatokrit) fortgesetzt werden (▶Kap. 2.4).
- Eine Wundkontrolle sollte einige Tage nach der Operation erfolgen.
- Bei einer intrakutanen Hautnaht ist ein Ziehen der Fäden nicht notwendig. Bei Einzelheften sollte dies circa 10 Tage nach der Operation erfolgen.

10.2 Nephr(oureter)ektomie

10.2.1 Indikationen

Eine irreversible Nierenerkrankung, bei der der Verbleib der betroffenen Niere eine Belastung für den Patienten darstellt, ist eine Indikation zur Nephrektomie. Beispiele hierfür sind unter anderem: irreversible Nierentraumata, Neoplasien, Abszesse, Hydronephrosen, therapieresistente Pyelonephritiden oder Blutungen. Wenn zusätzlich der Ureter betroffen ist, sollte dieser mit entfernt werden (Nephroureterektomie).

10.2.2 Kontraindikationen

Die Funktionsfähigkeit der verbleibenden Niere sollte präoperativ überprüft werden, z.B. durch Bestimmung der Nierenparameter und Elektrolyte im Blut und Urinuntersuchungen. Weiterführend kann z.B. ein exkretorisches Pyelogramm angefertigt werden. Besteht eine zusätzliche signifikante Funktionsbeeinträchtigung der verbleibenden Niere, ist eine Nephr(oureter)ektomie kontraindiziert.

Bei Urolithen im Nierenbecken, die noch nicht zu einer massiven Schädigung der Niere geführt haben, ist eine Nephrotomie (▶Kap. 10.1) oder Pyelolithotomie (▶Kap. 10.3) vorzuziehen.

10.2.3 OP-Technik – Schritt für Schritt

WAS BRAUCHE ICH?

- Tuchklemmen zur Befestigung des Abdecktuches (optional)
- Bauchtücher
- Skalpellklingen (z.B. Nr. 15)
- Skalpellgriff
- Metzenbaumscheren klein und mittel
- Fadenschere gebogen
- Nadelhalter
- chirurgische und anatomische Pinzetten
- Klemmen, z.B. Mosquito gerade und gebogen, Hirschhornklemmen, nach Pean
- 2 × Gewebefasszangen, z.B. Allis
- Stieltupfer
- Vlies-Wundkompressen
- Sauger
- warme sterile Kochsalz- oder Ringer-Laktat-Lösung
- Nierenschale
- Nahtmaterial

- Die Lagerung des Patienten in Allgemeinanästhesie auf dem OP-Tisch erfolgt in Rückenlage.
- Die Schnittführung für die Nephrektomie verläuft kaudal des Sternums bis zum Nabel, bei der Nephroureterektomie kaudal des Sternums bis zum kranialen Bereich des Beckens (▶Abb. 10-11). Es findet der routinemäßige abdominale Zugang statt (▶Kap. 6).

Alternativ zur oben beschriebenen Schnittführung kann bei Nephrektomie auch ein lateraler Zugang in Brust-Bauch-Lage erfolgen: auf ca. 4 cm Länge im Bereich der Nieren, kaudal zur letzten Rippe.

- Die zu entfernende Niere wird aufgesucht und vorsichtig vom Peritoneum und retroperitonealen Fettgewebe gelöst und angehoben (▶Abb. 10-12, ▶Abb. 10-13, ▶Abb. 10-14).
- Nach Aufsuchen des Hilus werden der Ureter und die A. und V. renalis identifiziert (▶Abb. 10-15). Die Gefäße und der Ureter werden, wenn möglich, einzeln ligiert (▶Abb. 10-16, ▶Abb. 10-17). Hierfür eignet sich resorbierbares Nahtmaterial (4-0/5-0).

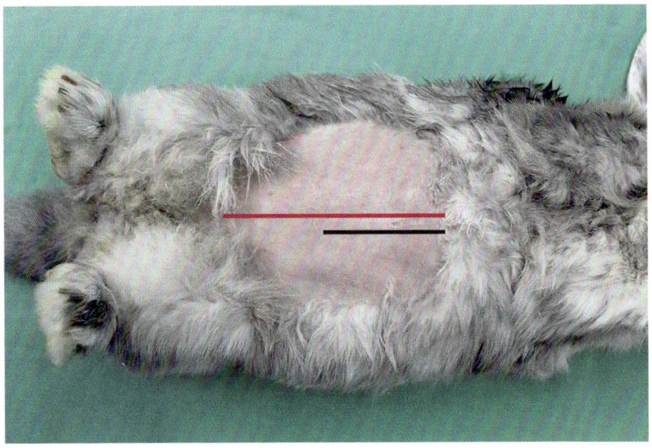

Abb. 10-11 Beispiel für die Schnittführung bei der Nephr(oureter)-ektomie: Bei der Nephrektomie erfolgt die Schnittführung in der Mittelinie kaudal des Sternums bis zum Nabel (schwarze Linie), bei der Nephroureterektomie kaudal des Sternums bis zum kranialen Bereich des Beckens (rote Linie).

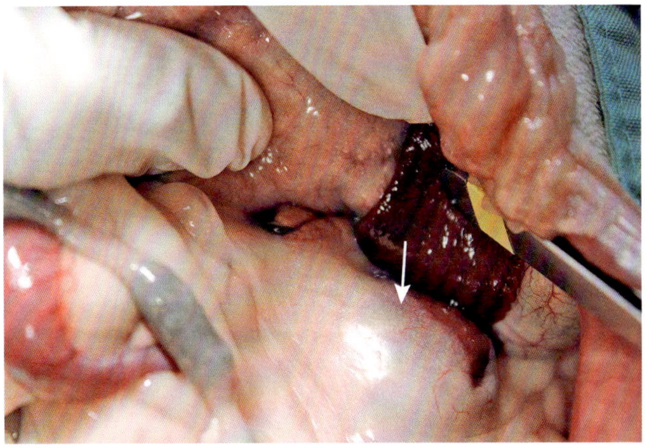

Abb. 10-12 Nephrektomie bei einem Meerschweinchen (Sektion, oberer Bildrand kranial, unterer Bildrand kaudal am Tierkörper): Blick auf die linke Niere im retroperitonealen Fettgewebe (Pfeil)

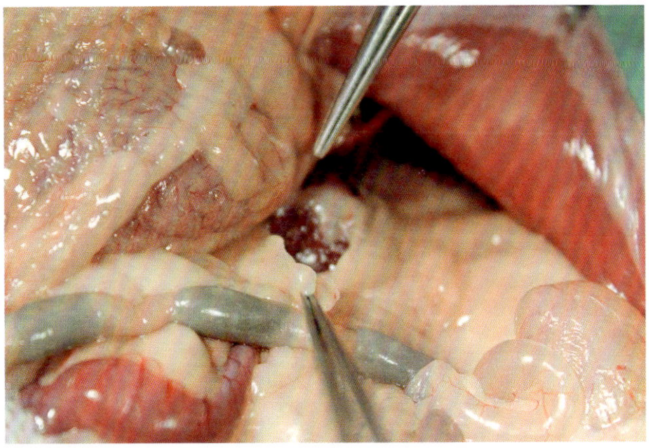

Abb. 10-13 Nephrektomie bei einem Meerschweinchen (Sektion, oberer Bildrand kranial, unterer Bildrand kaudal am Tierkörper): vorsichtiges Lösen des retroperitonealen Fettgewebes von der zu entfernenden Niere

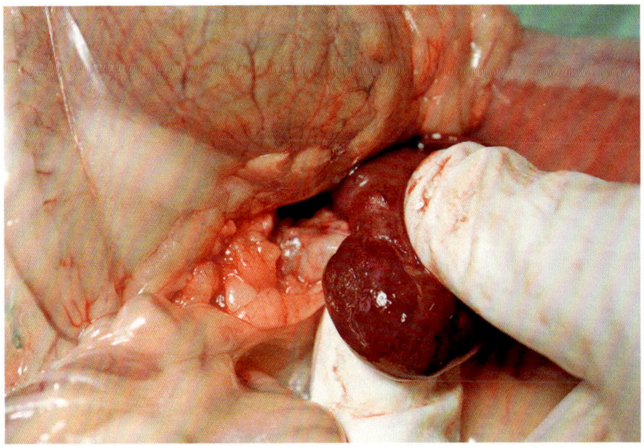

Abb. 10-14 Nephrektomie bei einem Meerschweinchen (Sektion, oberer Bildrand kranial, unterer Bildrand kaudal am Tierkörper): angehobene Niere mit Blick auf den Nierenhilus

Bei größeren Tieren wie Hunden und Katzen werden die V. und A. renalis einzeln ligiert. Bei Kaninchen und Meerschweinchen ist eine Unterscheidung der beiden Gefäße aufgrund der geringen Patientengröße häufig nicht möglich und Arterie und Vene werden gemeinsam ligiert.

- Bei der Nephrektomie erfolgt nun ein Absetzen der Niere. Der ligierte Ureter wird im Tierkörper belassen.
- Bei der Nephroureterektomie wird der Ureter aus dem Peritoneum präpariert und über seine gesamte Länge bis zur Harnblase hin verfolgt (▶Abb. 10-18, ▶Abb. 10-19). Circa 1 cm vor Eintritt in die Harnblase wird der Ureter doppelt ligiert, abgesetzt und entfernt (▶Abb. 10-20, ▶Abb. 10-21).
- Nach Entfernung der betroffenen Niere und (ggf.) des Ureters wird die Bauchhöhle routinemäßig dreischichtig verschlossen (▶Kap. 5.2).

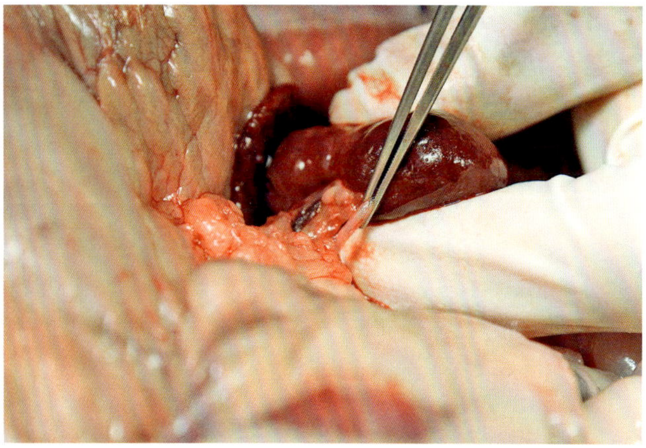

Abb. 10-15 Nephrektomie bei einem Meerschweinchen (Sektion, oberer Bildrand kranial, unterer Bildrand kaudal am Tierkörper): Die zu entfernende Niere wird zwischen zwei Fingern fixiert. Der Ureter wird identifiziert und vorsichtig freipräpariert.

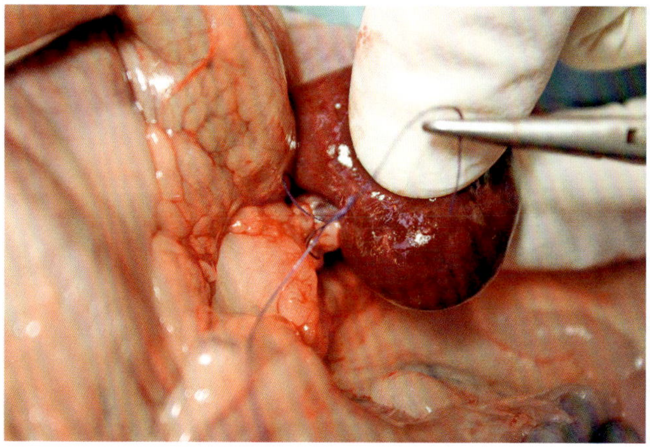

Abb. 10-16 Nephrektomie bei einem Meerschweinchen (Sektion, oberer Bildrand kranial, unterer Bildrand kaudal am Tierkörper): Der Ureter wird im Bereich des Nierenhilus ligiert.

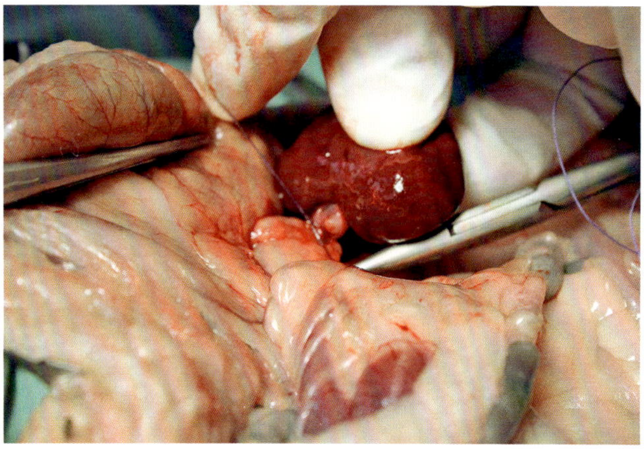

Abb. 10-17 Nephrektomie bei einem Meerschweinchen (Sektion, oberer Bildrand kranial, unterer Bildrand kaudal am Tierkörper): Die A. und V. renalis werden aufgesucht und im Bereich des Nierenhilus ligiert und dann abgesetzt.

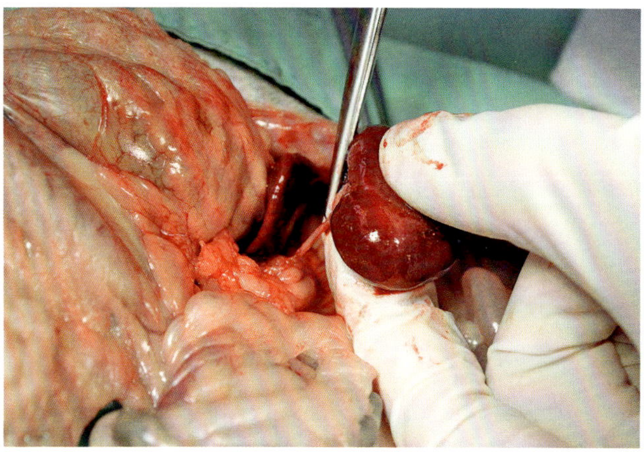

Abb. 10-18 Nephroureterektomie bei einem Meerschweinchen (Sektion, oberer Bildrand kranial, unterer Bildrand kaudal am Tierkörper): Der Ureter wird vorsichtig aus dem Peritoneum präpariert und bis zur Harnblase verfolgt.

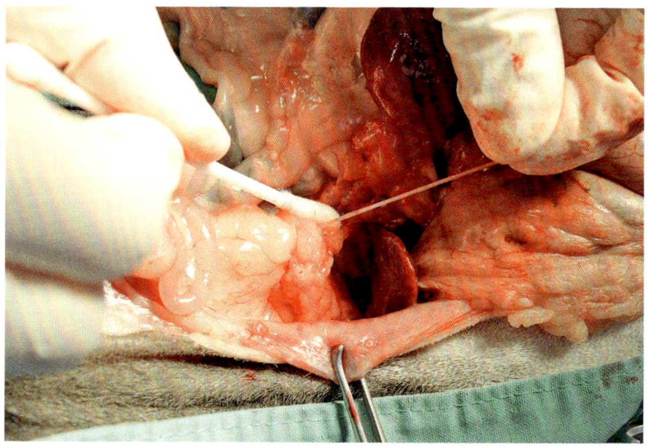

Abb. 10-19 Nephroureterektomie bei einem Meerschweinchen (Sektion, rechter Bildrand kranial, linker Bildrand kaudal am Tierkörper): Der Ureter wird durch vorsichtigen Zug aus dem Peritoneum präpariert und bis zur Harnblase verfolgt. Die Präparation kann stumpf mit Hilfe von Stieltupfern erfolgen.

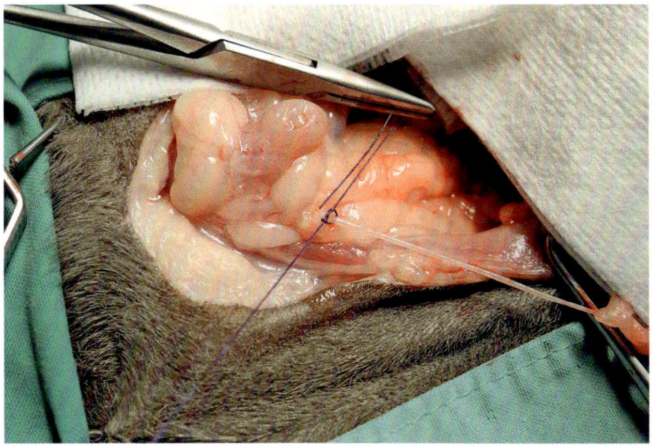

Abb. 10-20 Nephroureterektomie bei einem Meerschweinchen (Sektion, rechter Bildrand kranial, linker Bildrand kaudal am Tierkörper): Der Ureter wird circa 1 cm vor dem Eintritt in die Harnblase doppelt ligiert.

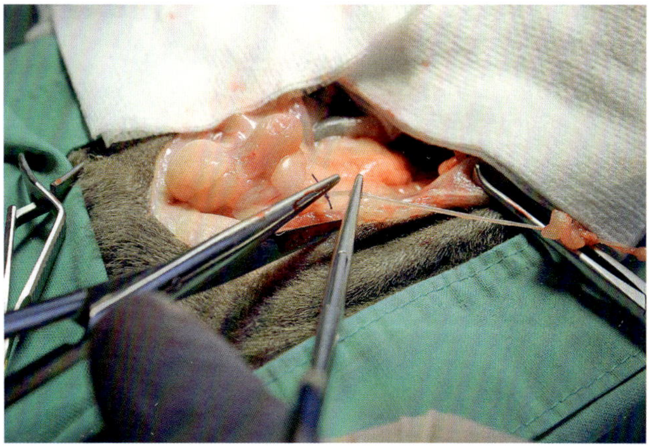

Abb. 10-21 Nephroureterektomie bei einem Meerschweinchen (Sektion, rechter Bildrand kranial, linker Bildrand kaudal am Tierkörper): Proximal der Ligatur wird der Ureter abgesetzt und zusammen mit der Niere entfernt.

10.2.4 Komplikationen

Als mögliche Komplikationen sind Blutungen oder Urin-Leckagen aus dem Ureterstumpf zu nennen. Verbleibt der Ureter im Tier, so kann es zur Dilatation des blind endenden Ureters durch retrograd laufenden Urin kommen. Durch die Entfernung des Ureters kann dies vermieden werden. Da die Nephroureterektomie im Vergleich zur Nephrotomie mit einer längeren Operationsdauer und einer größeren Operationswunde einhergeht, muss ihre Durchführung individuell abgewogen werden.

Ein postoperativ auftretendes Nierenversagen kann auch nach präoperativer Überprüfung der Nierenfunktion im Einzelfall nicht ausgeschlossen werden.

10.2.5 Nachbehandlung

- Der Urinabsatz und die produzierte Urinmenge müssen postoperativ genau beobachtet werden.
- Bei Verdacht auf ein Hämo- oder Uroperitoneum sollte eine Ultraschallkontrolle, ggf. mit Aspiration von Flüssigkeit und Bestimmung von Harnstoff und Kreatinin, erfolgen.
- Der Patient sollte noch für 24–48 Stunden postoperativ stationär betreut und beobachtet werden.
- Postoperativ sollte das Tier je nach Indikation und Verlauf für 5–10 Tage analgetisch versorgt werden, z. B. mit Opioiden und/oder Metamizol (▶Kap. 3.2).
- Die Indikationsstellung zur antibiotischen Therapie erfolgt individuell, bevorzugt nach Antibiogramm.
- Das Fress- und Kotabsatzverhalten des Patienten sollte die ersten Tage nach der Operation gut beobachtet und das Körpergewicht täglich kontrolliert werden. Bei Bedarf erfolgt eine Handfütterung mit entsprechenden handelsüblichen Präparaten (▶Kap. 2.5).
- Die Infusionstherapie sollte angepasst an das jeweilige Krankheitsbild des Patienten auch postoperativ und unter Kontrolle der Blutparameter (z. B. Kreatinin, Harnstoff, Elektrolyte, Hämatokrit) fortgesetzt werden (▶Kap. 2.4).
- Eine Wundkontrolle sollte einige Tage nach der Operation erfolgen.
- Bei einer intrakutanen Hautnaht ist ein Ziehen der Fäden nicht notwendig. Bei Einzelheften sollte dies circa 10 Tage nach der Operation erfolgen.

10.3 Pyelolithotomie/Ureterotomie

10.3.1 Indikationen

Eine Eröffnung des extrarenalen Bereiches des Nierenbeckens bzw. des proximalen Teils des Ureters (Pyelolithotomie) sowie die Eröffnung des mittleren und distalen Ureters (Ureterotomie) werden in der Regel aufgrund von Obstruktionen durch Urolithen durchgeführt. Wo immer möglich, ist die Pyelolithotomie der Nephrotomie (▶Kap. 10.1) vorzuziehen, da bei dieser Operationsmethode das Nierenparenchym nicht traumatisiert wird und sie mit einer besseren Rekonvaleszenz sowie einem geringeren Risiko postoperativer Komplikationen einhergeht.

Sowohl die Pyelolithotomie als auch die Ureterotomie sind dann gut möglich, wenn das Gewebe aufgrund der Obstruktion dilatiert und verdickt ist. Eine Operation am nicht veränderten Ureter oder extrarenalen Nierenbeckenbereich ist schwierig und für den Chirurgen technisch sehr anspruchsvoll. In allen Fällen ist die Verwendung von sehr kleinen, idealerweise mikrochirurgischen Instrumenten angezeigt. Auch eine optische Vergrößerung, z. B. mittels chirurgischen Mikroskops oder Lupenbrille, ist sinnvoll (▶Kap. 1).

10.3.2 Kontraindikationen

Handelt es sich um sehr kleine Konkremente, die nicht zu einer vollständigen Verlegung des betroffenen Ureters führen, ist ein konservativer Therapieansatz in Form einer forcierten Diurese (z. B. über intravenöse Infusionen, ▶Exkurs S. 76) möglich. Damit soll versucht werden, den Urolithen entweder per vias naturales auszuscheiden oder ihn zumindest in die Harnblase zu verlagern und von dort via Zystotomie zu entfernen. Vorrausetzung hierfür ist eine genaue diagnostische Aufarbeitung des Patienten (z. B. mittels Blut- und Ultraschalluntersuchungen), um Azotämien und Stauungserscheinungen auszuschließen. Weiterhin muss der Therapieerfolg mittels Röntgen- oder Ultraschalluntersuchung kontrolliert und bei einem Therapieversagen eine geeignete chirurgische Maßnahme eingeleitet werden.

Sitzen die Urolithen tief im Nierenbecken oder ist das Nierenbecken mit Konkrementen und/oder Sediment regelrecht ausgegossen, ist die Durchführung einer Nephrotomie zu bevorzugen (▶Kap. 10.1).

Ist aufgrund der Obstruktion eine hochgradige Hydronephrose entstanden und die Niere somit massiv geschädigt, ist eine Nephr(oureter)ektomie (▶Kap. 10.2) angezeigt. In schweren Fällen kann auch eine Euthanasie in Betracht gezogen werden.

10.3.3 OP-Technik – Schritt für Schritt

WAS BRAUCHE ICH?

- Hirschhornklemmen zur Befestigung des Abdecktuches (optional)
- Bauchtücher
- Skalpellklingen (z. B. Nr. 15 und Nr. 11)
- Skalpellgriff
- Baby-Metzenbaumschere
- Nadelhalter
- Fadenschere
- chirurgische und anatomische Pinzetten
- Klemmen, z. B. Mosquito gerade und gebogen, Hirschhornklemmen, Pean
- chirurgischer Löffel
- Stieltupfer
- Vlies-Wundkompressen
- Sauger
- gebogene Knopfkanüle
- 10-ml-Spritze
- warme sterile Kochsalz- oder Ringer-Laktat-Lösung
- Nierenschale
- Harnkatheter (1 mm Durchmesser)
- Nahtmaterial

- Der Patient wird in Allgemeinanästhesie auf dem OP-Tisch in Rückenlage gelagert.
- Die Schnittführung erfolgt in der Mittellinie. Die Länge des Schnittes ist dabei abhängig von der Lage des/der Urolithen. Eine proximale, nierennahe Obstruktion macht meist eine Eröffnung des Abdomens unmittelbar kaudal des Sternums bis zum Nabel nötig. Ist der Urolith blasennah lokalisiert, erfolgt die Schnittführung zwischen Nabel und dem kranialen Bereich des Beckens.

Uretersteine können auf ganzer Länge des Ureters lokalisiert sein und, vor allem wenn der Ureter hochgradig dilatiert ist, ihre Lage sowohl nach kaudal als auch nach kranial verändern. Dies kann das Auffinden der Steine intraoperativ erschweren und die Operation verlängern. Eine unmittelbar präoperativ durchgeführte Röntgen- oder Ultraschallkontrolle kann helfen, die Lokalisation intraoperativ zu erleichtern.

Vor allem beim Meerschweinchen treten Uretersteine häufig am Übergang zur Harnblase auf. Aufgrund dieser Lokalisation können sie röntgenologisch sehr leicht mit Harnblasensteinen oder auch mit Konkrementen der Samenblasendrüsen männlicher Tiere verwechselt werden. Daher sollten sowohl beim Kaninchen als auch beim Meerschweinchen röntgendichte Veränderungen im kaudalen Abdomen präoperativ unbedingt mittels Ultraschalluntersuchung abgeklärt werden (▶Abb. 10-22).

- Nach routinemäßiger Eröffnung der Bauchhöhle (▶Kap. 6) werden der oder die Uretersteine aufgesucht und der Ureter in diesem Bereich mittels Vlies-Wundkompressen so weit wie möglich isoliert, sodass eine Verunreinigung des Abdomens mit austretendem Urin und/oder Konkrementen vermieden wird. Zur besseren Visualisierung ist es dabei häufig nötig, vor allem bei nierennahen Konkrementen, den Darmtrakt vorsichtig aus dem Abdomen vorzulagern.

Exponierte Organe müssen unbedingt kontinuierlich warm und feucht gehalten werden. Am einfachsten gelingt dies mit in körperwarmer steriler Kochsalz- oder Ringer-Laktat-Lösung getränkten Vlies-Wundkompressen. Alternativ kann das Gewebe auch regelmäßig mit der Lösung beträufelt werden.

- Zur Darstellung **harnblasennaher Uretersteine** (▶Abb. 10-23) wird die Harnblase vorsichtig nach ventral verlagert und der Eintrittsbereich der Ureteren rechts und links des Harnblasenhalses palpiert. Dies kann häufig schwierig sein: Vor allem adipöse Tiere lagern hier viel Fett ein, bei männlichen Tieren kreuzen zusätzlich die Samenstränge. Zur Entfernung der Uretersteine muss daher zunächst das umliegende Fettgewebe unter Schonung anderer Organstrukturen stumpf abpräpariert werden.
- Auch zur Darstellung von Urolithen im **mittleren Ureterbereich** muss zunächst retroperitoneales Fettgewebe stumpf vom Harnleiter abpräpariert werden.
- Zur Entfernung von Harnsteinen aus dem **extrarenalen Anteil des Nierenbeckens sowie des proximalen Ureters** wird die betroffene Niere aufgesucht und vorsichtig aus dem Peritoneum gelöst (▶Abb. 10-24). Es muss dabei besonders vorsichtig vorgegangen werden, um die in unmittelbarer Nachbarschaft befindlichen Nierengefäße nicht zu verletzen.
- Ist eine mikrobiologische Untersuchung erwünscht, kann nun der Ureter mit einer kleinlumigen Kanüle mit aufgesetzter Spritze punktiert und eine Urinprobe gewonnen werden.
- Zur Vermeidung von Urinaustritt in die Bauchhöhle sollte ein Sauger eingesetzt werden. Zusätzlich kann der Ureter proximal und distal der Obstruktion durch die Finger des Assistenten komprimiert werden (▶Abb. 10-25).

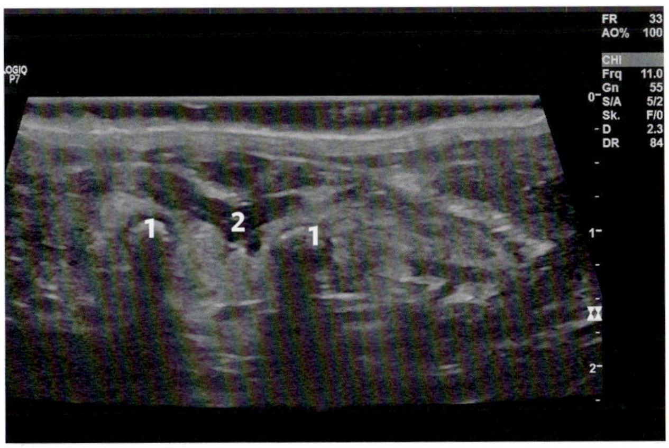

Abb. 10-22 Sonografische Darstellung bilateraler Uretersteine (**1**) kurz vor dem Übergang in die (nur minimal gefüllte) Harnblase (**2**) bei einem männlichen Meerschweinchen.

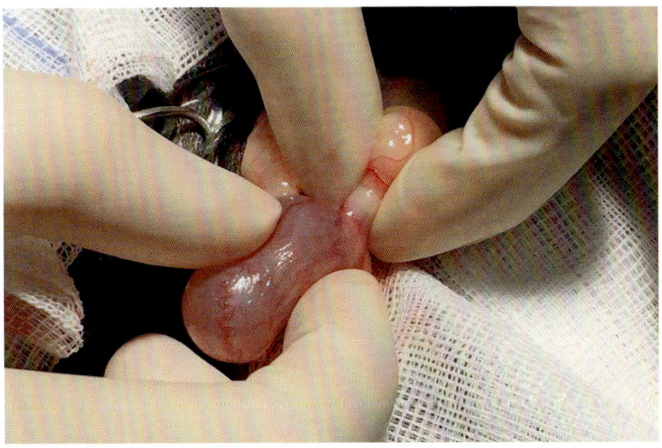

Abb. 10-23 Palpation eines harnblasennahen Uretersteins beim männlichen Meerschweinchen am Übergang zur Eintrittsstelle in den Harnblasenhals (oberer Bildrand kranial, unterer Bildrand kaudal am Tierkörper). Die Harnblase wurde zur besseren Visualisierung nach ventral umgeschlagen. Beachte die Ansammlung von Fettgewebe um den Ureter.

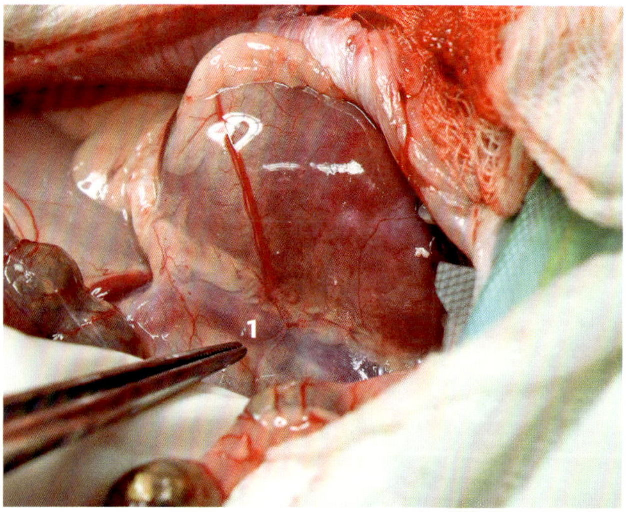

Abb. 10-24 Harnstein (**1**) im proximalen Ureter eines Kaninchens (rechter Bildrand kranial, linker Bildrand kaudal am Tierkörper). Die Niere wurde zur Darstellung des Ureterolithen stumpf aus dem Peritoneum gelöst.

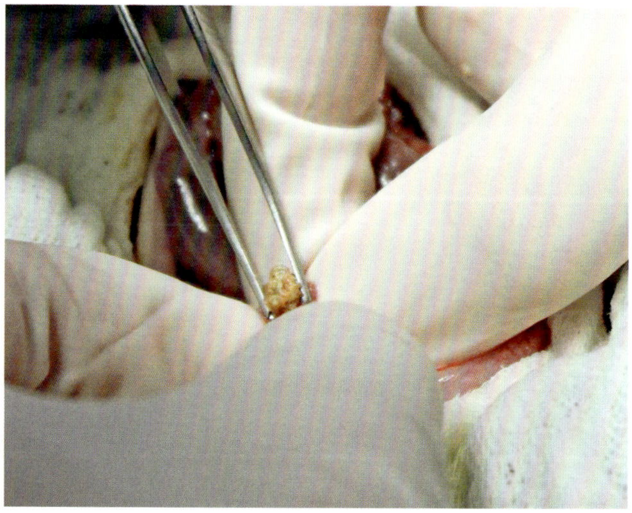

Abb. 10-25 Entfernung eines Konkrementes aus dem Ureter eines Kaninchens. Der Harnleiter wird proximal und distal der Obstruktion durch die Finger des Assistenten komprimiert und damit der Urinaustritt in die Bauchhöhle minimiert.

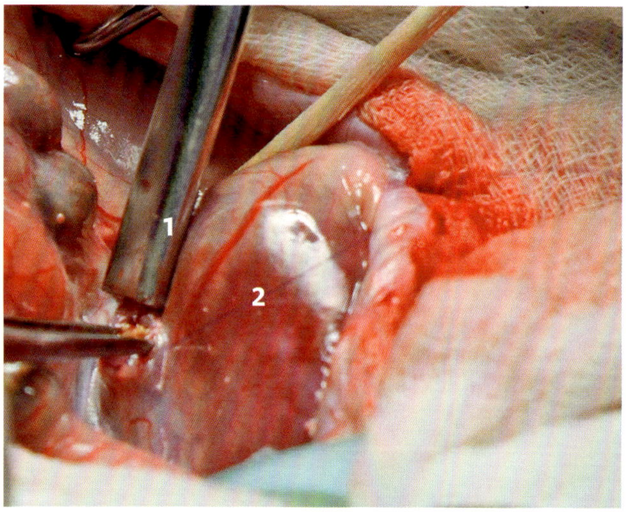

Abb. 10-26 Eröffnung des proximalen Ureters eines Kaninchens in Längsrichtung und Entfernung eines Urolithen mittels Pinzette (rechter Bildrand kranial, linker Bildrand kaudal am Tierkörper). Durch kontinuierliche Absaugung (**1**) wird ein Urinaustritt in die Bauchhöhle verhindert. Weiterhin wird der Ureter mit Haltezügeln vorsichtig angehoben (**2**).

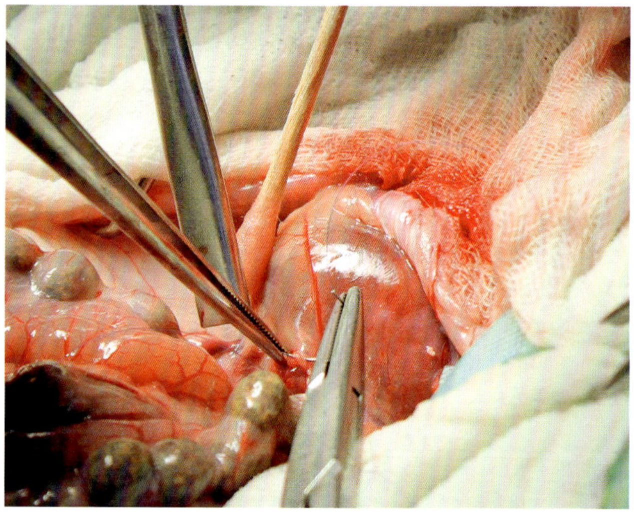

Abb. 10-27 Fortlaufender Verschluss des Ureters eines Kaninchens mit dünnem, monofilamentösem, resorbierbarem Nahtmaterial (PDS 6-0) nach Extraktion eines Urolithen (rechter Bildrand kranial, linker Bildrand kaudal am Tierkörper).

- Ist die Fixierung durch den Assistenten nicht möglich, können auch Haltezügel kranial und kaudal der geplanten Schnittführung (z.B. PDS 6-0) gesetzt werden (▶Abb. 10-26), um den Ureter vorsichtig anzuheben und den Urinaustritt zu minimieren. Die Haltezügel werden mittels Klemmen fixiert und vorsichtig unter Zug gehalten.
- Mit einem Skalpell wird nun der Ureter direkt über der Obstruktion oder unmittelbar proximal davon eröffnet und das Konkrement mittels feiner, anatomischer Pinzette oder mit Hilfe eines chirurgischen Löffels entfernt (▶Abb. 10-26).

Wenn möglich, sollte der Schnitt in Querrichtung erfolgen, da dieser nach dem Verschluss unter weniger Spannung steht und schneller verheilt. Auch ein Schnitt in Längsrichtung ist möglich und wird vor allem im Bereich des Nierenbeckens und proximalen Ureters durchgeführt.

- Nach Entfernung des Urolithen werden der Harnleiter und ggf. das Nierenbecken vorsichtig mit einem dünnen Harnkatheter (z.B. 1 mm Durchmesser) und körperwarmer steriler Kochsalzlösung gespült. Dadurch können Urolithfragmente, Harnsediment und Blutkoagel entfernt und der Ureter auf Durchgängigkeit getestet werden. Auch eine vorsichtige Palpation des Ureters hat sich bewährt, um evtl. verbliebene Urolithen aufzuspüren.

Befinden sich kleine Urolithen oder deren Fragmente proximal oder distal der entstandenen Öffnung, können diese vorsichtig manuell ausmassiert werden.

- Die Öffnung im Ureter kann anschließend fortlaufend oder mit Einzelheften mit sehr dünnem, resorbierbarem, monofilamentösem Nahtmaterial verschlossen werden (z.B. PDS 6-0, ▶Abb. 10-27).

Wurde der Ureter **in Längsrichtung eröffnet**, kann ein **Verschluss in Querrichtung** erfolgen, um das Lumen zu vergrößern und einer Narbenstenose vorzubeugen. Diese Vorgehensweise ist vor allem dann sinnvoll, wenn der Ureter nicht oder nur minimal dilatiert ist.

- Die nach der Darstellung der Niere entstandene Öffnung im retroperitonealen Fettgewebe sollte fortlaufend oder mit Einzelheften vernäht werden, um die Niere in ihrer korrekten Lokalisation zu stabilisieren. Auch das Fettgewebe um den Ureter kann, wenn nötig, verschlossen werden. Abschließend kann im Falle einer Kontamination der Bauchhöhle mit Urin und/oder Harnkonkrementen eine Spülung der Bauchhöhle mit warmer, steriler Kochsalz- oder Ringer-Laktat-Lösung vor dem routinemäßigen dreischichtigen Verschluss der Bauchhöhle (▶Kap. 5.2) durchgeführt werden.

10.3.4 Komplikationen

Als mögliche Komplikationen sind wie bei der Nephrotomie Blutungen oder Urin-Leckagen zu nennen. Auch eine erneute Obstruktion des Ureters durch Strikturen, Stenosen, Adhäsionen oder Blutkoagel ist möglich, welche sekundär zu einer Schädigung der Niere führen kann.

Ein rezidivierendes Auftreten von Urolithen kann nicht ausgeschlossen werden. Eine genaue Anamnese und eine Optimierung von Haltung und Fütterung sowie ein gutes Management bestehender Grunderkrankungen (z.B. von Bewegungsstörungen) sind essenziell für die Urolithiasisprophylaxe.

10.3.5 Nachbehandlung

- Der Urinabsatz und die produzierte Urinmenge müssen postoperativ genau beobachtet werden.
- Bei Verdacht auf ein Hämo- oder Uroperitoneum sollte eine Ultraschallkontrolle, ggf. mit Aspiration von Flüssigkeit und Bestimmung von Harnstoff und Kreatinin erfolgen.
- Der Patient sollte noch für 24–48 Stunden postoperativ stationär betreut und beobachtet werden.
- Postoperativ sollte das Tier je nach Indikation und Verlauf für 5–10 Tage analgetisch versorgt werden, z.B. mit Opioiden und/oder Metamizol (▶Kap. 3.2).

- Die Indikationsstellung zur antibiotischen Therapie erfolgt individuell, bevorzugt nach Antibiogramm.
- Das Fress- und Kotabsatzverhalten des Patienten sollte die ersten Tage nach der Operation gut beobachtet und das Körpergewicht täglich kontrolliert werden. Bei Bedarf erfolgt eine Handfütterung mit entsprechenden handelsüblichen Präparaten (▶Kap. 2.5).
- Die Infusionstherapie sollte angepasst an das jeweilige Krankheitsbild des Patienten auch postoperativ und unter Kontrolle der Blutparameter (z. B. Kreatinin, Harnstoff, Elektrolyte, Hämatokrit) fortgesetzt werden (▶Kap. 2.4).
- Eine Wundkontrolle sollte einige Tage nach der Operation stattfinden.
- Bei einer intrakutanen Hautnaht ist ein Ziehen der Fäden nicht notwendig. Bei Einzelheften sollte dies circa 10 Tage nach der Operation erfolgen.

10.4 Zystotomie

10.4.1 Indikationen

Hauptindikation für eine Zystotomie bei Kaninchen und Meerschweinchen ist eine Urolithiasis. Neben Zystolithen können auch Urethrolithen, die mittels Katheterisierung oder retrograder Hydropropulsion in die Blase verbracht werden, über die Harnblase entwickelt werden. Harnblasengrieß, der sich durch Ausmassieren oder durch eine retrograde Harnblasenspülung nicht entfernen lässt, kann ebenfalls via Zystotomie entfernt werden.

Weitere Indikationen für diese Operation sind Neoplasien, Polypen, Harnblasenrupturen, Biopsieentnahmen aus der Harnblase bei Umfangsvermehrungen und Verdacht auf Neoplasie oder bei hartnäckigen, therapieresistenten chronischen Zystitiden.

10.4.2 Kontraindikationen

Geringe bis mittelgradige Mengen von Harnblasengrieß sowie kleine Urolithen (bei weiblichen Tieren) können häufig durch eine mehrmalige manuelle Harnblasenentleerung bei angehobenem Oberkörper ausgeschieden werden (▶ Exkurs S. 76). Ist dies z. B. aufgrund einer großen Menge an Harnblasengrieß nicht möglich, kann auch eine retrograde Harnblasenspülung in Sedation oder Allgemeinanästhesie durchgeführt werden. Diese Methode kommt vor allem beim Kaninchen zum Einsatz. Dabei wird ein Katheter in Allgemeinanästhesie über die Urethra in die Harnblase vorgeschoben und diese mit Kochsalzlösung gespült und anschließend manuell entleert. Dies kann wiederholt werden, bis die Konkremente (unter radiographischer Kontrolle) vollständig entfernt sind.

10.4.3 OP-Technik – Schritt für Schritt

WAS BRAUCHE ICH?

- Tuchklemmen zur Befestigung des Abdecktuches (optional)
- Bauchtücher
- Skalpellklingen (z. B. Nr. 15)
- Skalpellgriff
- Metzenbaumscheren klein und mittel
- Fadenschere gebogen
- Nadelhalter
- chirurgische und anatomische Pinzetten
- Klemmen, z. B. Mosquito gerade und gebogen, Hirschhornklemmen, nach Pean
- 2 × Gewebefasszangen z. B. Allis
- chirurgische Löffel groß und klein
- Stieltupfer
- Vlies-Wundkompressen
- Sauger
- Harnkatheter (z. B. 1 mm Durchmesser) oder Ernährungssonde
- 10-ml-Spritze
- Knopfkanüle
- warme sterile Kochsalz- oder Ringer-Laktat-Lösung
- Nierenschale
- Nahtmaterial

- Die Lagerung des Patienten in Allgemeinanästhesie auf dem OP-Tisch erfolgt in Rückenlage.
- Retrograd wird ein Katheter in die Harnblase eingebracht, um mögliche Urolithen aus der Urethra oder dem Harnblasenhals ins Harnblasenlumen verbringen und um die Harnblase intraoperativ spülen zu können (▶Abb. 10-28).

Die Katheterisierung der Harnblase sollte nur am sedierten oder anästhesierten Tier erfolgen. Häufig gelingt sie in Rückenlage. Rammler werden am besten in Rücken- oder seitlicher Lage platziert, weibliche Kaninchen in Bauchlage. Die Katheterisierung gelingt je nach Größe des Patienten mit einer schmalen Ernährungssonde oder einem Katerkatheter, welcher in Penis, Urethralöffnung (weibliches Meerschwein) oder Vulva (weibliches Kaninchen) eingeführt und vorgeschoben wird. Ein lokalanästhetisches Gel kann unter sterilen Bedingungen auf die Spitze des Katheters aufgebracht werden. Dies erleichtert die Passage der Harnröhre und beugt Spasmen der Urethra vor (diese treten vor allem beim männlichen Tier auf).

Beim weiblichen Kaninchen ist die Katheterisierung der Harnblase anspruchsvoller als beim männlichen: Aufgrund der Mündung der Urethra in das Vestibulum vaginae ist eine zuverlässige Katheterisierung der Harnblase besonders gut unter endoskopischer Kontrolle möglich. Ein „blindes" Vorschieben gelingt am einfachsten, wenn das Tier in Bauchlage mit leicht angehobener Beckenregion (z.B. Unterlegen eines Handtuchs) gelagert wird. Anschließend kann der Katheter ventral in die Vulva eingeführt und vorgeschoben werden.

Sollte die Katheterisierung nicht gelingen bzw. stößt man auf starken Widerstand, sollte der Versuch abgebrochen werden, um iatrogen bedingte Verletzungen der Harnröhre durch übermäßigen Druck beim Vorschieben zu vermeiden.

Vorsicht ist geboten bei der Katheterisierung der Harnblase beim männlichen Meerschweinchen: Nach Vorlagerung des Penis darf die Urethralöffnung (dorsal am Penis) nicht mit der blind endenden Ausbuchtung (ventral am Penis) verwechselt werden, welche zwei verhornten Zacken enthält, die nur bei Erektion vorgestülpt werden (▶Kap. 11.4).

Weiterhin ist die Urethra deutlich enger als beim weiblichen Tier und vor allem auf Höhe des Colliculus seminalis besteht eine Perforationsgefahr der Urethra. Es ist hilfreich, den Penis vorsichtig vorzulagern, um den Katheter leichter durch die S-förmig gekrümmte Urethra schieben zu können.

- Die Schnittführung erfolgt kaudal des Nabels und dem kranialen Bereich des Beckens auf circa 2–4 cm Länge (▶Abb. 10-29).
- Nach routinemäßiger Eröffnung der Bauchhöhle (▶Kap. 6) wird die Harnblase vorsichtig vorgelagert (▶Abb. 10-30).

Die physiologische Harnblasenwand ist sehr dünn. Infolge von Entzündungen kann die Harnblasenwand bei Zystotomiepatienten hochgradig verdickt sein. Dies erleichtert zwar den Verschluss der Harnblasenwand, jedoch kommt es aufgrund der entzündlichen Veränderungen häufiger zu Blutungen.

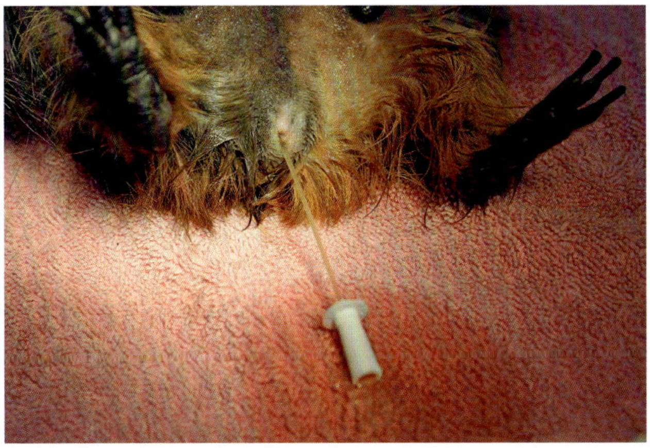

Abb. 10-28 Weibliches Meerschweinchen mit einem retrograd in die Harnblase eingeführten Katerkatheter

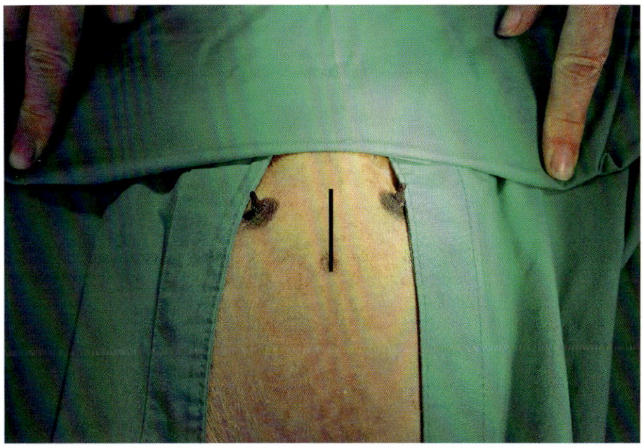

Abb. 10-29 Eingezeichnete Schnittführung für die Zystotomie vom Nabel bis zum kranialen Bereich des Beckens auf Höhe des Zitzenpaares bei einem Meerschweinchen (oberer Bildrand kaudal, unterer Bildrand kranial am Tierkörper)

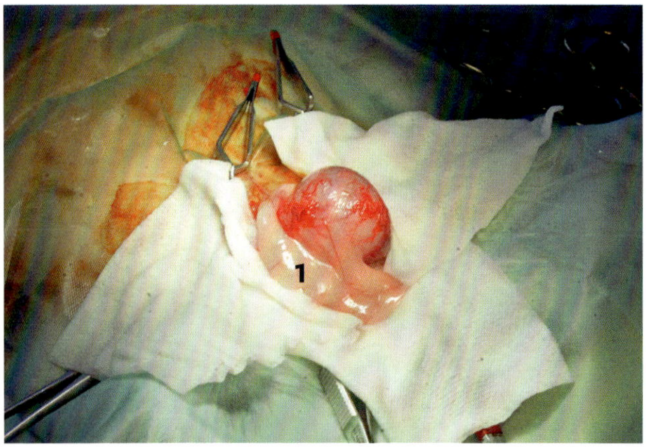

Abb. 10-30 Zystotomie bei einem Kaninchen (linker Bildrand kranial, rechter Bildrand kaudal am Tierkörper): vorgelagerte Harnblase mit Harnblasenfett (**1**). Angefeuchtete Gaze wurde zum Schutz vor austretendem Urin um die Harnblase platziert.

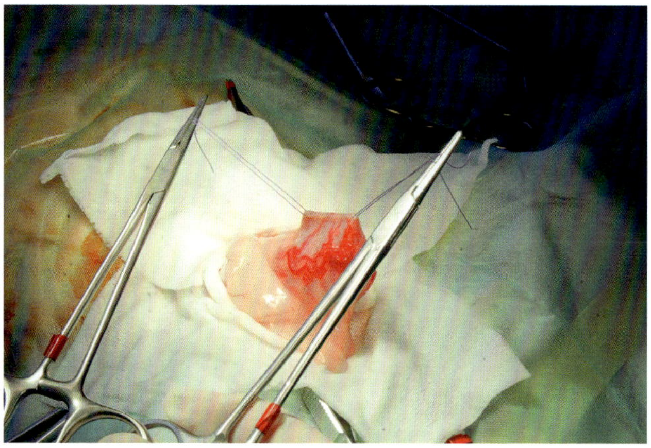

Abb. 10-31 Zystotomie bei einem Kaninchen (linker Bildrand kranial, rechter Bildrand kaudal am Tierkörper): Nichtperforierend wurden zwei Haltezügel im gering oder nicht vaskularisierten Bereich der Harnblase eingebracht, mittels Klemmen fixiert und vorsichtig unter Spannung gehalten.

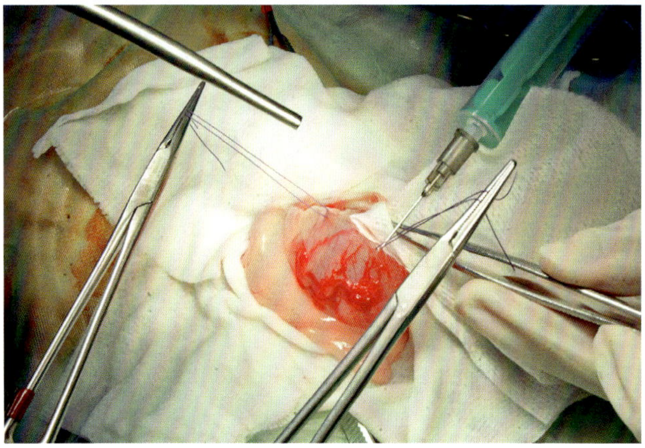

Abb. 10-32 Zystotomie bei einem Kaninchen (linker Bildrand kranial, rechter Bildrand kaudal am Tierkörper): Mittels Spritze und Kanüle kann Urin aus der prall gefüllten Harnblase abpunktiert werden. Die Punktion erfolgt in einem wenig vaskularisierten Bereich des Organs und die Haltezügel werden dabei vorsichtig unter Spannung gehalten.

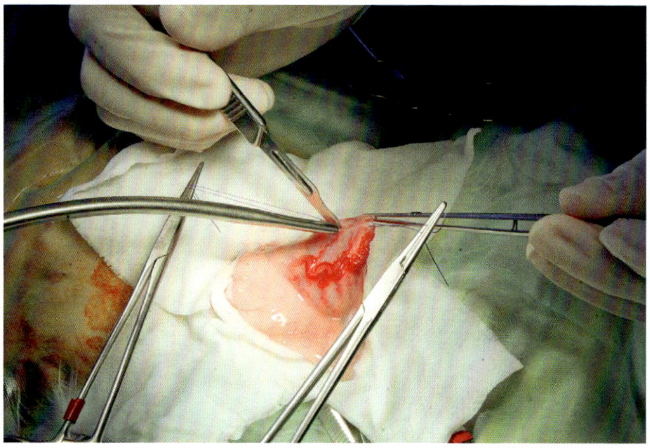

Abb. 10-33 Zystotomie bei einem Kaninchen (linker Bildrand kranial, rechter Bildrand kaudal am Tierkörper): Die Harnblase wird in einem wenig vaskularisierten Bereich mittels Skalpell punktförmig eröffnet. Die Haltezügel werden unter Spannung gehalten und austretender Urin mittels Sauger entfernt.

- Angefeuchtete Vlies-Wundkompressen werden um die Harnblase platziert. So kann eine Kontamination der Bauchhöhle mit Urin weitestgehend vermieden werden (▶Abb. 10-30). Die vorgelagerte Harnblase sollte kontinuierlich feucht gehalten werden.
- Kranial und kaudal der geplanten Schnittführung werden Haltezügel nichtperforierend in die Harnblasenwand eingebracht, sie werden mittels Klemmen fixiert und vorsichtig unter Zug gehalten (▶Abb. 10-31). So kann die Harnblase korrekt positioniert werden.

Bei einer prall gefüllten Harnblase kann es sinnvoll sein, vor Eröffnung der Harnblasenwand Urin mittels Spritze und Kanüle durch die Harnblasenwand abzupunktieren, um den Druck zu verringern und ein Austreten von Urin in die Bauchhöhle zu verhindern (▶Abb. 10-32).

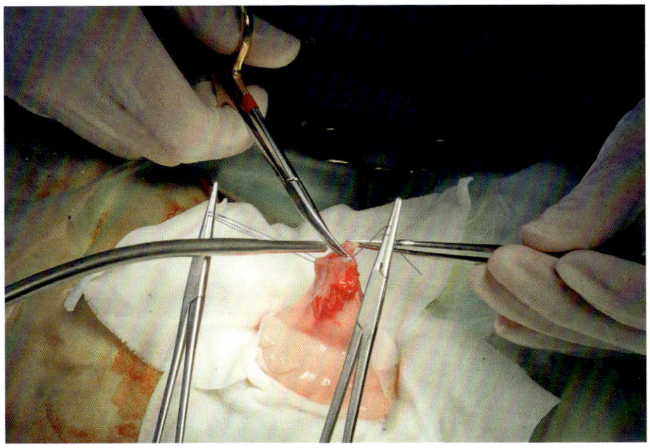

Abb. 10-34 Zystotomie bei einem Kaninchen (linker Bildrand kranial, rechter Bildrand kaudal am Tierkörper): Der Schnitt wird unter Sichtkontrolle mit Hilfe einer gewebeschneidenden Schere erweitert. Die Haltezügel werden weiterhin vorsichtig unter Zug gehalten und der Sauger entfernt austretenden Urin.

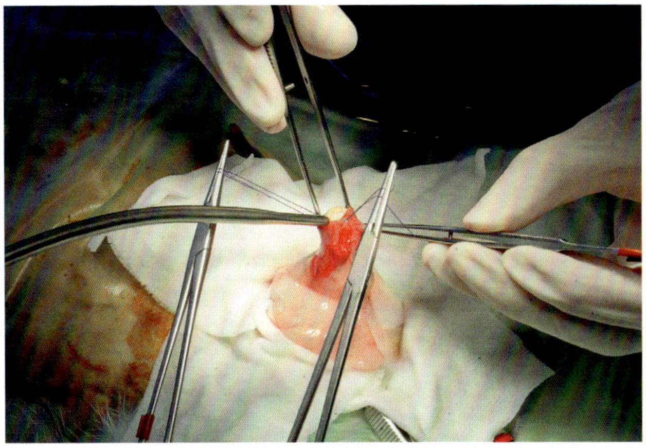

Abb. 10-35 Zystotomie bei einem Kaninchen (linker Bildrand kranial, rechter Bildrand kaudal am Tierkörper): Ein Urolith wird aus dem Harnblasenlumen mit Hilfe einer Pinzette entfernt.

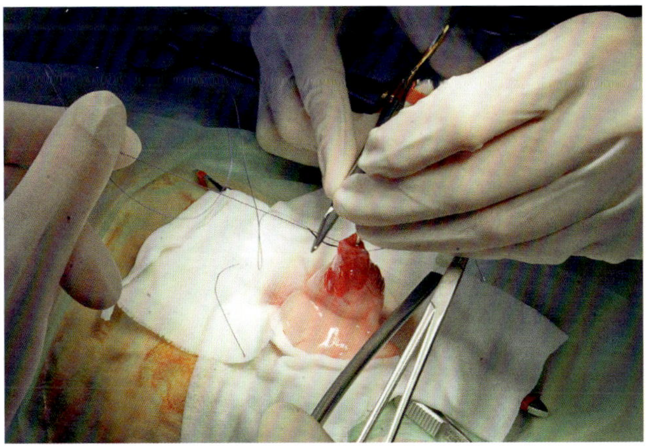

Abb. 10-36 Zystotomie bei einem Kaninchen (rechter Bildrand kaudal, linker Bildrand kranial am Tierkörper): Verschluss der Harnblasenwand mittels Lembert-Naht. Die Nadel wird wundrandfern eingeführt.

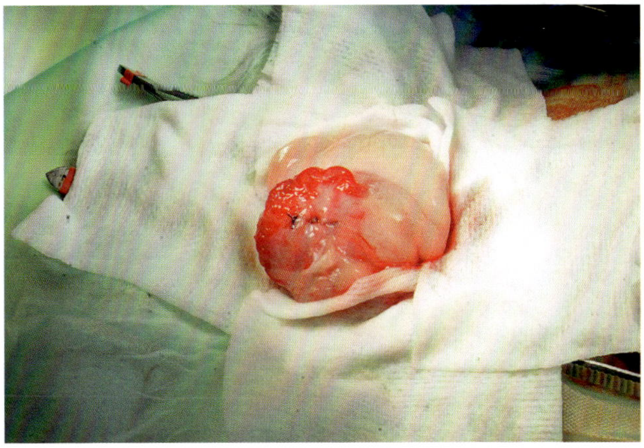

Abb. 10-37 Zystotomie bei einem Kaninchen (rechter Bildrand kranial, linker Bildrand kaudal am Tierkörper): Die Harnblasenwand wurde mittels fortlaufender, einstülpender nichtperforierender Naht verschlossen.

- Die Harnblasenwand wird mit dem Skalpell vorsichtig eröffnet (▶Abb. 10-33, ▶Abb. 10-34). Die Schnittführung sollte ventral in einem wenig vaskularisierten Bereich der Harnblasenwand erfolgen.
- Nach Eröffnung der Harnblase wird der austretende Urin kontinuierlich abgesaugt.
- Je nach Indikation für die Zystotomie können vorhandene Urolithen mit Hilfe einer anatomischen Pinzette oder eines chirurgischen Löffels extrahiert, Veränderungen oder Neubildungen aus der Harnblasenwand oder dem Lumen der Harnblase entfernt oder Biopsien sowie mikrobiologische Tupferproben entnommen werden (▶Abb. 10-35).

Blutkoagel oder feingranuliertes Material (wie z. B. Harnblasengrieß) können durch Spülen mit warmer steriler Kochsalzlösung (z. B. über den Harnblasenkatheter oder mittels Spritze und aufgesetzter Knopfkanüle) und vorsichtigem Absaugen aus der Harnblase entfernt werden.

Zur mikrobiologischen Untersuchung und Austestung (Antibiogramm) sollte intraoperativ eine Urinprobe und/oder Tupferprobe entnommen werden.

- Die Harnblasenwand wird mittels nichtperforierender fortlaufender Naht (z. B. Lembert-Naht) verschlossen (▶Kap. 5.2, ▶Abb. 10-36, ▶Abb. 10-37). Hierfür sollte resorbierbares monofiles oder pseudomonofiles Nahtmaterial (4-0/5-0) verwendet werden. Eine doppelte Naht kann indiziert sein.

Zur Dichtigkeitsprüfung nach Verschluss der Harnblase wird warme sterile Kochsalzlösung über den retrograd platzierten Katheter eingebracht.

- Die Harnblase wird zurückverlagert und die Bauchhöhle dreischichtig verschlossen (▶Kap. 5.2).
- Im Falle einer Kontamination der Bauchhöhle mit Urin und/oder Harnkonkrementen kann eine Spülung der Bauchhöhle mit warmer, steriler Kochsalz- oder Ringer-Laktat-Lösung vor dem routinemäßig dreischichtigen Verschluss der Bauchhöhle durchgeführt werden.

10.4.4 Komplikationen

Mögliche Komplikationen bei einer Zystotomie können die Ruptur einer hochgradig gefüllten Harnblase, Blutungen, Austritt von Urin in die Bauchhöhle oder eine Adhäsion einer entzündlich veränderten Harnblase mit umliegenden Organen sein. Weitere Komplikationen ergeben sich aus der jeweiligen Indikation für die Zystotomie.

Ein rezidivierendes Auftreten von Urolithen kann nicht ausgeschlossen werden. Eine genaue Anamnese und eine Optimierung von Haltung und Fütterung (einschließlich der Wasserversorgung) sowie ein gutes Management bestehender Grunderkrankungen (z. B. von Bewegungsproblemen) sind essenziell für die Urolithiasisprophylaxe.

10.4.5 Nachbehandlung

- Der Urinabsatz und die produzierte Urinmenge müssen postoperativ genau beobachtet werden.
- Bei Verdacht auf ein Hämo- oder Uroperitoneum sollte eine Ultraschallkontrolle, ggf. mit Aspiration von Flüssigkeit und Bestimmung von Harnstoff und Kreatinin erfolgen.
- Der Patient sollte, bei Bedarf, noch für 24–48 Stunden postoperativ stationär betreut und beobachtet werden.
- Postoperativ sollte das Tier je nach Indikation und Verlauf für 5–10 Tage analgetisch versorgt werden, z. B. mit Opioiden und/oder Metamizol (▶Kap. 3.2).
- Die Indikationsstellung zur antibiotischen Therapie erfolgt individuell, bevorzugt nach Antibiogramm.
- Das Fress- und Kotabsatzverhalten des Patienten sollte die ersten Tage nach der Operation gut beobachtet und das Körpergewicht täglich kontrolliert werden. Bei Bedarf erfolgt eine Handfütterung mit entsprechenden handelsüblichen Präparaten (▶Kap. 2.5).
- Die Infusionstherapie sollte angepasst an das jeweilige Krankheitsbild des Patienten auch postoperativ und ggf. unter Kontrolle der Blutparameter (z. B. Kreatinin, Harnstoff, Elektrolyte, Hämatokrit) fortgesetzt werden (▶Kap. 2.4).
- Die Wunde sollte einige Tage nach der Operation kontrolliert werden.
- Bei einer intrakutanen Hautnaht ist ein Ziehen der Fäden nicht notwendig. Bei Einzelheften sollte dies circa 10 Tage nach der Operation erfolgen.

10.5 Urethrotomie

10.5.1 Indikationen

Harnsteine in der Urethra kommen bei männlichen und weiblichen Tieren vor und sind die Hauptindikation für eine Urethrotomie. Die Harnsteine sollten stets exakt lokalisiert werden. Hierfür sollte neben der Palpation weiterführende Diagnostik in Form eines Röntgenbildes genutzt werden.

10.5.2 Kontraindikationen

Generell ist die Zystotomie (▶Kap. 10.4) gegenüber der Urethrotomie zu bevorzugen, sodass versucht werden sollte, den Urethroliten (sofern er nicht weit distal lokalisiert ist) mittels Katheter in die Harnblase zurückzuverlagern. So können die unten aufgeführten Komplikationen vermieden werden.

10.5.3 OP-Technik – Schritt für Schritt

WAS BRAUCHE ICH?

- Tuchklemmen zur Befestigung des Abdecktuches (optional)
- Skalpellklingen (z.B. Nr. 15)
- Skalpellgriff
- Metzenbaumscheren klein und mittel
- Fadenschere gebogen
- Nadelhalter
- chirurgische und anatomische Pinzetten
- Klemmen, z.B. Mosquito gerade und gebogen, Hirschhornklemmen, nach Pean
- chirurgische Löffel groß und klein
- Stieltupfer
- Vlies-Wundkompressen
- Sauger
- warme sterile Kochsalz- oder Ringer-Laktat-Lösung
- Nierenschale
- Nahtmaterial
- Harnkatheter (z.B. 1 mm Durchmesser) oder Ernährungssonde

- Der Patient wird in Allgemeinanästhesie in Rückenlage gelagert.
- Der Urethrolith sollte palpatorisch und mittels Röntgenaufnahmen exakt lokalisiert werden. Die Schnittführung erfolgt dann direkt über dem Stein (▶Abb. 10-38).

Zur genauen Lokalisation des Urethrolithen kann ein Harnkatheter in die Urethra eingeführt werden und seine Länge bis zum Erreichen des Konkrementes gemessen werden. Diese Längenangabe kann ein Abschätzen der Schnittposition erleichtern.

- Die Haut und Unterhaut werden mit Hilfe eines Skalpells (z.B. Nr. 15) durchtrennt.
- Nach Identifizierung der Harnröhrenwand wird diese über dem Urethrolithen eröffnet und der Urethrolith mittels anatomischer Pinzette entfernt. Hierbei ist Vorsicht geboten, um die Mukosa der Harnröhrenwand nicht zu verletzen, da der Harnstein mit dieser verklebt sein kann (▶Abb. 10-39).
- Nach Entfernung des Urethrolithen kann ggf. eine mikrobiologische Tupferprobennahme erfolgen. Anschließend kann die Harnröhre fortlaufend (z.B. mit einer Lembertnaht) oder mit Einzelheften (z.B. U-Hefte) verschlossen werden. Hierfür eignet sich resorbierbares monofiles oder pseudomonofiles Nahtmaterial (5-0/6-0).

Eigener Erfahrung nach ist es in der Regel ausreichend nur Unterhaut und Haut zu vernähen. Wird auf den Verschluss der Inzision in der Harnröhre verzichtet, kann das Risiko von Verklebungen minimiert werden und es wird kein zusätzliches Fremdmaterial in die Wunde eingebracht.

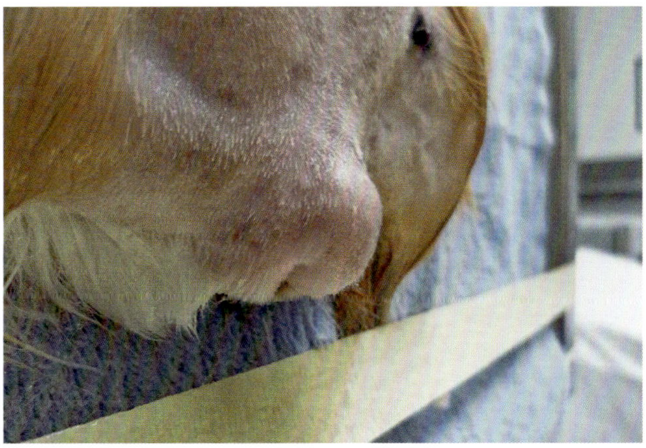

Abb. 10-38 Umfangsvermehrung (Urolith) im Bereich der Urethra bei einem weiblichen Meerschweinchen

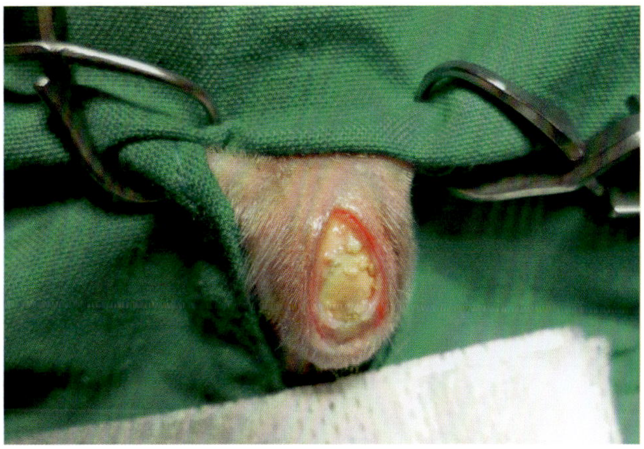

Abb. 10-39 Urethrotomie bei einem Meerschweinchen (oberer Bildrand kranial, unterer Bildrand kaudal am Tierkörper): eröffnete Harnröhre mit Blick auf den Urethrolithen

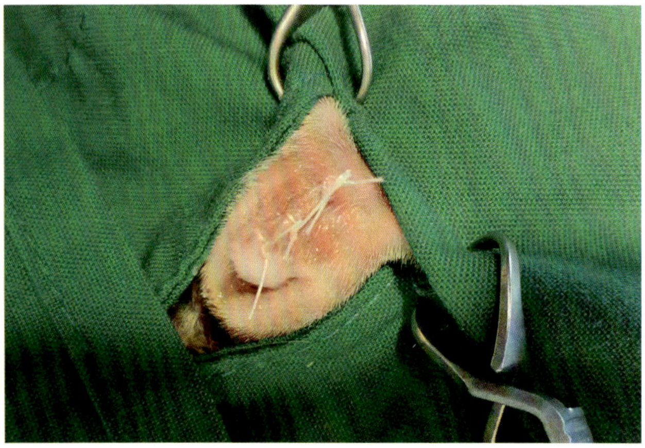

Abb. 10-40 Urethrotomie bei einem Meerschweinchen (rechter Bildrand kranial, linker Bildrand kaudal am Tierkörper): Blick auf die mit Einzelheften verschlossene Haut nach Entfernung des Urethrolithen

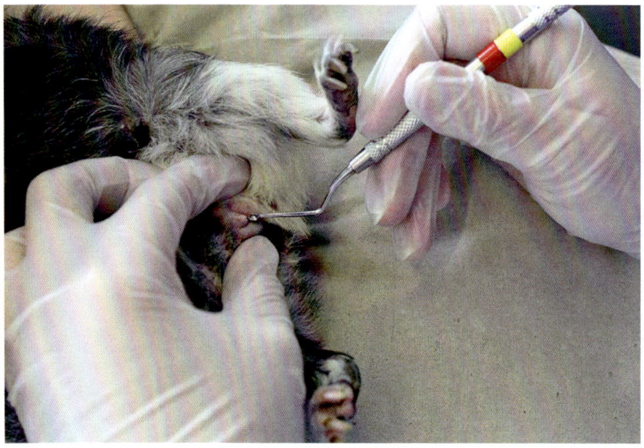

Abb. 10-41 Weibliches Meerschweinchen in Allgemeinanästhesie in Rückenlage: Einbringen eines scharfen Löffels in die Urethra zur Entfernung eines distal lokalisierten Konkrementes

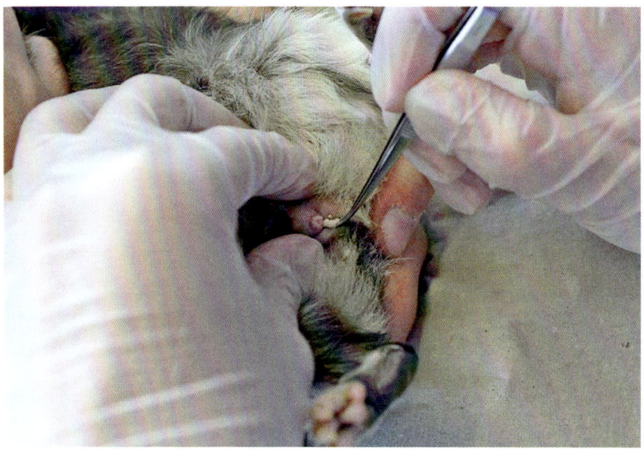

Abb. 10-42 Entfernung von weit distal lokalisierten Konkrementen in der Urethra eines weiblichen Meerschweinchens mit einer anatomischen Pinzette

- Die Unterhaut und die Haut werden routinemäßig verschlossen (fortlaufender Verschluss der Unterhaut und Adaptation der Haut ebenfalls fortlaufend mittels Intrakutannaht oder mit Einzelheften; ▶Abb. 10-40).

Bei kleineren, weit distal lokalisierten Konkrementen in der Harnröhre kann versucht werden, die Konkremente vorsichtig über die Harnröhrenöffnung (Ostium urethralis) unter Lokal- oder Allgemeinanästhesie zu entwickeln. Die gelingt vor allem bei weiblichen Meerschweinchen sehr gut.

Mit Hilfe einer Braunüle kann ein lokalanästhetisches Gel in die Harnröhre eingebracht und der Stein umspült werden. Anschließend erfolgt die Extraktion durch einen scharfen Löffel oder eine anatomische Pinzette unter Schonung der Harnröhrenschleimhaut (▶Abb. 10-41, ▶Abb. 10-42).

Gelingt die Extraktion des Konkrements nach einigen Versuchen nicht, sollte der Eingriff frühzeitig beendet und die Harnröhre chirurgisch eröffnet werden.

10.5.4 Komplikationen

Postoperativ kann sich durch Gewebeschwellungen, Fibrose oder Nekrosen eine Obstruktion der Harnröhre entwickeln. Bei manueller Extraktion von Urethrasteinen kann es zu Schleimhautreizungen oder Blutungen der Harnröhrenschleimhaut kommen. Urin-Leckagen aus der Operationswunde können zu Infektionen, Irritationen oder Strikturen führen.

10.5.5 Nachbehandlung

- Der Urinabsatz und die produzierte Urinmenge müssen postoperativ genau beobachtet werden.
- Der Patient kann bei Bedarf noch für 24–48 Stunden postoperativ stationär betreut und beobachtet werden.
- Postoperativ sollte das Tier je nach Indikation und Verlauf für 3–7 Tage analgetisch versorgt werden, z. B. mit Opioiden und/oder Metamizol (▶Kap. 3.2).
- Die Indikationsstellung zur antibiotischen Therapie erfolgt individuell, bevorzugt nach Antibiogramm.
- Das Fress- und Kotabsatzverhalten des Patienten sollte die ersten Tage nach der Operation gut beobachtet und das Körpergewicht täglich kontrolliert werden. Bei Bedarf erfolgt eine Handfütterung mit entsprechenden handelsüblichen Präparaten (▶Kap. 2.5).

- Die Infusionstherapie sollte angepasst an das jeweilige Krankheitsbild des Patienten auch postoperativ und ggf. unter Kontrolle der Blutparameter (z. B. Kreatinin, Harnstoff, Elektrolyte, Hämatokrit) fortgesetzt werden (▶ Kap. 2.4).
- Eine Wundkontrolle sollte einige Tage nach der Operation erfolgen.
- Sofern eine intrakutane Hautnaht ausgeführt wurde, ist ein Ziehen der Fäden nicht notwendig. Bei Einzelheften sollte dies circa 10 Tage nach der Operation erfolgen.

11 Operationen des Geschlechtstraktes

11.1 Ovariohysterektomie beim Kaninchen

11.1.1 Indikationen

Mögliche Indikationen für eine Ovariohysterektomie beim Kaninchen können die Vermeidung von unerwünschtem Nachwuchs sowie die Reduktion von übermäßigem territorialem Verhalten und Aggressionen sein. Auch zur Vermeidung von Scheinträchtigkeiten ist diese Operationsmethode geeignet. Weiterhin wird die Kastration weiblicher Kaninchen zur Therapie sowie zur Prophylaxe von uterinen Erkrankungen (wie z.B. dem uterinen Adenokarzinom, Hämometra, Hydrometra, Mukometra, Steinfrüchten etc.) durchgeführt. Erkrankungen der Eierstöcke kommen, anders als beim Meerschweinchen, bei Kaninchen seltener vor.

EXKURS

Der richtige Zeitpunkt

Generell kann bei weiblichen Kaninchen zu jedem Lebenszeitpunkt eine Ovariohysterektomie durchgeführt werden. Sehr junge Tiere weisen allerdings einen überaus kleinen und fragilen Genitaltrakt auf, der eine chirurgische Entfernung schwierig macht. Fetteinlagerungen im Mesometrium ausgewachsener Häsinnen können eine Operation außerdem erschweren. Eine vorliegende Scheinträchtigkeit hat dahingegen keinen Einfluss auf die Ovariohysterektomie. Nach einer Geburt sollte jedoch bis zum Absetzen der Jungen (in der Regel 4–5 Wochen postpartum) gewartet werden.

Eine prophylaktische Kastration zwischen dem 6. und 9. Lebensmonat ist für den Chirurgen technisch am einfachsten.

Prophylaktische Kastration – ja oder nein?

Uterine Erkrankungen, insbesondere das uterine Adenokarzinom, kommen bei unkastrierten weiblichen Kaninchen sehr häufig vor. In verschiedenen Studien konnte eine Tumorprävalenz von bis zu 50–80 % in Abhängigkeit vom Alter der betroffenen Kaninchen nachgewiesen werden. Neben einer Verdrängung der Bauchhöhlenorgane durch die veränderte Gebärmutter, abdominalen Schmerzen sowie ggf. auftretenden Blutungen geht das uterine Adenokarzinom besonders häufig mit Metastasierungen (vor allem in Lunge, Leber und Knochen) einher. Nach bereits erfolgter Metastasierung ist die Prognose meist als infaust anzusehen (▶Abb. 11-1). **Eine rechtzeitige prophylaktische Kastration (idealerweise im 1. Lebensjahr) ist daher zu empfehlen.** Eine genaue Abwägung des individuellen Narkoserisikos sowie eine generelle Risiko-Nutzen-Abwägung (z.B. beim Vorliegen von anderen Grunderkrankungen) muss jedoch für jedes Tier gesondert erfolgen. Sollte eine Entscheidung gegen eine prophylaktische Kastration gefällt werden, sind Kontrolluntersuchungen (z.B. mittels abdominalen Ultraschalls) alle 6–12 Monate anzuraten, um eventuelle Veränderungen der Metra frühzeitig zu erkennen und eine therapeutische Kastration rechtzeitig durchführen zu können. Im Rahmen des Tumorstagings wird eine röntgenologische Untersuchung, vor allem bei Tieren älter als 1 Jahr, vor einer Ovariohysterektomie empfohlen.

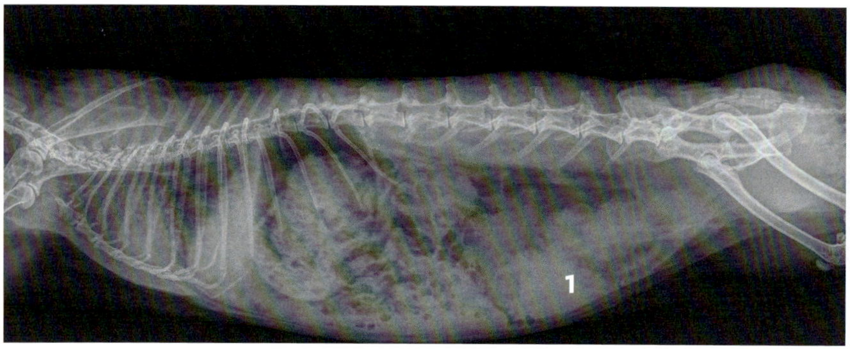

Abb. 11-1 7 Jahre altes, weibliches Kaninchen mit abdominalen Schmerzen und Dyspnoe. In der röntgenologischen Untersuchung (rechtsanliegende, laterolaterale Ganzköperaufnahme) wurden eine hochgradige Vergrößerung des Uterus (Verdacht auf Adenokarzinom, **1**) sowie kleine Rundherde (Verdacht auf Metastasen) in der Lunge festgestellt. Das Tier musste aufgrund der infausten Prognose und des schlechten Allgemeinbefindens euthanasiert werden.

11.1.2 Kontraindikationen

Besteht eine Trächtigkeit, darf eine Ovariohysterektomie nur bei strenger Indikation, z. B. bei toten Früchten oder nach zuvor durchgeführtem Kaiserschnitt, erfolgen.

Beim Vorliegen von Metastasen ist eine Ovariohysterektomie nicht mehr sinnvoll. Eine palliative Therapie bzw. die Euthanasie sind in diesen Fällen angezeigt.

11.1.3 Alternativen zur chirurgischen Kastration

In einer Studie konnte die Ovarfunktion von weiblichen Kaninchen mittels Deslorelinimplantat (4,7 mg) erfolgreich über 9 Monate unterdrückt werden. Derzeit sind die maximale Wirkungsdauer von Deslorelin sowie dessen Eignung zur Prävention von uterinen und ovariellen Erkrankungen allerdings unbekannt und der Einsatz kann daher nicht empfohlen werden.

11.1.4 Alternative Ovariektomie?

Eine Ovariektomie kann im Gegensatz zur Ovariohysterektomie deutlich schneller sowie über eine kleinere Operationswunde durchgeführt werden. Auch eine minimalinvasive endoskopische OP-Methode zur Entfernung der Eierstöcke wurde beim Kaninchen bereits beschrieben. Beim Vorliegen von uterinen Veränderungen sollte diese jedoch nicht angewendet werden. Auch Studien über die Eignung einer frühzeitigen Ovariektomie zur Prävention von uterinen Erkrankungen fehlen bisher. Ein publizierter Fall beschreibt die Diagnose eines uterinen Adenokarzinoms nach zuvor erfolgter prophylaktischer Ovariektomie, wobei das genaue Alter zum Zeitpunkt der Entfernung der Eierstöcke unbekannt war. Bei Tieren über einem Jahr sollte diese Technik nicht zum Einsatz kommen, da zu diesem Zeitpunkt das Risiko bereits bestehender Gebärmutterveränderungen als zu hoch eingeschätzt wird.

11.1.5 OP-Technik – Schritt für Schritt

WAS BRAUCHE ICH?

- Tuchklemmen zur Befestigung des Abdecktuches (optional)
- Bauchtücher (optional)
- Skalpellklingen (z. B. Nr. 15)
- Skalpellgriff
- Metzenbaumscheren klein und mittel
- Fadenschere gebogen
- Nadelhalter
- chirurgische und anatomische Pinzetten
- Klemmen, z. B. Mosquito gerade und gebogen, Hirschhornklemmen, nach Pean
- 2 × Gewebefasszangen, z. B. Allis
- Stieltupfer
- Vlies-Wundkompressen
- warme sterile Kochsalz- oder Ringer-Laktat-Lösung
- Nierenschale
- Nahtmaterial

Eine manuelle Entleerung der Harnblase nach Narkoseinduktion erleichtert intraoperationem das Aufsuchen und Vorlagern des Geschlechtstraktes.

- Der Patient wird in Allgemeinanästhesie in Rückenlage auf dem OP-Tisch gelagert.
- Die Schnittführung erfolgt zwischen Nabel und letztem Zitzenpaar auf ca. 2–4 cm Länge in der Mittellinie (▶Abb. 11-2).

11

Bei adipösen Tieren oder bei Raumforderungen der Organe muss der Schnitt bei Bedarf erweitert werden, um den gesamten Genitaltrakt darstellen zu können. Ein veränderter Uterus sollte stets sehr vorsichtig gehandelt werden, da das Gewebe sehr fragil ist und leicht reißen kann.

- Nach routinemäßiger Eröffnung der Bauchhöhle (▶Kap. 6) werden die Uteri aufgesucht und vorsichtig vorgelagert (▶Abb. 11-3). Der Uterus duplex des Kaninchens ist in der Regel sehr leicht auffindbar. Ein Kastrationshaken wird nicht benötigt.
- Vom Uterus nach kranial ausgehend, wird das Ovar aufgesucht und durch mäßigen Zug vorgelagert. Um das Vorlagern des Ovars zu erleichtern, kann das Ligamentum suspensorium ovarii vorsichtig stumpf durchtrennt werden.

Der Zug am Ovar ist sehr schmerzhaft, eine Vertiefung der Narkose bzw. eine Anpassung der Analgesie kann daher während einer Manipulation am Eierstock nötig sein.

- Nach Darstellung der A. und V. ovarica im Mesovar werden diese mit Hilfe einer Klemme fixiert und oberhalb der Klemme mit synthetischem resorbierbarem Nahtmaterial ligiert (▶Abb. 11-4, ▶Abb. 11-5).

Der Einsatz einer Klemme unterhalb der Ligatur bietet zusätzliche Sicherheit: Tritt beim vorsichtigen Öffnen der Klemme nach dem Absetzen des Ovars eine Blutung auf, kann diese rasch verschlossen werden. Somit kann der Gefäßstumpf gesichert und die Blutung gestillt werden. Es folgt eine erneute Ligatur.

Vor allem bei großen Fetteinlagerungen im Mesovar hat sich diese Operationsmethode bewährt. Je nach Vorliebe kann der Chirurg auch auf diese Methode verzichten oder die klassische 2- oder 3-Klemmen-Technik analog zum Kleintier einsetzen. Mit einer Verletzung der Gefäße durch den Einsatz der Klemmen ist nicht zu rechnen, wenn entsprechend kleines, feines Instrumentarium verwendet wird.

Neben der Fadenligatur können auch elektrochirurgische Methoden oder Metall-Clips zum Einsatz kommen (▶Kap. 5.4).

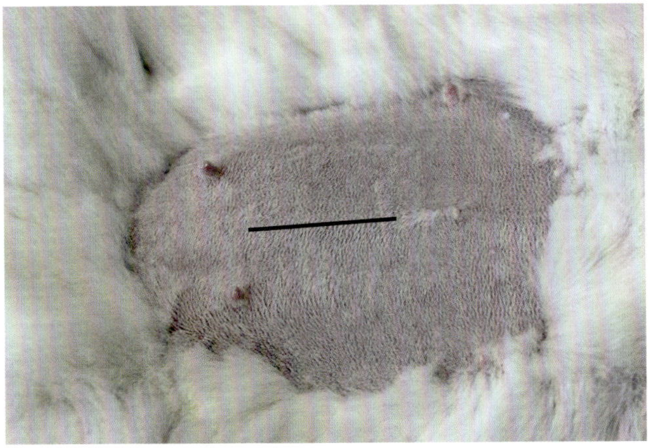

Abb. 11-2 Weibliches Kaninchen in Rückenlage (rechter Bildrand kranial, linker Bildrand kaudal am Tierkörper): Darstellung der Schnittführung zur Eröffnung der Bauchhöhle bei einer Ovariohysterektomie in der Medianen zwischen Nabel und letztem Zitzenpaar auf ca. 2–4 cm Länge (schwarze Linie).

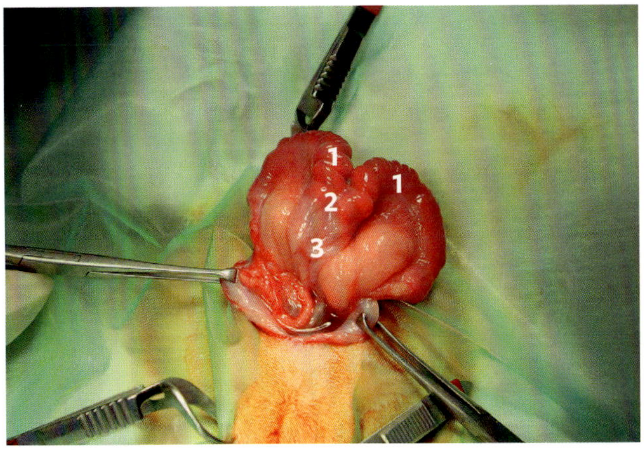

Abb. 11-3 Ovariohysterektomie beim Kaninchen (oberer Bildrand kranial, unterer Bildrand kaudal am Tierkörper): Nach routinemäßiger Eröffnung der Bauchhöhle werden die Uterushörner aufgesucht und vorsichtig vorgelagert. Die beiden roten, derben Uteri (**1**) gehen nach kaudal in die Zervices (**2**) und die hellere und schlaffe Vagina über (**3**, ▶Kap. 7).

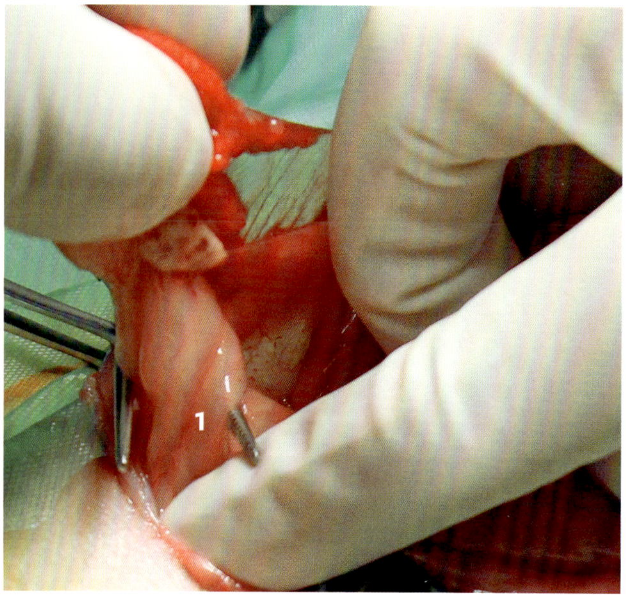

Abb. 11-4 Ovariohysterektomie beim Kaninchen (linker Bildrand kranial, rechter Bildrand kaudal am Tierkörper): Die ovariellen Gefäße (hier nicht sichtbar, da sie von viel Fettgewebe des Mesovars umgeben sind, **1**) werden mit genügend Abstand zu Ovar und Salpinx mittels Klemme fixiert.

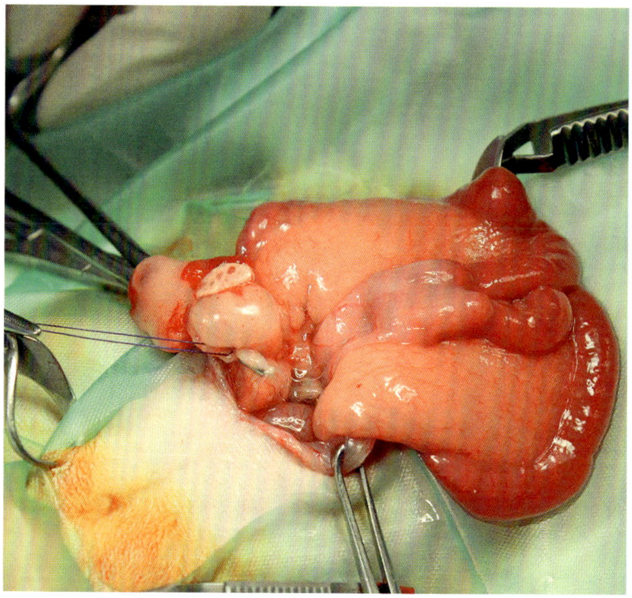

Abb. 11-5 Ovariohysterektomie beim Kaninchen (linker Bildrand kranial, rechter Bildrand kaudal am Tierkörper): Anschließend können die Gefäße oberhalb der Klemme mit resorbierbarem synthetischem Nahtmaterial ligiert werden.

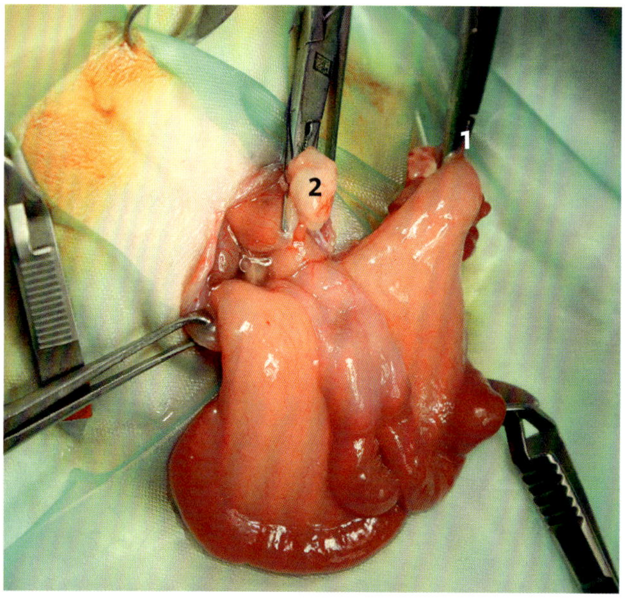

Abb. 11-6 Ovariohysterektomie beim Kaninchen (oberer Bildrand kranial, unterer Bildrand kaudal am Tierkörper): Eine zweite Klemme (**1**) wurde oberhalb der Ligatur platziert und Ovar und Eileiter mittels Skalpell abgesetzt. Der Gefäßstumpf (**2**) wird im Anschluss auf eine unerwünschte Nachblutung hin untersucht.

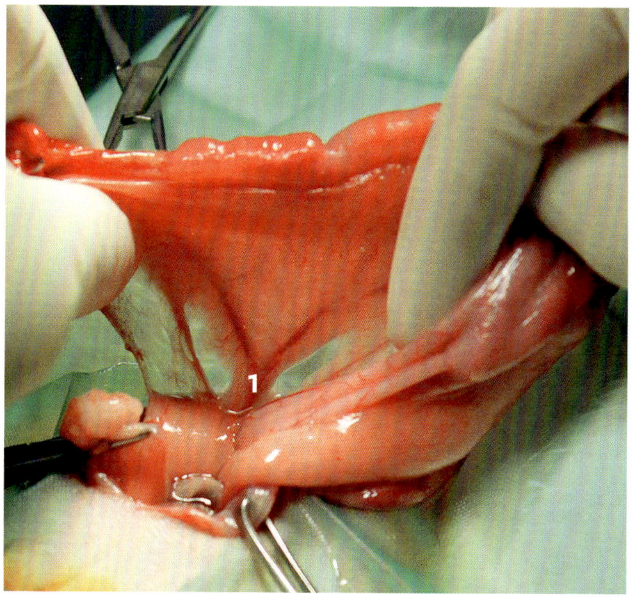

Abb. 11-7 Ovariohysterektomie beim Kaninchen (linker Bildrand kranial, rechter Bildrand kaudal am Tierkörper): Die uterinen Gefäße (**1**) werden im Mesometrium aufgesucht. Diese verlaufen in der Regel mittig im Gekröse. Hochgradige Fetteinlagerungen können ihre Identifikation erschweren.

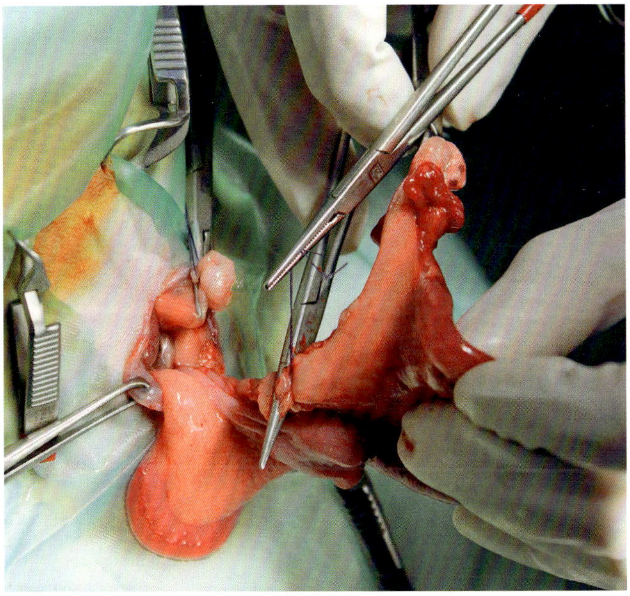

Abb. 11-8 Ovariohysterektomie beim Kaninchen (oberer Bildrand kranial, unterer Bildrand kaudal am Tierkörper): Nach Fixierung mittels Klemme werden die uterinen Gefäße ligiert.

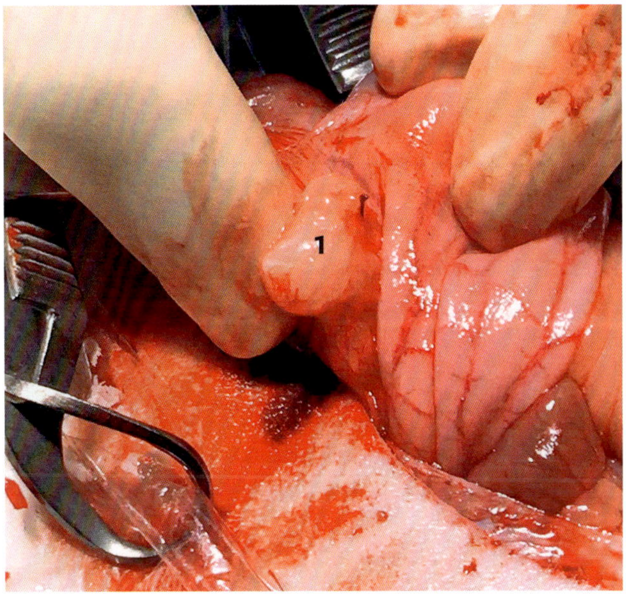

Abb. 11-9 Ovariohysterektomie beim Kaninchen (linker Bildrand kaudal, rechter Bildrand kranial am Tierkörper): Nach Lösen der ersten Klemme wird der Stumpf (**1**) auf Nachblutungen hin untersucht und bei Blutstille in die Bauchhöhle zurückverlagert.

- Eine weitere Klemme wird mit genügendem Abstand oberhalb der Ligatur gesetzt. Direkt unterhalb dieser Klemme kann das Ovar anschließend mit Hilfe des Skalpells abgesetzt werden (▶Abb. 11-6). Es muss besonders gut darauf geachtet werden, das gesamte Ovar sowie die Salpinx vollständig zu entfernen, da es ansonsten zu einem Ovarian-Remnant-Syndrom oder zu einer zystischen Entartung von Eileiterresten kommen kann.
- Die erste Klemme wird im Anschluss vorsichtig gelöst und der Stumpf auf eine unerwünschte Blutung hin untersucht. Bei Blutstille wird er in die Bauchhöhle zurückverlagert.
- Im Anschluss werden die uterinen Gefäße im Mesometrium identifiziert (▶Abb. 11-7) ligiert (▶Abb. 11-8) und abgesetzt. Dabei können analog zur Ligatur der A. und V. ovarica zwei Klemmen zum Einsatz kommen. Die Ligatur der A. und V. uterina sollte möglichst uterusnah erfolgen, um ein unbeabsichtigtes Abbinden des Ureters (welcher hochdorsal in unmittelbarer Nachbarschaft verläuft, ▶Kap. 7) zu vermeiden.
- Nach Lösen der Klemme wird auch dieser Gefäßstumpf auf Blutungen hin kontrolliert und bei Blutstille in die Bauchhöhle zurückverlagert (▶Abb. 11-9).
- Die Operationsschritte werden auf der kontralateralen Seite wiederholt.
- Anschließend wird die Vagina ca. 0,5–1 cm **kaudal der Zervices** mittels Klemme fixiert und die parallel zur Vagina verlaufenden Aa. und Vv. vaginales mit Hilfe einer Transfixation ligiert. Der Uterus wird kranial der Ligatur mittels Metzenbaumschere abgesetzt (▶Abb. 11-10, ▶Abb. 11-11).
- Da sich die Vagina des Kaninchens bei jeder Miktion physiologischerweise mit Urin füllt, wird zur Vermeidung von Urin-Leckagen das Lumen nach Absetzen des Uterus verschlossen. Hierfür eignet sich eine einstülpende Naht (▶Abb. 11-12).

> Alternativ können die Uteri auch unmittelbar **kranial der Zervices** abgesetzt werden. Der natürliche Verschluss zur Bauchhöhle bleibt dadurch erhalten und ein Auftreten von Urin-Leckagen wird noch unwahrscheinlicher. Vor allem beim Vorliegen von neoplastischen Veränderungen der Gebärmutter könnten bei dieser Methode jedoch entartete Zellen im Stumpf verbleiben, was das Risiko eines Tumorrezidivs erhöht.

- Im Anschluss wird die Bauchhöhle routinemäßig dreischichtig verschlossen (▶Kap. 5.2).

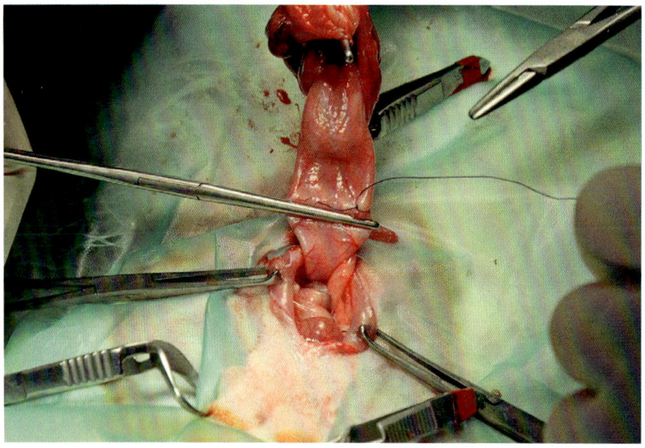

Abb. 11-10 Ovariohysterektomie beim Kaninchen (oberer Bildrand kaudal, unterer Bildrand kranial am Tierkörper): Die Vagina wird ca. 0,5–1 cm kaudal der Zervices angeklemmt und die parallel verlaufenden vaginalen Gefäße kranial davon mittels Transfixationsnaht ligiert.

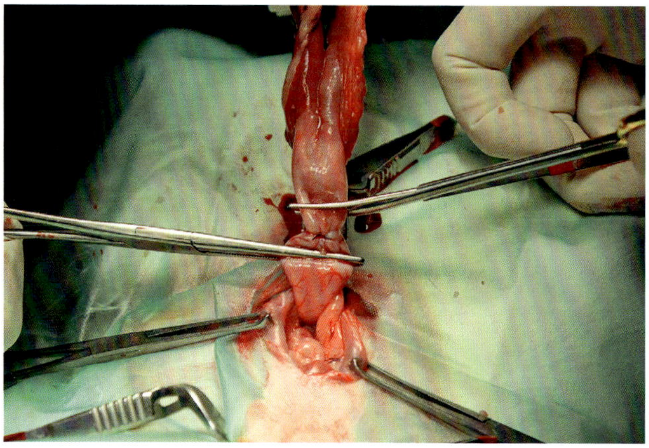

Abb. 11-11 Ovariohysterektomie beim Kaninchen (oberer Bildrand kaudal, unterer Bildrand kranial am Tierkörper): Nach der Ligatur von Vagina und Gefäßen werden Uteri und Zervices abgesetzt, die Klemme gelöst und der Stumpf auf Blutungen kontrolliert.

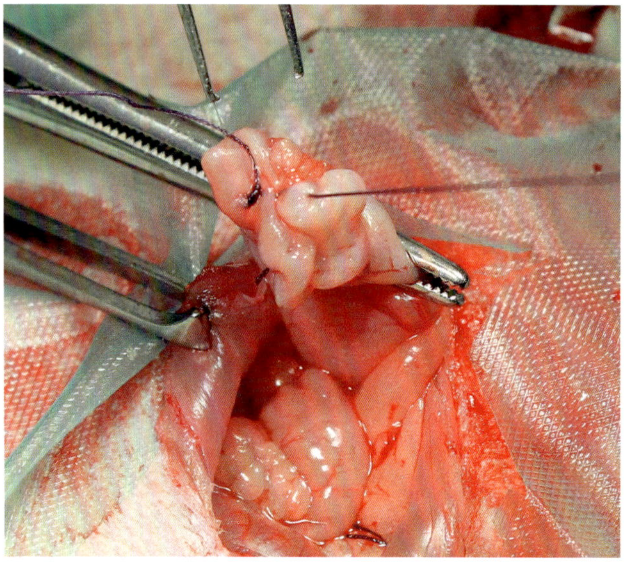

Abb. 11-12 Ovariohysterektomie beim Kaninchen (oberer Bildrand kaudal, unterer Bildrand kranial am Tierkörper): Zur Vermeidung von Urin-Leckagen sollte der Vaginalstumpf stets einstülpend vernäht werden.

11.1.6 Komplikationen

Mögliche Komplikationen sind Blutungen, Urin-Leckagen mit fokaler Peritonitis im Falle eines unvollständigen Verschlusses der Vagina, Wundheilungsstörungen sowie in äußerst seltenen Fällen eine Hydronephrose bedingt durch eine akzidentielle Ligatur eines Ureters. Nach größeren intraoperativen Manipulationen der Bauchhöhlenorgane können Komplikationen wie Adhäsionen oder ein postoperativer paralytischer Ileus auftreten.

Besonders bei adipösen Tieren kann es nach Ligatur der Gefäße zu Fettgewebsnekrosen im Mesometrium sowie Mesovar kommen, welche oftmals zu einem späteren Zeitpunkt verkalken und dann röntgenologisch darstellbar sind. In der Regel gehen diese Veränderungen nicht mit klinischen Symptomen einher. Die Verwendung von dünnem Nahtmaterial (z.B. 4-0 USP) sowie der vollständige Verzicht auf Catgut können die Entstehung von Fettgewebsnekrosen minimieren.

11.1.7 Nachbehandlung

- Vor allem im Rahmen einer prophylaktischen Kastration kann der Patient am Tag der Operation bereits entlassen werden. Bei Bedarf sollte das Tier jedoch für 24–48 Stunden postoperativ stationär betreut und beobachtet werden.
- Postoperativ sollte das Tier je nach Indikation und Verlauf für 3–7 Tage analgetisch versorgt werden, z. B. mit Opioiden, Metamizol und/oder Meloxicam (▶Kap. 3.2).
- Die Indikationsstellung zur antibiotischen Therapie erfolgt individuell, bevorzugt nach Antibiogramm. Wird steril gearbeitet, ist eine Antibiotikagabe bei unveränderten Ovarien und Uteri in der Regel nicht nötig.
- Das Fress- und Kotabsatzverhalten des Patienten sollte die ersten Tage nach der Operation gut beobachtet und das Körpergewicht täglich kontrolliert werden. Bei Bedarf erfolgt eine Handfütterung mit entsprechenden handelsüblichen Präparaten (▶Kap. 2.5).
- Je nach Befinden und intraoperativem Volumen- bzw. Blutverlust (z. B. beim Vorliegen einer Hämometra), kann es nötig sein, die Infusionstherapie (▶Kap. 2.4) auch postoperativ fortzusetzen. Bei hochgradiger Anämie kann auch eine Bluttransfusion prä-, intra- oder postoperativ erfolgen.
- Die Wunde sollte einige Tage nach der Operation kontrolliert werden.
- Bei einer intrakutanen Hautnaht ist ein Ziehen der Fäden nicht notwendig. Bei Einzelheften sollten die Fäden circa 10 Tage nach der Operation gezogen werden.

11.2 Ovariohysterektomie beim Meerschweinchen

11.2.1 Indikationen

Die Indikationen zu einer Ovariohysterektomie beim Meerschweinchen gleichen denen einer Ovariektomie: Vermeidung von unerwünschtem Nachwuchs und chirurgische Therapie von Ovarialzysten. Dieser Eingriff kann im Gegensatz zur Ovariektomie auch bei Uterusveränderungen wie einer Pyometra, Hämometra oder tumorösen Veränderungen sowie bei raumfordernden, neoplastischen Veränderungen der Ovarien durchgeführt werden.

11.2.2 Kontraindikationen

Besteht eine Trächtigkeit, darf eine Ovariohysterektomie nur bei strenger Indikationsstellung, z. B. bei toten Früchten oder nach zuvor durchgeführtem Kaiserschnitt, erfolgen.

Generell stellt die Ovariohysterektomie beim Meerschweinchen aufgrund der anatomischen Gegebenheiten der Organe häufig eine Herausforderung für den Chirurgen dar. Die Organe sind im Vergleich zum Kaninchen sehr klein, die Vagina deutlich kürzer, die Ovarien wesentlich weiter kranial lokalisiert und das Gewebe oft sehr brüchig. Zudem ist das Risiko der tumorösen Entartung des Uterus und der Ovarien beim Meerschweinchen deutlich geringer als beim Kaninchen, sodass **die routinemäßige präventive Ovariohysterektomie für das Meerschweinchen im Gegensatz zum Kaninchen nicht empfohlen wird.**

11.2.3 Alternativen zur chirurgischen Kastration

Der Einsatz eines Deslorelinimplantates (4,7 mg) kann zu einem Sistieren des Östrus führen und könnte somit zur Vermeidung unerwünschten Nachwuchses zum Einsatz kommen. Eine Größenreduktion von Ovarialzysten konnte in Studien allerdings nicht nachgewiesen werden. Derzeit sind die maximale Wirkungsdauer von Deslorelin sowie dessen Eignung zur Prävention von uterinen und ovariellen Erkrankungen unbekannt und der Einsatz kann daher nicht empfohlen werden.

11.2.4 Vorteile des abdominalen Zugangs gegenüber der Ovariektomie über die Flanke

- Bei der Eröffnung der Bauchhöhle über die Mittellinie kann die gesamte Bauchhöhle exploriert werden und es können weitere Erkrankungen, z. B. des Magen-Darm-Traktes oder Uterusveränderungen, identifiziert werden.
- Über den medianen Zugang sind der Uterus und die Zervix gut zugänglich und es können auch große raumfordernde Prozesse entfernt werden. Daher ist dieser Eingriff bei Veränderungen des Uterus dem Zugang über die Flanke vorzuziehen.

11.2.5 Nachteile des abdominalen Zugangs gegenüber der Ovariektomie über die Flanke

- Der Inzisionsschnitt ist bei medianer Laparotomie deutlich größer im Vergleich zu den Schnitten über die Flanke.
- Der gesamte Druck der Bauchhöhleneingeweide lastet auf der Naht und birgt die Gefahr von ausgeprägteren Schmerzen für das Tier und einer Nahtdehiszenz in sich.
- Das Risiko von postoperativen Komplikationen, wie z.B. einem paralytischen Ileus oder von Adhäsionen, kann durch die Manipulation der Bauchhöhlenorgane während der Operation erhöht sein.
- Die Operationsdauer ist gegenüber der Ovariektomie über die Flanke meist verlängert.

11.2.6 OP-Technik – Schritt für Schritt

WAS BRAUCHE ICH?

- Tuchklemmen zur Befestigung des Abdecktuches (optional)
- Bauchtücher
- Skalpellklingen (z.B. Nr. 15)
- Skalpellgriff
- Metzenbaumscheren klein und mittel
- Fadenschere gebogen
- Nadelhalter
- chirurgische und anatomische Pinzetten
- Klemmen, z.B. Mosquito gerade und gebogen, Hirschhornklemmen, nach Pean
- 2 × Gewebefasszangen, z.B. Allis
- Stieltupfer
- Vlies-Wundkompressen
- warme sterile Kochsalz- oder Ringer-Laktat-Lösung
- Nierenschale
- Nahtmaterial

- Der Patient wird in Allgemeinanästhesie auf dem OP-Tisch in Rückenlage gelagert.
- Die Schnittführung erfolgt zwischen Nabel und Zitzenpaar (▶Abb. 11-13).

Bei adipösen Tieren oder bei Raumforderungen der Organe kann der Schnitt bei Bedarf erweitert werden.

Bei Eröffnung der Bauchhöhle sollte auf Verklebungen geachtet werden und die Schnittführung vorsichtig erfolgen, um innere Organe nicht zu verletzen.

- Nach routinemäßiger Eröffnung der Bauchhöhle (▶Kap. 6) werden die Uterushörner aufgesucht und vorsichtig vorgelagert (▶Abb. 11-14).

Das Vorlagern von Anteilen des Darmtraktes aus der Bauchhöhle kann das Aufsuchen der Ovarien und der Uterushörner erleichtern. Vorgelagerte Darmanteile müssen für die Dauer der Operation kontinuierlich feucht und warm gehalten werden und vor dem Verschluss der Bauchhöhle wieder in ihre physiologische Position gebracht werden.

- Das Ovar wird vorsichtig im Fettgewebe aufgesucht und durch mäßigen Zug vorgelagert. Um das Vorlagern des Ovars zu erleichtern, kann das Ligamentum suspensorium ovarii vorsichtig stumpf durchtrennt werden (▶Abb. 11-15).

Da das Mesovar beim Meerschweinchen noch kürzer ist als beim Kaninchen, kann das Vorlagern der Ovarien erschwert sein. Gegebenenfalls ist eine vorsichtige Erweiterung des Bauchschnittes nötig, um ein unkontrolliertes Einreißen des oft sehr brüchigen und fettreichen Ligamentum suspensorium ovarii zu vermeiden.

- Sollte das Vorlagern des Ovars aufgrund von großen Zysten nicht möglich sein, kann während der Operation zunächst etwas Zystenflüssigkeit abpunktiert werden (▶Abb. 11-16).
- Nach Darstellung der A. und V. ovarica im Mesovar werden diese mit Hilfe einer Klemme fixiert und oberhalb der Klemme mit synthetischem resorbierbarem Nahtmaterial ligiert (▶Abb. 11-17).

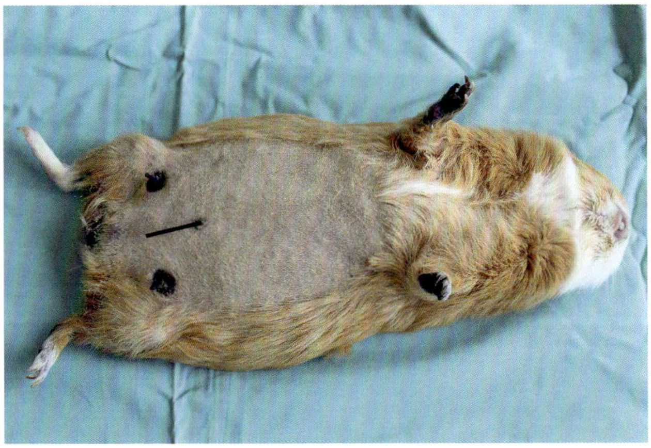

Abb. 11-13 Weibliches Meerschweinchen in Rückenlage: Darstellung der Schnittführung zur Eröffnung der Bauchhöhle bei einer Ovariohysterektomie in der Medianen zwischen Nabel und Zitzenpaar (schwarze Linie).

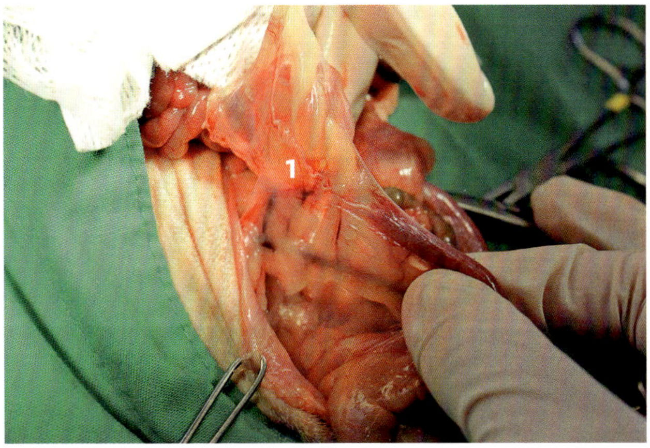

Abb. 11-14 Ovariohysterektomie bei einem Meerschweinchen (oberer Bildrand kranial, unterer Bildrand kaudal am Tierkörper): vorsichtiges manuelles Vorlagern der Uterushörner und Aufsuchen der Salpinx (**1**) und des Ovars (zystisch verändert) auf der rechten Seite

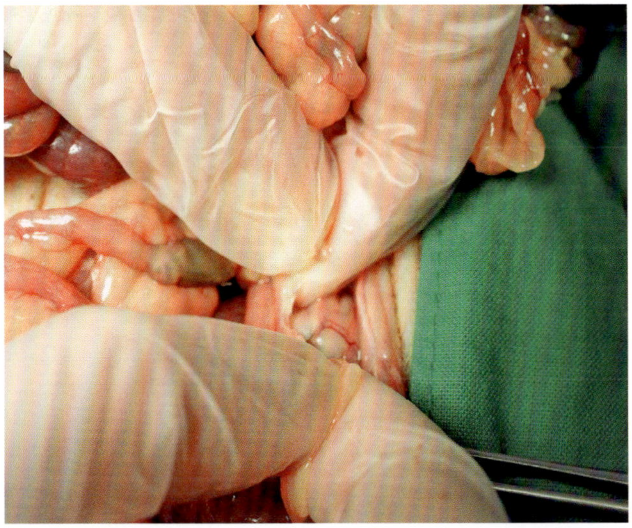

Abb. 11-15 Ovariohysterektomie bei einem Meerschweinchen (oberer Bildrand kranial, unterer Bildrand kaudal am Tierkörper): vorsichtiges, manuelles, stumpfes Durchtrennen des Ligamentum suspensorium ovarii

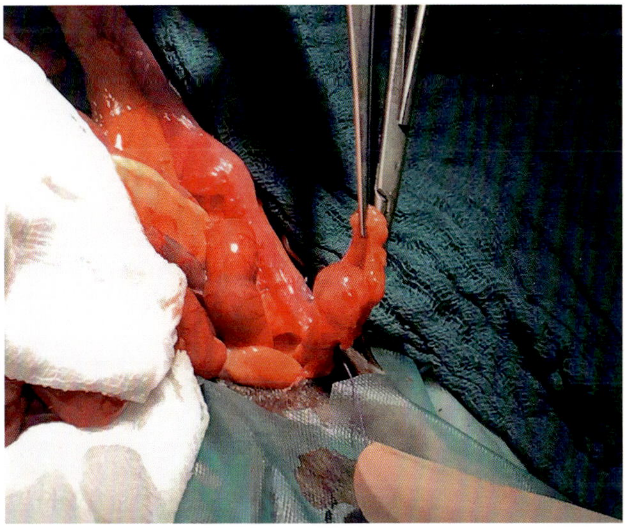

Abb. 11-16 Ovariohysterektomie bei einem Meerschweinchen (oberer Bildrand kaudal, unterer Bildrand kranial am Tierkörper): Das zystisch veränderte Ovar wird vorsichtig angehoben und die Eierstockgefäße werden mit resorbierbarem Nahtmaterial ligiert.

Der Einsatz einer Klemme unterhalb der Ligatur bietet zusätzliche Sicherheit: Tritt beim vorsichtigen Öffnen der Klemme nach dem Absetzen des Ovars eine Blutung auf, kann diese rasch verschlossen werden. Somit kann der Gefäßstumpf gesichert und die Blutung gestillt werden. Es folgt eine erneute Ligatur (▶Kap. 11.1). Vor allem bei großen Fetteinlagerungen im Mesovar hat sich diese Operationsmethode bewährt, es kann aber auch, je nach Vorliebe des Chirurgen, darauf verzichtet werden oder die klassische 2- oder 3-Klemmen-Technik analog zum Vorgehen beim Kleintier eingesetzt werden. Mit einer Verletzung der Gefäße durch den Einsatz der Klemmen ist nicht zu rechnen, wenn entsprechend kleines, feines Instrumentarium verwendet wird.

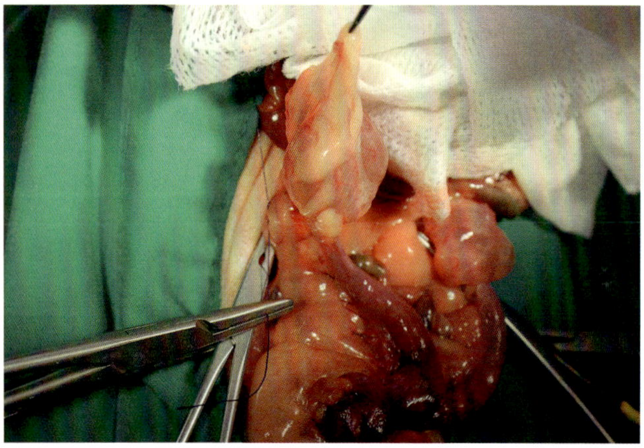

Abb. 11-17 Ovariohysterektomie bei einem Meerschweinchen (unterer Bildrand kaudal, oberer Bildrand kranial am Tierkörper): Nach Setzen der Klemmen und Gefäßligatur wird das Ovar distal der Ligatur mittels Skalpell abgesetzt.

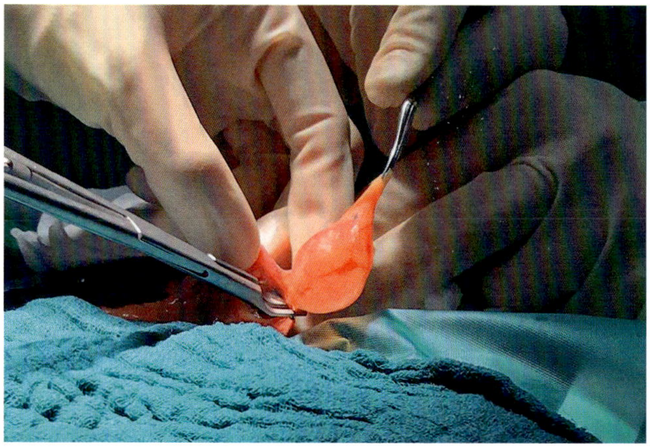

Abb. 11-18 Ovariohysterektomie bei einem Meerschweinchen (linker Bildrand kaudal, rechter Bildrand kranial am Tierkörper): Alternativ können die Gefäße auch mittels Metall-Clips verschlossen werden.

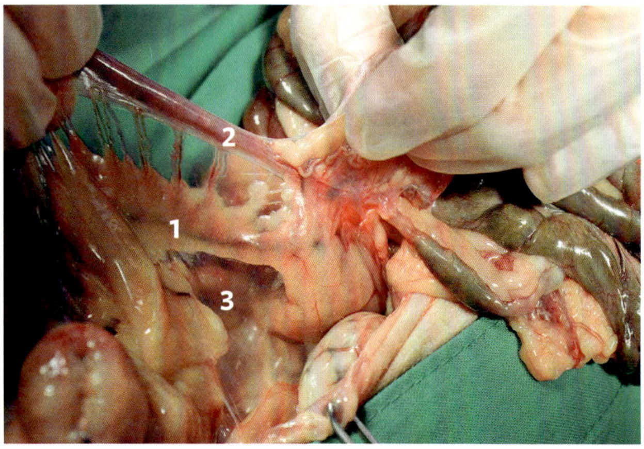

Abb. 11-19 Ovariohysterektomie bei einem Meerschweinchen (Sektionsbild, linker Bildrand kaudal, rechter Bildrand kranial am Tierkörper): Darstellung der A. und V. uterina (**1**) im Mesometrium bei vorgelagertem Uterushorn. Beachte den parallelen Verlauf zum Uterushorn (**2**). Das Mesometrium (**3**) kann dorsal der Gefäße stumpf durchtrennt werden, um den Uterus besser nach kaudal vorlagern zu können.

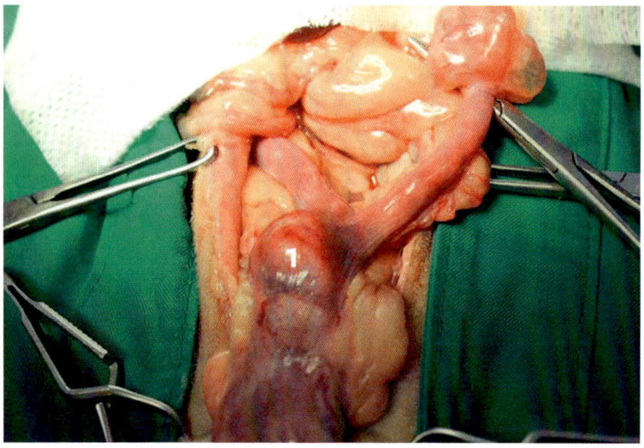

Abb. 11-20 Ovariohysterektomie bei einem Meerschweinchen (unterer Bildrand kaudal, oberer Bildrand kranial am Tierkörper): Blick auf eine veränderte Zervix (**1**) und die beiden Uterushörner. In diesem Fall sollte die Zervix mit entfernt werden.

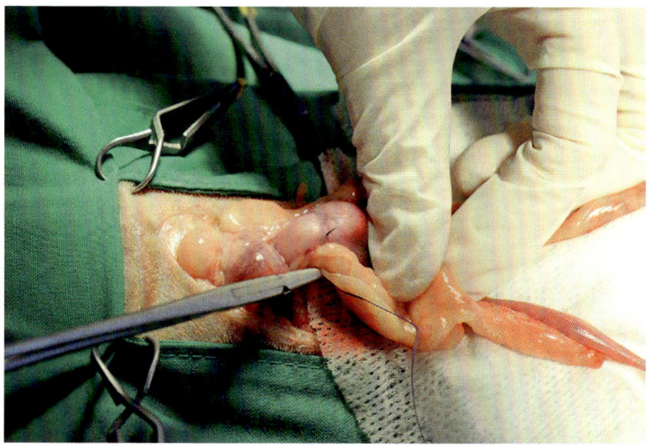

Abb. 11-21 Ovariohysterektomie bei einem Meerschweinchen (linker Bildrand kaudal, rechter Bildrand kranial am Tierkörper): Ligatur der Gefäße dicht kaudal der in diesem Fall veränderten Zervix

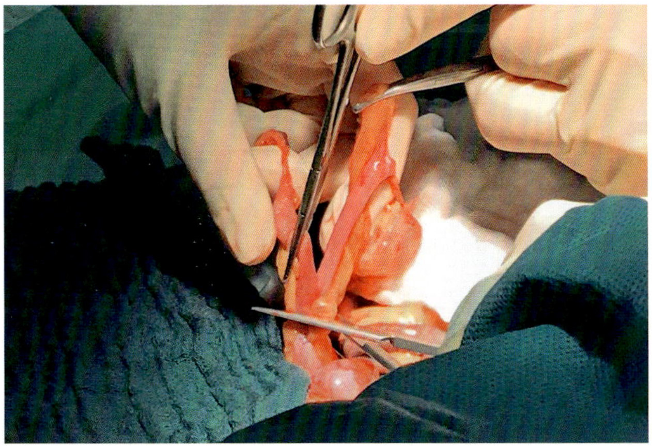

Abb. 11-22 Ovariohysterektomie bei einem Meerschweinchen (oberer Bildrand kaudal, unterer Bildrand kranial am Tierkörper): Absetzen des Uterus mittels Metzenbaumschere.

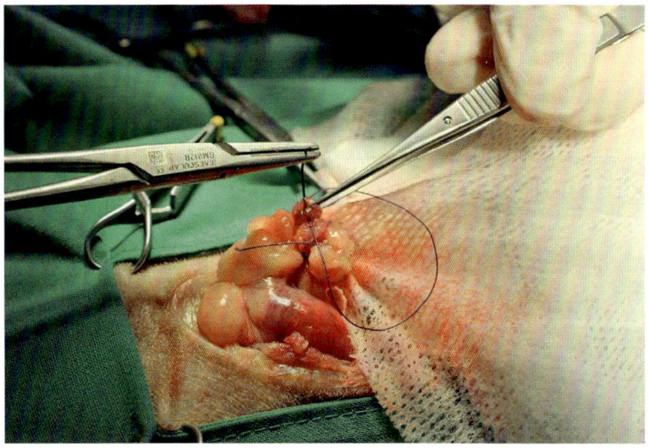

Abb. 11-23 Ovariohysterektomie bei einem Meerschweinchen (linker Bildrand kaudal, rechter Bildrand kranial am Tierkörper): einstülpender Verschluss des Stumpfes nach Absetzen des Uterus

Neben der Fadenligatur können auch elektrochirurgische Methoden oder die Verwendung von Metall-Clips zum Einsatz kommen (▶Kap. 5, ▶Abb. 5-29, ▶Abb. 5-30 sowie ▶Abb. 11-18).

- Eine weitere Klemme wird mit genügendem Abstand oberhalb der Ligatur gesetzt. Direkt unterhalb dieser Klemme kann das Ovar anschließend mit Hilfe des Skalpells abgesetzt werden. Es muss besonders gut darauf geachtet werden, das gesamte Ovar sowie die Salpinx vollständig zu entfernen, da es ansonsten zu einem Ovarian-Remnant-Syndrom oder zu einer zystischen Entartung von Eileiterresten kommen kann.
- Die erste Klemme wird im Anschluss vorsichtig gelöst und der Stumpf auf eine unerwünschte Blutung hin untersucht. Bei Blutstille wird er in die Bauchhöhle zurückverlagert.
- Anschließend werden die uterinen Gefäße im Mesometrium identifiziert. Dieses kann dorsal der Gefäße vorsichtig stumpf durchtrennt werden, um den Uterus besser nach kaudal umlagern zu können. Die A. und V. uterina verlaufen dabei über eine lange Strecke parallel zum Uterus und werden (anders als beim Kaninchen) erst weit kaudal in der Nähe der Vagina kranial der Zervix ligiert (▶Abb. 11-19). In der Regel ist eine gemeinsame zirkuläre Ligatur mit Transfixation der A. und V. uterina et vaginalis um den Uteruskörper aufgrund der geringen Größe ausreichend. Gegebenenfalls erfolgen für jede Seite gesonderte Ligaturen.

In der Regel ist eine zirkuläre doppelte Ligatur bzw. eine Ligatur mit Transfixation ausreichend, um die Gefäße des Uterus abzubinden. In Ausnahmefällen können einzelne Ligaturen für beide Seiten erforderlich sein.

- Anschließend wird der Uterus abgesetzt und zusammen mit den Ovarien entnommen. Dies erfolgt routinemäßig aufgrund der deutlich kürzeren Vagina (verglichen mit dem Kaninchen) beim Meerschweinchen kranial der Zervix. Liegt eine pathologische Veränderung (z.B. im Falle eines Tumors) der Zervix vor, sollte diese mit entnommen werden (▶Abb. 11-20, ▶Abb. 11-21, ▶Abb. 11-22).

Beim Meerschweinchen ist die Vagina deutlich kürzer als beim Kaninchen. Der Uterus wird in der Regel kranial der Zervix abgesetzt. Liegen Veränderungen am Muttermund vor, muss die Zervix mit entfernt werden.

- Danach wird der Stumpf nach Absetzen des Uterus verschlossen. Hierfür eignet sich eine einstülpende Naht (▶Abb. 11-23).
- Im Anschluss wird die Bauchhöhle routinemäßig dreischichtig verschlossen (▶Kap. 5.2).

11.2.7 Komplikationen

Mögliche Komplikationen sind Blutungen, in seltenen Fällen Wundheilungsstörungen und Verklebungen, eine Peritonitis oder eine Hydronephrose bedingt durch eine mögliche Ligatur der Ureteren. Nach größeren intraoperativen Manipulationen der Bauchhöhlenorgane kann es zu Komplikationen wie Adhäsionen oder einem postoperativen paralytischen Ileus kommen.

Bei geschwächten Patienten, die eine therapeutische Ovariohysterektomie benötigen, ist die Prognose als sehr vorsichtig zu äußern und die Mortalitätsrate erfahrungsgemäß hoch. Um das Auftreten von möglichen Komplikationen und die Operationsdauer möglichst gering zu halten, kann es von Vorteil sein, in zwei weniger invasiven und kürzeren Eingriffen zu therapieren: Zunächst erfolgt eine totale Hysterektomie über einen kürzeren kaudoventralen Mittellinienzugang. Anschließend wird eine beidseitige Ovariosalpingektomie über die Flanke durchgeführt, wenn sich der Patient von dem ersten Eingriff erholt hat.

11.2.8 Nachbehandlung

- Bei Bedarf sollte das Tier für 24–48 Stunden postoperativ stationär betreut und beobachtet werden. Bei gutem Allgemeinbefinden kann es am Tag der Operation entlassen werden.
- Postoperativ sollte das Tier je nach Indikation und Verlauf für 3–7 Tage analgetisch versorgt werden, z. B. mit Opioiden, Metamizol und/oder Meloxicam (▶Kap. 3.2).
- Die Indikationsstellung zur antibiotischen Therapie erfolgt individuell, bevorzugt nach Antibiogramm. Wird steril gearbeitet, ist eine Antibiotikagabe bei unveränderten bzw. ausschließlich zystisch veränderten Ovarien und unverändertem Uterus in der Regel nicht nötig.
- Das Fress- und Kotabsatzverhalten des Patienten sollte die ersten Tage nach der Operation gut beobachtet und das Körpergewicht täglich kontrolliert werden. Bei Bedarf erfolgt eine Handfütterung mit entsprechenden handelsüblichen Präparaten (▶Kap. 2.5).
- Je nach Befinden und intraoperativem Volumen- bzw. Blutverlust kann es nötig sein, die Infusionstherapie (▶Kap. 2.4) auch postoperativ fortzusetzen. Bei hochgradiger Anämie kann auch eine Bluttransfusion prä-, intra- oder postoperativ stattfinden.
- Eine Wundkontrolle sollte einige Tage nach der Operation erfolgen.
- Bei einer intrakutanen Hautnaht müssen die Fäden nicht gezogen werden, bei Einzelheften sollte dies ca. 10 Tage nach der Operation stattfinden.

11.3 Ovariektomie beim Meerschweinchen über die Flanke

11.3.1 Indikationen

Die Ovariektomie beim Meerschweinchen wird zur Vermeidung unerwünschten Nachwuchses, aber vor allem zur chirurgischen Therapie von Ovarialzysten eingesetzt. Diese können aufgrund übermäßiger Hormonproduktion oder durch ihre Größe zu Symptomen wie bilateraler Alopezie und/oder abdominalem Schmerz und Verdauungsbeschwerden führen.

11.3.2 Kontraindikationen

Bei einer diagnostizierten oder vermuteten Uterusveränderung (z. B. Pyometra, tumoröse Veränderungen des Uterus bzw. der Zervix etc.), einer vorliegenden Trächtigkeit oder anderen Veränderungen des Ovars, außer einer Zystenbildung, sollte diese Operationstechnik *nicht* zum Einsatz kommen. Insbesondere bei ovariellen Tumoren sollte die Operation *nicht* über einen Flankenschnitt erfolgen, da andere Bauchhöhlenorgane nicht zuverlässig auf Metastasenbildung kontrolliert werden können.

11.3.3 Alternativen zur chirurgischen Kastration

Der Einsatz eines Deslorelinimplantates (4,7 mg) kann zu einem Sistieren des Östrus führen und könnte somit zur Vermeidung unerwünschten Nachwuchses beim weiblichen Tier zum Einsatz kommen. Eine Größenreduktion von Ovarialzysten konnte allerdings nicht nachgewiesen werden. Derzeit sind die maximale Wirkungsdauer von Deslorelin sowie dessen Eignung zur Prävention von uterinen und ovariellen Erkrankungen unbekannt, weshalb der Einsatz nicht empfohlen werden kann.

11.3.4 Vorteile des Zugangs über die Flanke gegenüber der medianen Laparotomie

Bei der Eröffnung über die Flanke sind zwar zwei Inzisionen nötig, diese sind jedoch deutlich kleiner als beim Zugang in der Linea alba. Weitere Vorteile des Flankenschnitts:

- Das Risiko einer Verschmutzung der Wunde ist reduziert, da sie nicht ständig mit dem Käfigboden in Kontakt kommt.
- Die Wunde kann durch den Patientenbesitzer leichter betrachtet und kontrolliert werden.
- Der gesamte Druck der Bauchhöhleneingeweide lastet nicht auf der Naht, dies bedeutet weniger Schmerzen für das Tier und eine geringere Gefahr für eine Nahtdehiszenz.
- Sollte es in einem seltenen Fall zu einer postoperativen Eröffnung der Wunde kommen, ist das Risiko eines Vorfalls von Bauchhöhlenorganen beim Flankenschnitt aufgrund seiner Lage sehr gering.
- Die Dauer der Operation kann durch den Zugang über die Flanke im Vergleich zur medianen Laparotomie deutlich verkürzt werden, da die Ovarien leichter zugänglich sind.
- Die anderen Bauchhöhlenorgane (vor allem der Magen-Darm-Trakt) werden kaum manipuliert. Dadurch wird das Risiko postoperativer Komplikationen, wie z. B. von Adhäsionen oder eines postoperativen paralytischen Ileus, gesenkt.

11.3.5 Nachteile des Zugangs über die Flanke gegenüber der medianen Laparotomie

- Die Eröffnung der Bauchhöhle über die Flanke ermöglicht aufgrund der Sichtverhältnisse nur eine stark eingeschränkte Untersuchung der Abdominalorgane. Beim Verdacht auf weitere Erkrankungen, z. B. des Magen-Darm-Traktes oder auf Uterusveränderungen, ist eine Eröffnung in der Mittellinie zu empfehlen.
- Die Entfernung des Uterus über den Zugang eines Flankenschnittes ist erschwert und nur von geübten Chirurgen sicher und vollständig durchführbar. Insbesondere ist die Zervix über diesen Zugang nur schwer zu erreichen. Sollte erst während der Ovariektomie eine Veränderung des Uterus auffallen, kann es daher erforderlich werden, nach Entfernung der Ovarien über die Flankenschnitte, den Uterus über einen weiteren medianen Schnitt vollständig abzusetzen.

11.3.6 OP-Technik – Schritt für Schritt

WAS BRAUCHE ICH?

- Tuchklemmen zur Befestigung des Abdecktuches (optional)
- Bauchtücher
- Skalpellklingen (z. B. Nr. 15)
- Skalpellgriff
- Metzenbaumscheren klein und mittel
- Fadenschere gebogen
- Nadelhalter
- chirurgische und anatomische Pinzetten
- Klemmen, z. B. Mosquito gerade und gebogen, Hirschhornklemmen, nach Pean
- 2 × Gewebefasszangen, z. B. Allis
- Stieltupfer
- Vlies-Wundkompressen
- warme sterile Kochsalz- oder Ringer-Laktat-Lösung
- Nierenschale
- Spritze und Kanüle, falls eine Punktion von Ovarialzysten erforderlich sein sollte
- Nahtmaterial

- Der Patient wird in Allgemeinanästhesie auf dem OP-Tisch in Brust-Bauch-Lage gelagert.
- Die Schnittführung erfolgt jeweils zwei Fingerbreit hinter der letzten Rippe und einen Fingerbreit unterhalb des Querfortsatzes des Lendenwirbels (▶Abb. 11-24). Die Bauchhöhle wird auch beim Zugang über die Flanke routinemäßig dreischichtig eröffnet (▶Kap. 6).

Bei der Eröffnung der Bauchhöhle muss auf Verklebungen geachtet werden und die Schnittführung vorsichtig erfolgen, damit innere Organe nicht verletzt werden.

- Das Ovar wird vorsichtig im Fettgewebe aufgesucht und durch mäßigen Zug vorgelagert. Das Ovar, die Salpinx (Tuba uterina) und der proximale Anteil des Uterushorns der jeweiligen Seite werden dargestellt (▶Abb. 11-25).
- Sollte das Vorlagern des Ovars aufgrund von großen Zysten nicht möglich sein, kann während der Operation zunächst etwas Zystenflüssigkeit abpunktiert werden (▶Abb. 11-26).

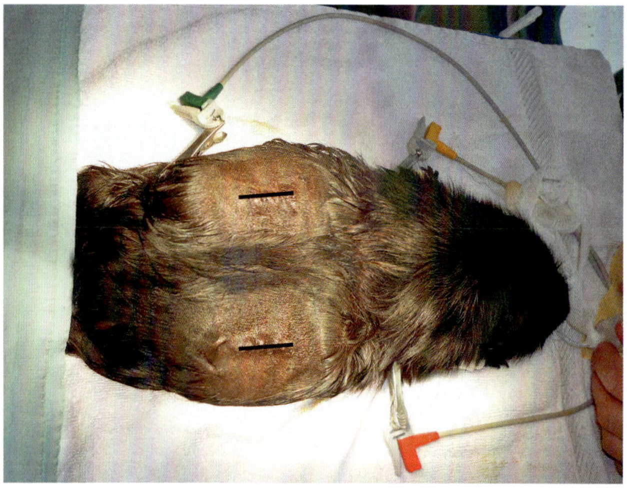

Abb. 11-24 Lagerung eines weiblichen Meerschweinchens in Brust-Bauch-Lage und Schnittführung (schwarze Linie) für die Ovariektomie.

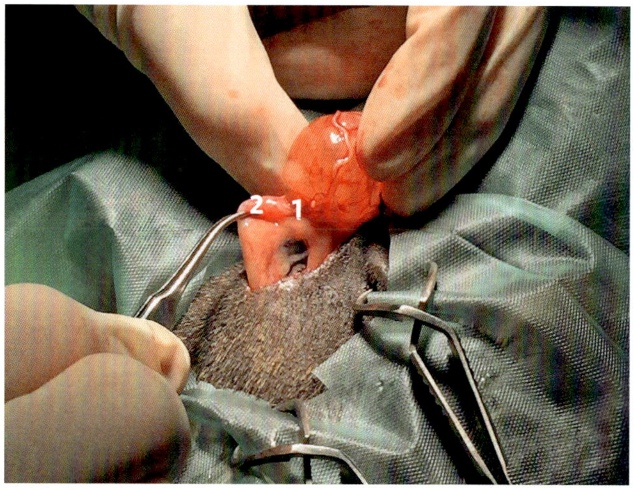

Abb. 11-25 Ovariektomie beim Meerschweinchen (rechter Bildrand kranial, linker Bildrand kaudal am Tierkörper): Angehobenes Ovar: Die Salpinx (Tuba uterina, **1**) und der proximale Anteil des Uterushorns (**2**) sind sichtbar.

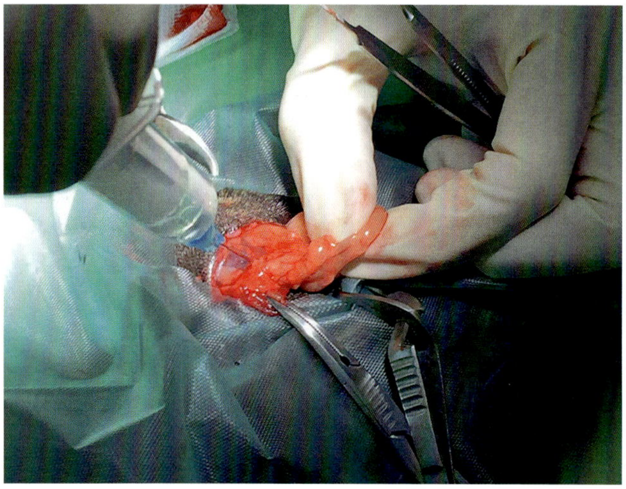

Abb. 11-26 Ovariektomie beim Meerschweinchen (rechter Bildrand kranial, linker Bildrand kaudal am Tierkörper): Um das zystisch veränderte Ovar aus der Operationswunde vorlagern zu können, wird mittels Kanüle soweit möglich Zystenflüssigkeit abpunktiert.

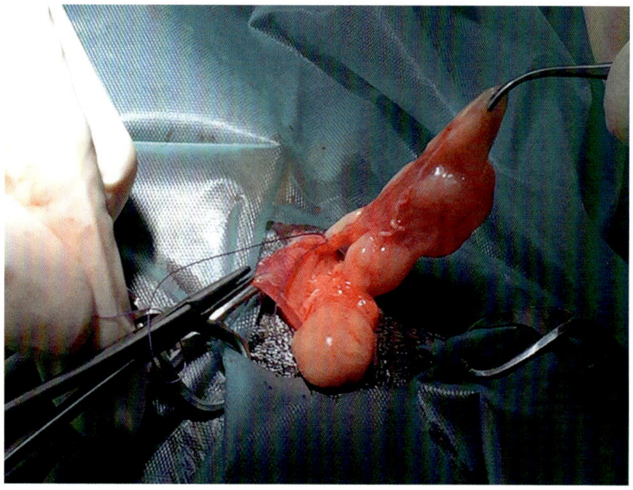

Abb. 11-27 Ovariektomie beim Meerschweinchen (rechter Bildrand kranial, linker Bildrand kaudal am Tierkörper): Die A. und V. ovarica werden im Mesovar ligiert.

- Nach Darstellung der A. und V. ovarica im Mesovar werden diese mit synthetischem resorbierbaren Nahtmaterial ligiert (▶Abb. 11-27).

> Neben der Fadenligatur können auch elektrochirurgische Methoden oder die Verwendung von Metall-Clips zum Einsatz kommen (▶Kap. 5.4).

- Durch die vorsichtige Fixierung des Gefäßes mit Hilfe einer anatomischen Pinzette erfolgt nach dem Absetzen eine Prüfung auf Blutung, bei Blutstille wird der Gefäßstumpf in die Bauchhöhle zurückverlagert.
- Eine zweite Ligatur mit synthetischem resorbierbarem Nahtmaterial erfolgt im Bereich der Uterushornspitze (▶Abb. 11-28). Anschließend werden das Ovar und der Anteil des Uterushorns kranial der Ligatur mittels Metzenbaumschere abgesetzt (▶Abb. 11-29). Es muss

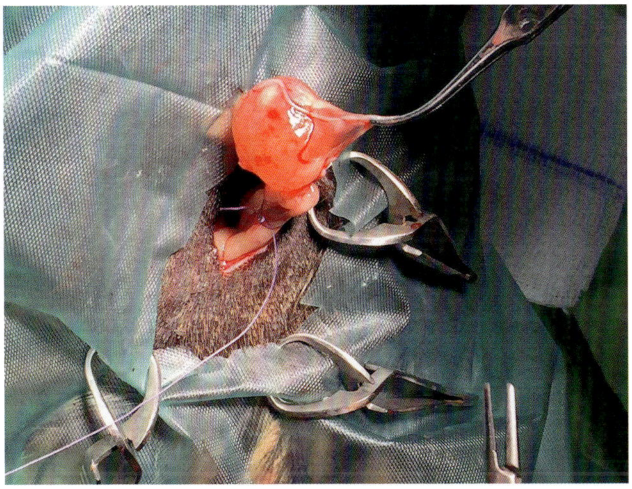

Abb. 11-28 Ovariektomie beim Meerschweinchen (oberer Bildrand kranial, unterer Bildrand kaudal am Tierkörper): Im proximalen Anteil des Uterushorns erfolgt eine weitere Ligatur.

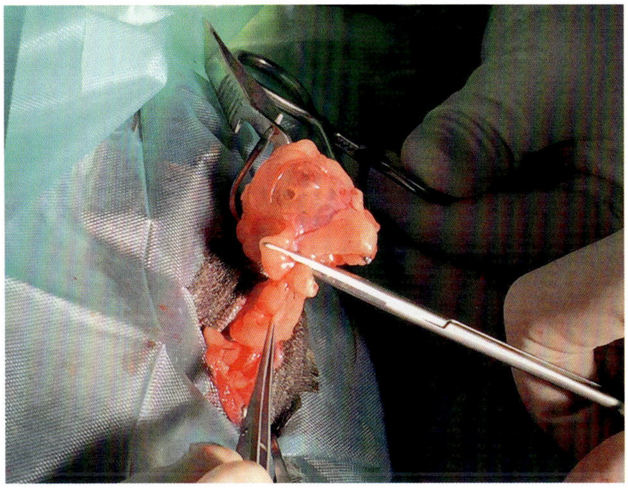

Abb. 11-29 Ovariektomie beim Meerschweinchen (oberer Bildrand kranial, unterer Bildrand kaudal am Tierkörper): Das Ovar und Uterushorn werden kranial der Ligatur abgesetzt und entfernt.

besonders gut darauf geachtet werden, das gesamte Ovar sowie die Salpinx vollständig zu entfernen, da es ansonsten zu einem Ovarian-Remnant-Syndrom oder zu einer zystischen Entartung von Eileiterresten kommen kann.

- Durch Fixierung des Uterus- und des Gefäßstumpfes mit Hilfe einer anatomischen Pinzette kann dieser auf eine unerwünschte Blutung überprüft werden. Bei Blutstille werden sie in die Bauchhöhle zurückverlagert.
- Anschließend wird die Wunde routinemäßig dreischichtig verschlossen (▶Kap. 5.2).
- Die Operationsschritte werden analog auf der anderen Seite wiederholt.

11.3.7 Komplikationen

Mögliche Komplikationen sind Blutungen, in seltenen Fällen Wundheilungsstörungen und Verklebungen, sowie eine Peritonitis.

11.3.8 Nachbehandlung

- In der Regel kann der Patient am Tag der Operation bereits entlassen werden. Bei Bedarf kann das Tier jedoch für 24–48 Stunden postoperativ stationär betreut und beobachtet werden.
- Postoperativ sollte das Tier je nach Indikation und Verlauf für 3–7 Tage analgetisch versorgt werden, z. B. mit Metamizol und/oder Meloxicam (▶Kap. 3.2).
- Die Indikationsstellung zur antibiotischen Therapie erfolgt individuell, bevorzugt nach Antibiogramm. Wird steril gearbeitet, ist eine Antibiotikagabe bei unveränderten bzw. ausschließlich zystisch veränderten Ovarien in der Regel nicht nötig.
- Das Fress- und Kotabsatzverhalten des Patienten sollte die ersten Tage nach der Operation gut beobachtet und das Körpergewicht täglich kontrolliert werden. Bei Bedarf erfolgt eine Handfütterung mit entsprechenden handelsüblichen Präparaten (▶Kap. 2.5).
- Je nach Befinden und intraoperativem Volumenverlust kann es nötig sein, die Infusionstherapie (▶Kap. 2.4) auch postoperativ fortzusetzen.
- Eine Wundkontrolle sollte einige Tage nach der Operation erfolgen.
- Bei einer intrakutanen Hautnaht müssen die Fäden nicht gezogen werden, bei Einzelheften sollte dies ca. 10 Tage nach der Operation erfolgen.

11.4 Kastration männlicher Kaninchen und Meerschweinchen

Zur Kastration männlicher Kaninchen und Meerschweinchen eignet sich eine Vielzahl unterschiedlicher Operationsmethoden. Grundsätzlich können neben den hier beschriebenen Vorgehensweisen auch präskrotale, abdominale sowie bedeckte Kastrationsmethoden durchgeführt werden.

11.4.1 Indikationen

Die Kastration beim männlichen Meerschweinchen oder Kaninchen wird durchgeführt, um unerwünschten Nachwuchs zu verhindern, aggressives Verhalten unter Artgenossen zu reduzieren bzw. diesem vorzubeugen und um unerwünschtes Verhalten wie Urinmarkieren zu vermeiden. Zudem stellen Tumoren oder Traumata (z.B. Bissverletzungen) sowie die Tumorprävention im Bereich des Hodens bzw. des Skrotums weitere Indikationen für eine Kastration dar.

Die **unbedeckte Kastrationsmethode** ist dabei nach Erfahrung der Autorinnen besonders **gut für Kaninchen** geeignet, die **halbbedeckte Kastrationsmethode** besonders gut **für Meerschweinchen**.

Männliche Kaninchen erreichen mit ca. 12 Wochen, Meerschweinchen schon mit ca. 3 Wochen die Geschlechtsreife. Eine Kastration nach diesem Zeitpunkt macht in der Regel eine Trennung von weiblich unkastrierten Tieren bis zu 6 Wochen post operationem notwendig, um eine eventuell noch mögliche Befruchtung sicher auszuschließen.

Alternativ kann die sogenannte **Frühkastration** vor Erreichen der Geschlechtsreife durchgeführt werden. Diese ist beim männlichen Kaninchen in der 9.–12. Lebenswoche und beim Meerschweinchenbock ab einem Körpergewicht von 200–250 Gramm möglich. Die Frühkastration kann zwar durch die sehr kleinen, feinen Gewebestrukturen und den teilweise unvollständigen Descensus testis anspruchsvoll sein, geht nach Erfahrungen der Autorinnen jedoch auch mit einer besonders unkomplizierten Wundheilung einher. Auf eine Trennung von unkastrierten Weibchen kann nach einer Frühkastration in der Regel verzichtet werden.

11.4.2 Kontraindikationen

Beim Vorliegen eines Kryptorchismus ist ggf. ein abdominaler Zugang (je nach Lage des kryptorchiden Hodens) dieser Operationsmethode vorzuziehen.

11.4.3 Alternativen zur chirurgischen Kastration

Bisher wurde der Einsatz eines Deslorelinimplantates (4,7 mg) bei einem **männlichen Kaninchen** veröffentlicht. Das Tier zeigte nach Implantation einen reduzierten Testosteronlevel sowie ein vollständiges Sistieren der sexuellen Aktivität. Der Einsatz der chemischen Kastration zur Vermeidung unerwünschten Nachwuchses beim männlichen Kaninchen ist somit denkbar. Da es derzeit jedoch keine weiteren Untersuchungen, z.B. zur maximalen Wirkungsdauer von Deslorelin, gibt, kann der Einsatz nicht empfohlen werden.

Der Einsatz eines Deslorelinimplantates hat bei **männlichen Meerschweinchen** keinen Einfluss auf die Fruchtbarkeit und kann daher nicht empfohlen werden.

11.4.4 Unbedeckte Kastration männlicher Kaninchen

11.4.4.1 Vorteile gegenüber anderen Kastrationsverfahren

Ein Vorteil der unbedeckten Kastration besteht darin, dass der Eingriff nicht sehr zeitintensiv ist und auch von weniger erfahrenen Chirurgen zügig durchgeführt werden kann.

Durch Eröffnen des Processus vaginalis kann dessen Inhalt (Hoden, Nebenhoden, Fettkörper, ggf. vorgefallene Abdominalorgane) genau in Augenscheingenommen werden. Ein „blindes" Absetzen von unbekannten Gewebestrukturen wird dadurch vermieden.

Die Ligaturen können gezielt platziert und auf ihren korrekten Sitz und eventuelle Nachblutungen hin kontrolliert werden. Weiterhin kann der Fettkörper (je nach Präferenz des Chirurgen) geschont oder vollständig entfernt werden. Die unbedeckte Kastration vermeidet auch eine unbeabsichtigte Ligatur im Fettgewebe, welche mit Fettgewebsnekrosen oder einem Abrutschen der Ligatur einhergehen kann.

Durch den Verschluss des Processus vaginalis wird das Risiko einer Herniation von abdominalem Gewebe (z.B. von Fett oder Abdominalorganen wie der Harnblase) gesenkt (aber nicht vollständig ausgeschlossen).

11.4.4.2 Nachteile gegenüber anderen Kastrationsverfahren

Bei der unbedeckten Kastrationsmethode sind im Gegensatz zur abdominalen oder präskrotalen Kastration zwei Schnitte erforderlich und es treten postoperativ stärkere Schwellungen im Wundbereich auf. Dies ist jedoch in der Regel mit keinerlei klinischen Auswirkungen verbunden.

Durch die temporäre Eröffnung der Bauchhöhle besteht eine größere Infektionsgefahr als bei der geschlossenen Kastrationsmethode.

Der bei dieser Operationsmethode beschriebene Verschluss des Processus vaginalis geht mit einer geringfügig größeren Gefahr der postoperativen Herniation einher, als dies bei anderen Operationsmethoden (wie z.B. der bedeckten oder halbbedeckten Kastration) der Fall ist.

Vor allem beim **Meerschweinchenbock**, mit seinem vergleichsweise weiten Leistenkanal, ist daher die **halbbedeckte Kastrationsmethode** (▶Kap. 11.4.5) der unbedeckten OP-Technik vorzuziehen.

EXKURS

Äußere männliche Geschlechtsorgane des Kaninchens

Der **Penis** des männlichen Kaninchens kann leicht vorgelagert werden und weist eine runde Harnröhrenöffnung auf. Im Gegensatz zum Meerschweinchen besitzen Kaninchen keinen Penisknochen.

Haarlose **Inguinalsäcke**, die bei beiden Geschlechtern vorhanden sind, enthalten Duftdrüsen (Anal- und Inguinaldrüsen) und befinden sich links und rechts der Anogenitalregion.

Im **Skrotum** befinden sich die **Hoden**, **Nebenhoden** (Epididymis) und kaudalen Samenstränge. Im Bereich des Nebenhodenkopfes und -schwanzes sind zum Teil große Fettkörper angelagert.

11.4.4.3 OP-Technik – Schritt für Schritt

WAS BRAUCHE ICH?

- Hirschhornklemmen zur Befestigung des Abdecktuches (optional)
- Skalpellklinge (z.B. Nr. 15)
- Skalpellhalter (optional)
- Baby-Metzenbaumschere
- Nadelhalter
- Fadenschere
- chirurgische und anatomische Pinzetten
- gerade Mosquito-Klemmen (optional)
- Stieltupfer (optional)
- Vlies-Wundkompressen
- Nahtmaterial (je nach Tiergröße Fadenstärke 3-0, 4-0 oder 5-0)

Aufgrund des lebenslang offenen Leistenkanals können die Hoden der Meerschweinchen und Kaninchen in die Bauchhöhle zurückgezogen werden. Sollten die Hoden zum Zeitpunkt der Operation plötzlich nicht im Skrotum auffindbar sein, hilft es, das Tier aufrecht zu positionieren und vorsichtig mit dem Daumen im Bereich der Leiste nach kaudal zu streichen.

- Die Lagerung des Patienten in Allgemeinanästhesie erfolgt auf dem OP-Tisch in Rückenlage (▶Abb. 11-30). Der Skrotalbereich sollte mit einer kleinen Schermaschine geschoren werden.
- Die intratestikuläre Injektion eines Lokalanästhetikums (▶Abb. 11-31; z.B. Lidocain 2–4 mg/kg, ▶Kap. 3.1.4) erfolgt nach vorheriger Hautdesinfektion. Dabei wird der jeweilige Hoden zwischen Daumen und Zeigefinger fixiert. Platziert man den Mittelfinger derselben Hand am kranialen Hodenpol, wird ein Zurückrutschen in den Leistenkanal verhindert.
- Nach Waschen und Desinfizieren der Skrotalhaut werden anschließend die Haut und der Processus vaginalis mittels Skalpellklinge eröffnet. Die Schnittführung erfolgt im ventralen Bereich des Hodens leicht lateral auf ca. 1 cm Länge (▶Abb. 11-32). Der Hoden wird dazu wie bei der intratestikulären Injektion fixiert.
- Die Tunica vaginalis ist vor allem bei älteren Tieren sehr derb und dickwandig. Eine Erweiterung des Schnittes mittels Metzenbaumschere erleichtert oftmals das Vorlagern des Hodens (▶Abb. 11-33).
- Ein vollständiges Vorlagern von Hoden und Nebenhoden wird durch das Ligamentum caudae epididymidis verhindert, welches den Nebenhodenschwanz mit dem Processus vaginalis verbindet (▶Abb. 11-34).
- Mit den Fingern (oder unter Zuhilfenahme einer trocknen Vlies-Wundkompresse) kann das Ligamentum

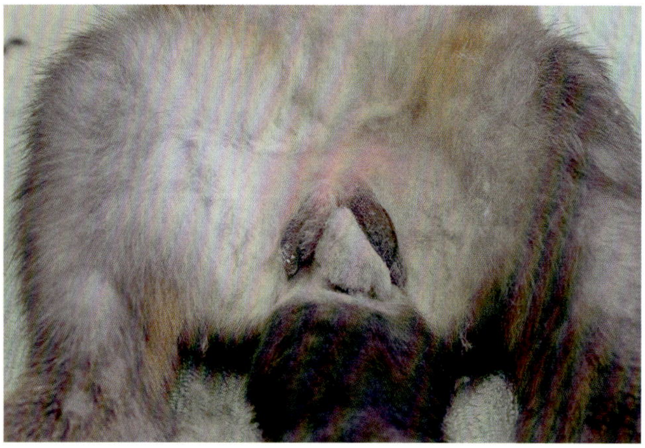

Abb. 11-30 Kaninchenbock kurz vor der Kastration in Rückenlage nach Rasur des Skrotalbereiches. Beide Hoden sind im Skrotum lokalisiert.

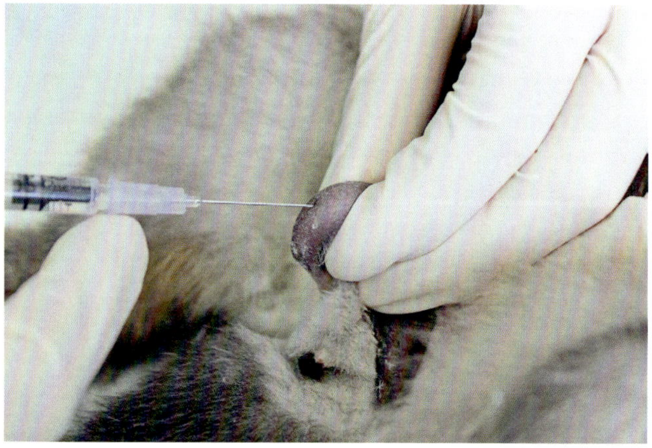

Abb. 11-31 Unbedeckte Kastration eines Kaninchenbocks: Nach Fixation des Hodens zwischen Daumen und Zeigefinger kann die intratestikuläre Injektion eines Lokalanästhetikums erfolgen.

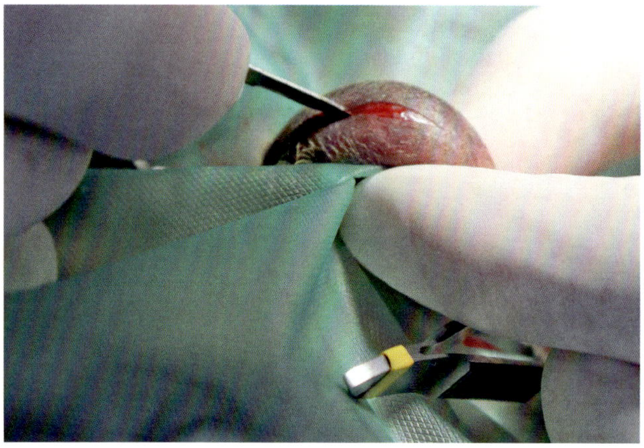

Abb. 11-32 Unbedeckte Kastration eines Kaninchenbocks (rechter Bildrand kranial, linker Bildrand kaudal am Tierkörper): Mit Hilfe einer Skalpellklinge werden Skrotalhaut und Processus vaginalis im ventralen Bereich des Hodens leicht lateral auf ca. 1 cm Länge eröffnet.

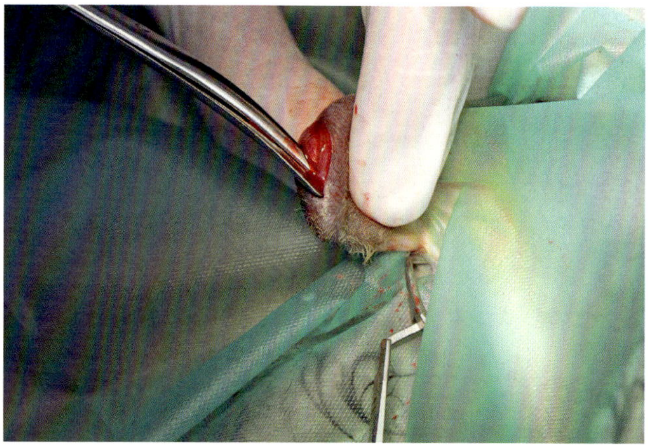

Abb. 11-33 Unbedeckte Kastration eines Kaninchenbocks (oberer Bildrand kranial, unterer Bildrand kaudal am Tierkörper): Um den Hoden leichter vorlagern zu können, wird die Inzision der Tunica vaginalis mittels Metzenbaumschere erweitert.

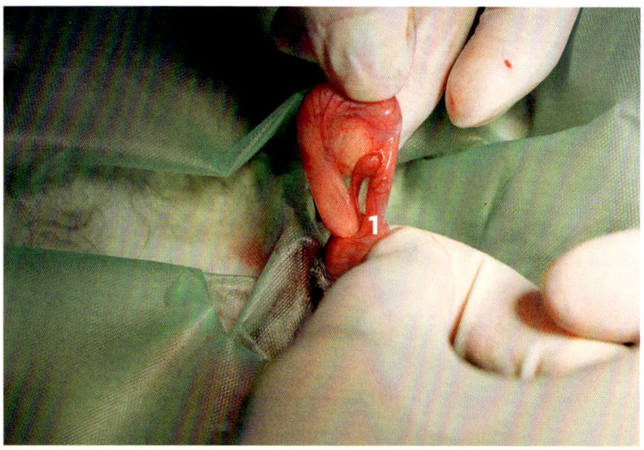

Abb. 11-34 Unbedeckte Kastration eines Kaninchenbocks (linker Bildrand kranial, rechter Bildrand kaudal am Tierkörper): Das vollständige Vorlagern von Hoden und Nebenhoden wird durch das Ligamentum caudae epididymidis verhindert (**1**).

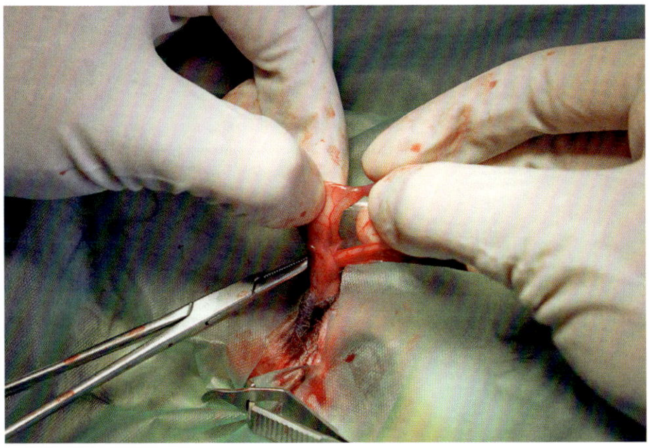

Abb. 11-35 Unbedeckte Kastration eines Kaninchenbocks (linker Bildrand kranial, rechter Bildrand kaudal am Tierkörper): Das Ligamentum caudae epididymidis wird stumpf durchtrennt.

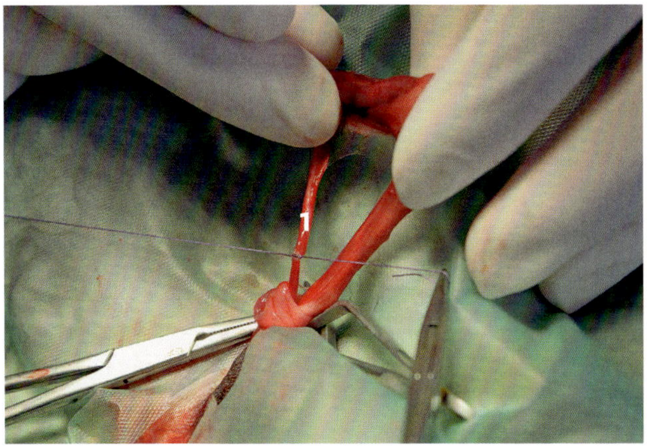

Abb. 11-36 Unbedeckte Kastration eines Kaninchenbocks (linker Bildrand kranial, rechter Bildrand kaudal am Tierkörper): Ligatur des Vas deferens (**1**)

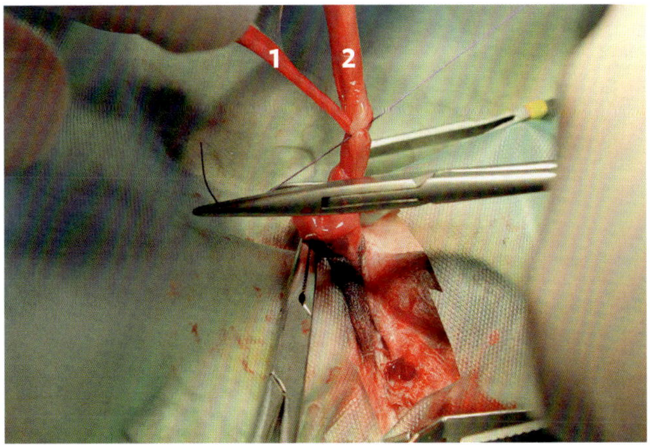

Abb. 11-37 Unbedeckte Kastration eines Kaninchenbocks (linker Bildrand kranial, rechter Bildrand kaudal am Tierkörper): Nach Ligatur des Samenstranges (**1**) wird das Nahtmaterial nicht abgesetzt sondern in einer „8er-Tour" um die Hodengefäße (**2**) gelegt und erneut verknotet.

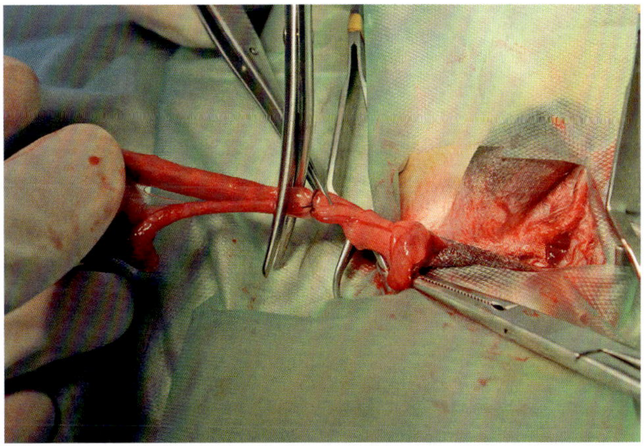

Abb. 11-38 Unbedeckte Kastration eines Kaninchenbocks (linker Bildrand kranial, rechter Bildrand kaudal am Tierkörper): Das Absetzen von Hoden und Nebenhoden erfolgt distal der Ligatur mittels Metzenbaumschere.

caudae epididymidis stumpf durchtrennt (▶Abb. 11-35) und der Hoden vollständig vorgelagert werden. Dies gelingt vor allem bei jüngeren Tieren sehr leicht. Ist das Ligament sehr derb (z. B. bei älteren Rammlern), kann auch eine Klemme oder Metzenbaumschere zur Durchtrennung verwendet werden.

- Die Ligatur des Vas deferens sowie der A. und V. testicularis erfolgt mittels resorbierbarem Nahtmaterial. Dazu können Vas deferens sowie die Hodengefäße entweder einzeln ligiert werden oder das Nahtmaterial wird nach Ligatur des Samenstranges (▶Abb. 11-36) in einer Art „8er-Tour" um die Hodengefäße gelegt und erneut ligiert (▶Abb. 11-37).

Samenstrang und Gefäße können zusätzlich proximal der Ligatur durch eine Klemme fixiert werden. Somit kann der Stumpf im Falle einer unerwünschten Blutung gesichert und die Blutung zügig gestillt werden.

- Nach Absetzen von Hoden, Nebenhoden und ggf. Fettkörper distal der Ligatur mittels Metzenbaumschere (▶Abb. 11-38) wird der Stumpf auf Blutungen hin kontrolliert und in den Processus vaginalis zurückverlagert.

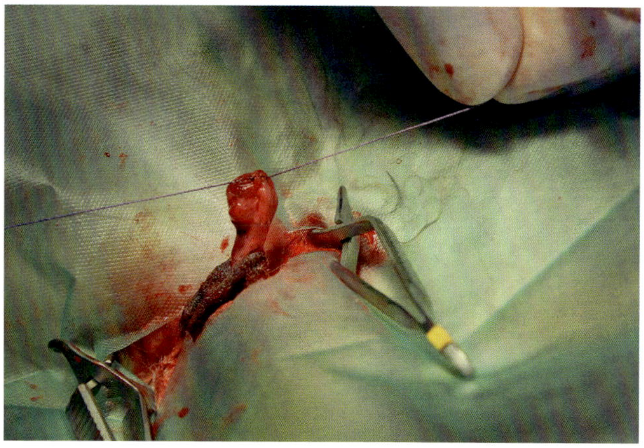

Abb. 11-39 Unbedeckte Kastration eines Kaninchenbocks (rechter Bildrand kranial, linker Bildrand kaudal am Tierkörper): Der Stumpf wird auf Blutungen hin kontrolliert und in den Processus vaginalis zurückverlagert. Dieser muss anschließend (z.B. mittels Sultanschem Diagonalheft) verschlossen werden.

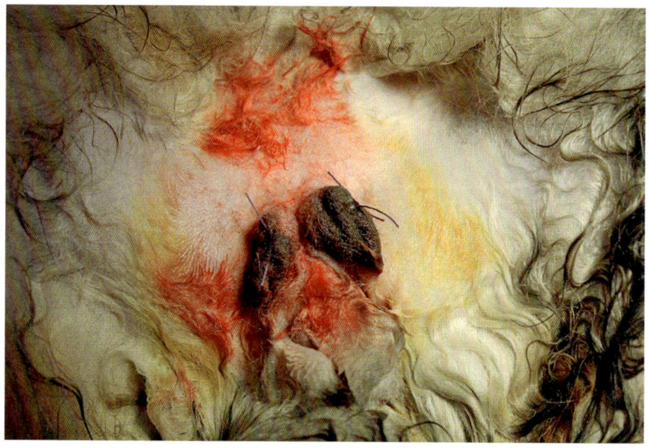

Abb. 11-40 Unbedeckte Kastration eines Kaninchenbocks (oberer Bildrand kranial, unterer Bildrand kaudal am Tierkörper): Die Haut wird mittels Sultanschem Diagonalheft oder Einzelheft verschlossen. Die andere Seite wird analog operiert.

Neben der Fadenligatur können auch elektrochirurgische Methoden oder die Verwendung von Metall-Clips zum Einsatz kommen (▶Kap. 5).

- Der Processus vaginalis wird anschließend zur Vermeidung eines möglichen Vorfalls von Abdominalorganen mittels Sultanschem Diagnonalheft verschlossen (▶Abb. 11-39).

Einige Chirurgen belassen den Fettkörper, um den Leistenkanal zu blockieren und die Gefahr einer Herniation von abdominalem Gewebe und Organen zusätzlich zu senken.

- Der Verschluss der Haut erfolgt mittels Sultanschem Diagonalheft oder Einzelheft (▶Abb. 11-40). Die einzelnen Schritte werden entsprechend auf der anderen Seite wiederholt.

Alternativ kann auf die Hautnaht verzichtet werden, um einer Manipulation der Naht durch den Patienten entgegenzuwirken. Dazu sollten die Wundränder aneinander adaptiert werden und einige Sekunden mit wenig Druck aufeinandergepresst werden. Bei Bedarf kann auch Gewebekleber zum Einsatz kommen.

11.4.4.4 Komplikationen

Als mögliche Komplikationen sind skrotale Hämatome und Blutungen zu nennen. Auch Kastrationsabszesse, Wundinfektionen und Wundheilungsstörungen können in seltenen Fällen auftreten. Ein Vorfall von abdominalem Fett und/ oder abdominalen Organen tritt ebenfalls nur selten auf, wenn auf den korrekten Verschluss des Processus vaginalis geachtet wird.

11.4.4.5 Nachbehandlung

- Erfahrungsgemäß erholen sich die Patienten sehr schnell von diesem Eingriff und können am Tag der Operation bereits entlassen werden.
- Postoperativ sollte das Tier je nach Indikation und Verlauf für 3–5 Tage analgetisch versorgt werden, z.B. mit Meloxicam (▶Kap. 3.2).

- Die Indikationsstellung zur antibiotischen Therapie erfolgt individuell. Wird steril gearbeitet, ist eine Antibiotikagabe bei unveränderten Hoden und Nebenhoden in der Regel nicht nötig.
- Das Fress- und Kotabsatzverhalten des Patienten sollte die ersten Tage nach der Operation gut beobachtet und das Körpergewicht täglich kontrolliert werden. Bei Bedarf erfolgt eine Handfütterung mit entsprechenden handelsüblichen Präparaten (▶Kap. 2.5).
- Eine Wundkontrolle sowie ggf. der Fadenzug sollte 7–10 Tage nach der Operation erfolgen.

11.4.5 Halbbedeckte Kastration bei männlichen Meerschweinchen

11.4.5.1 Vorteile gegenüber anderen Kastrationsverfahren

Ein Vorteil der halbbedeckten Kastration besteht darin, dass der Eingriff nicht sehr zeitintensiv ist und auch von wenig erfahrenen Chirurgen zügig durchgeführt werden kann.

Durch Eröffnen des Processus vaginalis kann dessen Inhalt (Hoden, Nebenhoden, Fettkörper, ggf. vorgefallene Abdominalorgane) genau in Augenscheingenommen werden. Ein „blindes“ Absetzen von unbekannten Gewebestrukturen wird dadurch vermieden.

Durch die Ligatur des Processus vaginalis wird der Leistenkanal verschlossen und somit das Risiko einer Herniation von abdominalem Gewebe (z.B. von Fett oder von Abdominalorganen wie der Harnblase) reduziert. Vor allem beim **Meerschweinchenbock**, mit seinem vergleichsweise weiten Leistenkanal, ist daher die **halbbedeckte Kastrationsmethode** der unbedeckten OP-Technik (▶Kap. 11.4.4) vorzuziehen.

Im Falle von selten auftretenden Kastrationsabszessen ist bei einer Re-Operation nach einer halbbedeckten Kastration das Auffinden des Kastrationsstumpfes erleichtert.

11.4.5.2 Nachteile gegenüber anderen Kastrationsverfahren

Bei der halbbedeckten Kastrationsmethode sind im Gegensatz zur abdominalen oder präskrotalen Kastration zwei Schnitte erforderlich und es treten postoperativ stärkere Schwellungen im Wundbereich auf. Dies ist jedoch in der Regel mit keinerlei klinischen Auswirkungen verbunden.

Durch die temporäre Eröffnung der Bauchhöhle besteht eine größere Infektionsgefahr als bei der bedeckten Kastrationsmethode.

EXKURS

Äußere männliche Geschlechtsorgane des Meerschweinchens

Die äußeren männlichen Geschlechtsorgane bestehen aus dem Penis und den Hoden. Weiterhin dienen die Gll. perineales (Perinealdrüsen) und die Gll. caudales (Kaudalorgan) dem Sexualverhalten.

Das distale Ende des Penis enthält einen **Penisknochen**. Kaudoventral der äußeren Harnröhrenöffnung befinden sich zwei verhornte Zacken in einer Ausbuchtung, welche nur bei Erektion hervorragen.

Im **Skrotum** befinden sich die **Hoden**, **Nebenhoden** (Epididymis) und kaudalen Samenstränge. Der Nebenhoden schmiegt sich an den Dorsalrand des Hodens. Im Bereich des Kopfes und Schwanzes sind große Fettkörper angelagert.

Die Perinealdrüsen (Gll. perineales), die bei beiden Geschlechtern vorhanden sind, sind beim männlichen Meerschweinchen deutlicher ausgeprägt. Sie enthalten käsiges Sekret, Haare und Hautdebris und sind beidseits des Anus lokalisiert.

Circa 1 cm dorsal des Anus liegt das Kaudalorgan. Diese Talgdrüse ist bei weiblichen und männlichen Meerschweinchen vorhanden, jedoch beim männlichen unkastrierten Tier deutlicher ausgeprägt und sezerniert (wie die Perinealdrüsen) Pheromone.

11.4.5.3 OP-Technik – Schritt für Schritt

WAS BRAUCHE ICH?

- Hirschhornklemmen zur Befestigung des Abdecktuches (optional)
- Skalpellklinge (z.B. Nr. 15)
- Skalpellhalter (optional)
- Baby-Metzenbaumschere
- Nadelhalter
- Fadenschere
- chirurgische und anatomische Pinzetten
- gerade Mosquitoklemmen (optional)
- Stieltupfer (optional)
- Vlies-Wundkompressen
- Nahtmaterial

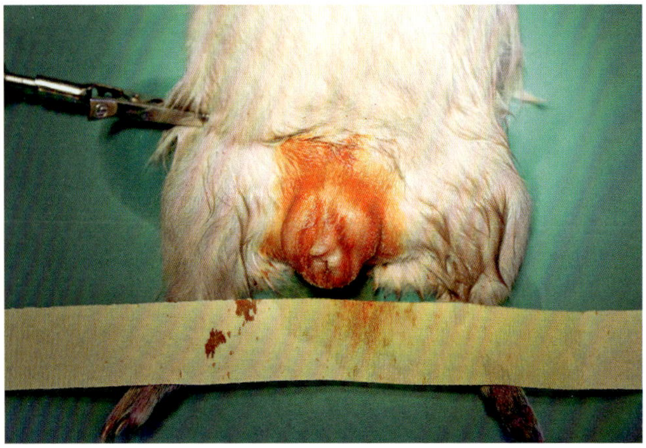

Abb. 11-41 Meerschweinchenbock kurz vor der Kastration in Rückenlage. Das Operationsfeld ist rasiert, gewaschen und desinfiziert. Zur sicheren Fixierung sind die Hintergliedmaßen des Patienten mittels Klebestreifen auf dem Operationstisch befestigt.

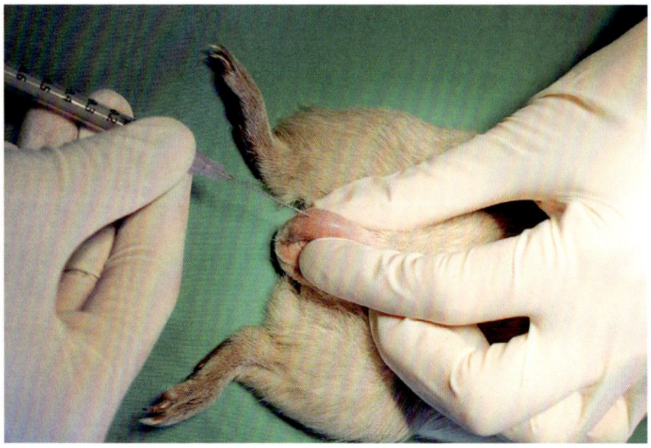

Abb. 11-42 Halbbedeckte Kastration eines Meerschweinchenbocks: Applikation der intratestikulären Lokalanästhesie

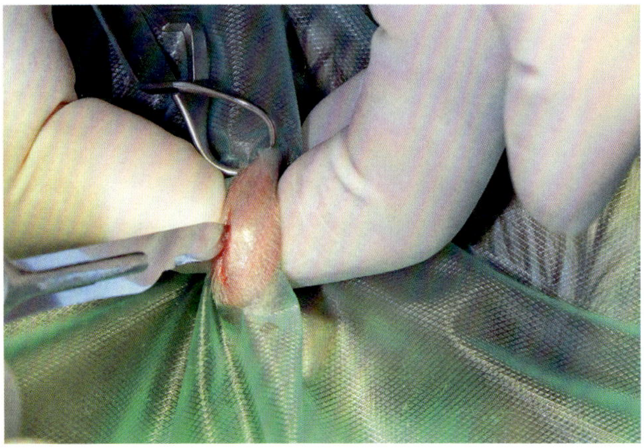

Abb. 11-43 Halbbedeckte Kastration eines Meerschweinchenbocks (oberer Bildrand kranial, unterer Bildrand kaudal am Tierkörper): Hautschnitt unter Fixieren des Hodens im Skrotum

Aufgrund des lebenslang offenen Leistenkanals können die Hoden der Meerschweinchen und Kaninchen in die Bauchhöhle zurückgezogen werden. Sollten die Hoden zum Zeitpunkt der Operation plötzlich nicht im Skrotum auffindbar sein, hilft es, das Tier aufrecht zu positionieren und vorsichtig mit dem Daumen im Bereich der Leiste nach kaudal zu streichen.

- Der Patient in Allgemeinanästhesie wird in Rückenlage gelagert (▶Abb. 11-41).
- Die intratestikuläre Injektion eines Lokalanästhetikums (▶Abb. 11-42; z.B. Lidocain 2–4 mg/kg, ▶Kap. 3.1.4) erfolgt nach vorheriger Hautdesinfektion. Dabei wird der jeweilige Hoden zwischen Daumen und Zeigefinger fixiert. Platziert man den Mittelfinger derselben Hand am kranialen Hodenpol, wird zusätzlich ein Zurückrutschen in den Leistenkanal verhindert.
- Zunächst werden die Hoden im Hodensack aufgesucht und fixiert. Die Schnittführung erfolgt im ventralen Bereich des Hodens leicht lateral auf ca. 1 cm Länge (▶Abb. 11-43).
- Anschließend erfolgt ein vorsichtiges Eröffnen des Processus vaginalis mittels Metzenbaumschere oder Skalpell (▶Abb. 11-44a, b).

11

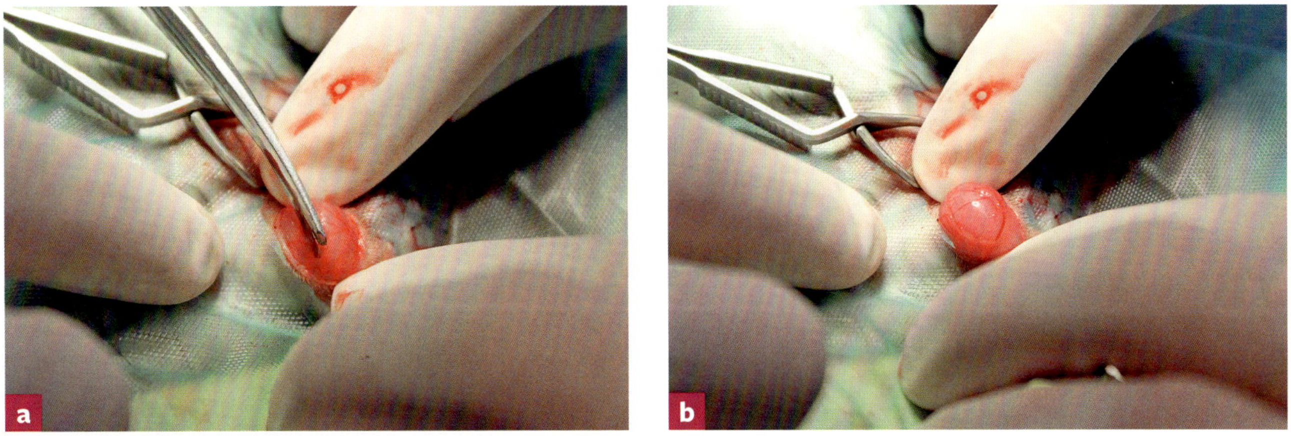

Abb. 11-44 Halbbedeckte Kastration eines Meerschweinchenbocks (oberer Bildrand kranial, unterer Bildrand kaudal am Tierkörper): Eröffnen des Processus vaginalis

a Eröffnen des Processus vaginalis mittels Metzenbaumschere
b Eröffneter Processus vaginalis mit Blick auf den Hoden

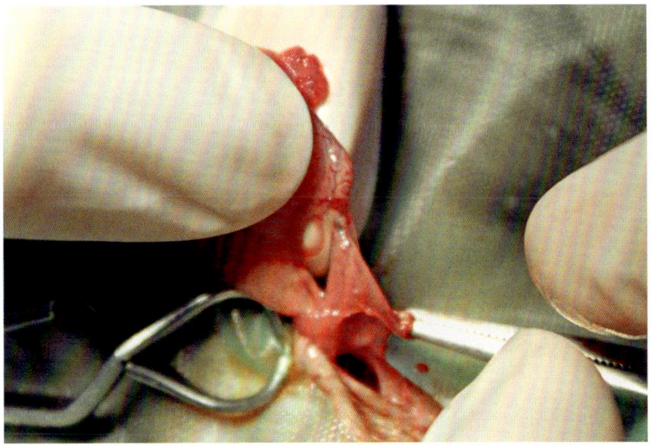

Abb. 11-45 Halbbedeckte Kastration eines Meerschweinchenbocks (linker Bildrand kranial, rechter Bildrand kaudal am Tierkörper): stumpfe Durchtrennung des Ligamentum caudae epididymidis

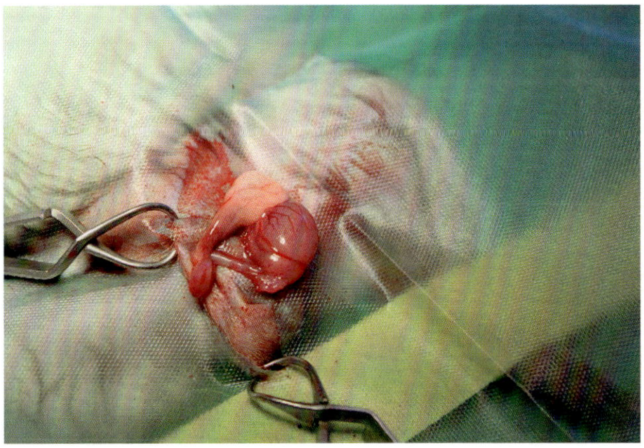

Abb. 11-46 Halbbedeckte Kastration eines Meerschweinchenbocks (oberer Bildrand kranial, unterer Bildrand kaudal am Tierkörper): vorgelagerter Hoden, Nebenhoden und Fettkörper

- Das Ligamentum caudae epididymidis zwischen Nebenhodenschwanz und Processus vaginalis (▶Abb. 11-45) wird stumpf durchtrennt und Hoden, Nebenhoden und Fettkörper vorgelagert (▶Abb. 11-46).
- Die Ligatur des Samenstranges sowie der A. und V. testicularis mit einer Gewebebrücke: Der Processus vaginalis bedeckt dabei den Samenstrang sowie die Gefäße und die Ligatur wird um den Processus vaginalis gelegt (▶Abb. 11-47).
- Anschließend können Hoden, Nebenhoden und ggf. Fettkörper distal der Ligatur abgesetzt werden.

Einige Chirurgen belassen den Fettkörper, um den Leistenkanal zusätzlich zu blockieren und außerdem die Gefahr einer Herniation von abdominalem Gewebe und Organen zu senken.

- Der Verschluss der Haut erfolgt mittels Sultanschem Diagonalheft oder Einzelheft (▶Abb. 11-48). Die einzelnen Schritte werden entsprechend auf der anderen Seite wiederholt.

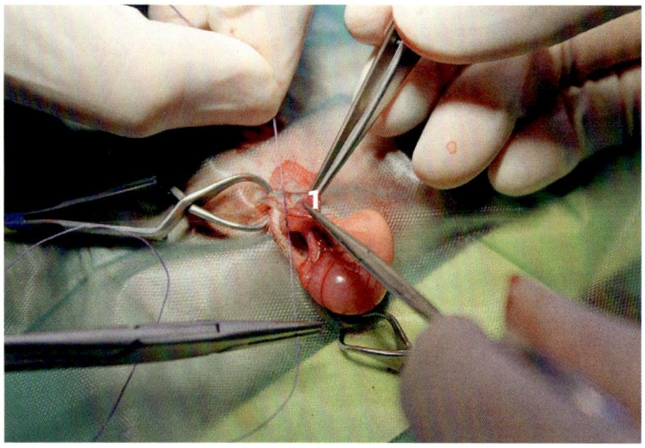

Abb. 11-47 Halbbedeckte Kastration eines Meerschweinchenbocks (oberer Bildrand kranial, unterer Bildrand kaudal am Tierkörper): Ligatur des Samenstranges und der Gefäße unter Einschluss des Processus vaginalis (**1**)

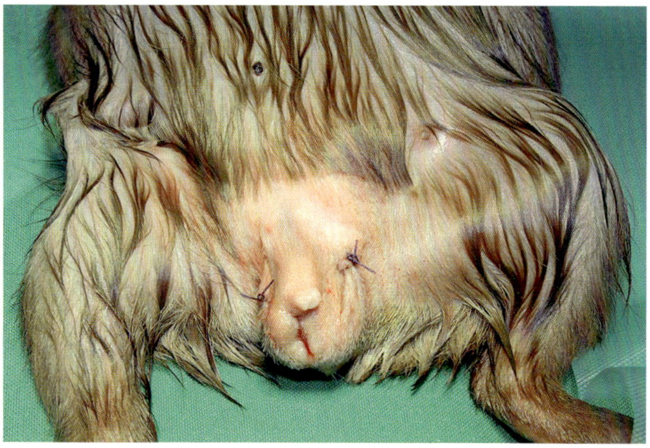

Abb. 11-48 Halbbedeckte Kastration eines Meerschweinchenbocks: Zustand post operationem

11.4.5.4 Komplikationen

Als mögliche Komplikationen sind skrotale Hämatome und Blutungen zu nennen. Auch Kastrationsabszesse, Wundinfektionen und Wundheilungsstörungen können in seltenen Fällen auftreten. Ein Vorfall von abdominalem Fett und/oder abdominalen Organen tritt nur selten auf, wenn auf eine sichere Ligatur um den Processus vaginalis geachtet wird.

11.4.5.5 Nachbehandlung

- Erfahrungsgemäß erholen sich die Patienten sehr schnell von diesem Eingriff und können am Tag der Operation bereits entlassen werden.
- Postoperativ sollte das Tier je nach Indikation und Verlauf für 3–5 Tage analgetisch versorgt werden, z. B. mit Meloxicam (▶Kap. 3.2).
- Die Indikationsstellung zur antibiotischen Therapie erfolgt individuell. Wird steril gearbeitet, ist eine Antibiotikagabe bei unveränderten Hoden und Nebenhoden in der Regel nicht nötig.
- Das Fress- und Kotabsatzverhalten des Patienten sollte die ersten Tage nach der Operation gut beobachtet und das Körpergewicht täglich kontrolliert werden. Bei Bedarf erfolgt eine Handfütterung mit entsprechenden handelsüblichen Präparaten (▶Kap. 2.5).
- Eine Wundkontrolle sowie ggf. der Fadenzug sollte 7–10 Tage nach der Operation erfolgen.

11.5 Mastektomie

11.5.1 Indikationen

Der häufigste Grund für eine Mastektomie ist sowohl bei Kaninchen als auch bei Meerschweinchen das Vorliegen einer neoplastischen Entartung von Brustdrüsengewebe. Die Tumoren können dabei milchiges, bernsteinfarbenes oder auch blutiges Sekret absondern. Große Tumoren können mit einer Ulzeration der Haut einhergehen.

Beim **Meerschweinchen** kommen Mammatumoren bei Weibchen und Männchen vor, meist bei Tieren über 3 Jahren. Verschiedene Studien kamen dabei zu sehr unterschiedlichen Ergebnissen, ob diese Tumoren häufiger bei weiblichen oder männlichen Tieren auftreten, sodass die geschlechtsspezifische Prävalenz nicht abschließend geklärt ist. Circa zwei Drittel der Mammatumoren sind maligne und können eine hohe Rezidivrate aufweisen.

Beim **Kaninchen** kommen Mammatumoren vor allem bei älteren, unkastrierten Weibchen vor. Aber auch bei spätkastrierten Häsinnen kann ein Mammatumor noch Jahre nach der Kastration auftreten. Die jahrelange übermäßige Stimulation mit Östrogenen und Progesteron wird dabei mit der Tumorentstehung in Zusammenhang gebracht. Auch seltene, Prolaktin sezernierende Tumoren der Hypophyse können zur Entwicklung von Mammatumoren führen. Bei männlichen Kaninchen sind Mammatumoren selten. Bisher wurde nach Kenntnissen der Autorinnen nur ein Fallbericht dazu veröffentlicht. Beim weiblichen Kaninchen sind bis zu 70 % der Mammatumoren maligne. In diesen Fällen sind Tumorrezidive sowie Metastasen (vor allem in Lunge und

Lymphknoten) möglich. Benigne Mammatumoren haben, nach vollständiger chirurgischer Exstirpation, eine niedrige Rezidivrate.

Auch bei hochgradigen Fällen von Mastitiden kann eine Mastektomie bei Meerschweinchen und Kaninchen angezeigt sein.

EXKURS

Mammakomplexe beim Meerschweinchen

Sowohl weibliche als auch männliche Meerschweinchen besitzen ein einzelnes Milchdrüsenpaar im Inguinalbereich, wobei das Brustdrüsengewebe der Männchen stark verkümmert ist. Beide Mammakomplexe haben keine gemeinsame Blut- oder Lymphgefäßversorgung und können so leicht getrennt voneinander chirurgisch entfernt werden.

Mammakomplexe beim Kaninchen

Weibliche Kaninchen besitzen 4–5 Milchdrüsenpaare, welche sich vom axillären Bereich der ventralen Brustwand bis in die Inguinalregion erstrecken. Beim männlichen Kaninchen sind die Zitzen meist nur rudimentär angelegt.

11.5.2 Kontraindikationen

Bakterielle Mastitiden (z.B. durch Staphylokokken, Pasteurellen oder Streptokokken) können häufig konservativ behandelt werden. Sie kommen vor allem bei laktierenden oder, im Falle von Kaninchen, auch scheinschwangeren Tieren vor. Eine Milchprobe kann mikrobiologisch untersucht werden und eine antibiotische Therapie nach Resistenzlage begonnen werden. Meist müssen die Welpen in diesen Fällen frühzeitig abgesetzt werden. Nur in besonders schweren oder therapieresistenten Fällen ist eine chirurgische Exstirpation angezeigt.

Im Rahmen einer Scheinschwangerschaft kann sich bei Kaninchen eine Lactatio falsa mit angebildeten Mammakomplexen und Milchsekretion entwickeln, welche in der Regel nach 16–17 Tagen ohne therapeutische Maßnahmen verschwindet.

Zystische Veränderungen von Milchdrüsengewebe können bei Kaninchen mit uteriner Hyperplasie oder uterinen Adenokarzinomen beobachtet werden. Sie stellen eine Tumorvorstufe dar, können sich jedoch bei rechtzeitiger Ovariohysterektomie vollständig zurückbilden.

Bei Lactatio falsa und zystischen oder neoplastischen Veränderungen von Mammagewebe kann es zu einer Milchbildung bzw. zur Bildung von milchähnlichem Sekret kommen, was die makroskopische Differenzierung dieser Krankheitsbilder erschwert.

Aufgrund des Zusammenhangs zwischen einer Mammatumorentstehung und uterinen Veränderungen beim Kaninchen, ist es ratsam, bei dieser Tierart zeitgleich zur Mastektomie auch eine Ovariohysterektomie durchzuführen (▶Kap. 11.1).

11.5.3 OP-Technik – Schritt für Schritt

Beim **Kaninchen** können **benigne** kleine Umfangsvermehrungen über eine Nodulektomie entfernt werden. Bei größeren **malignen** Mammatumoren sollte der betroffene Mammakomplex vollständig entfernt werden (einfache Mastektomie). Liegt die Umfangsvermehrung zwischen zwei Mammakomplexen, ist die vollständige Entfernung beider Drüsenkomplexe zu empfehlen (regionale Mastektomie). Multiple Umfangsvermehrungen in unterschiedlichen Mammakomplexen können auch eine radikale Entfernung der gesamten Milchleiste unilateral oder bilateral notwendig machen.

Beim **Meerschweinchen** wird in der Regel der betroffene Mammakomplex vollständig entfernt.

Sowohl bei **Kaninchen** als auch beim **Meerschweinchen** sollten veränderte regionale Lymphknoten, wenn möglich, mitentfernt werden.

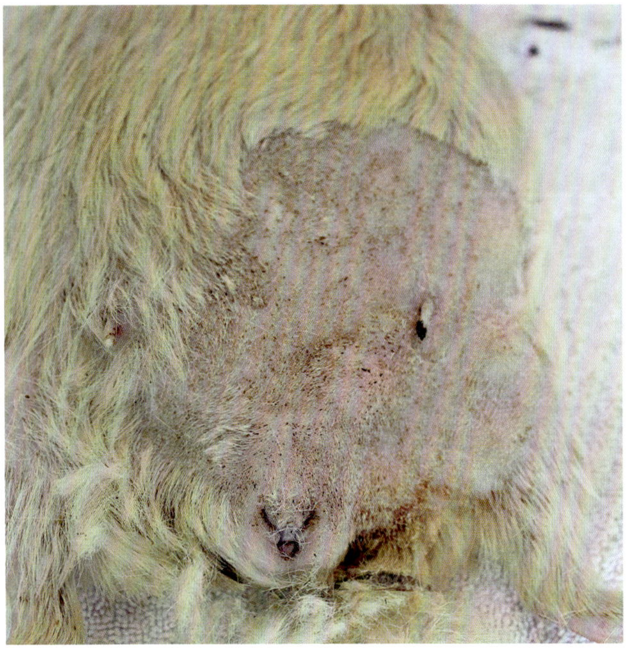

Abb. 11-49 Lagerung des Patienten (hier weibliches Meerschweinchen) in Rückenlage. Die Umgebung des betroffenen Mammakomplexes wurde geschoren.

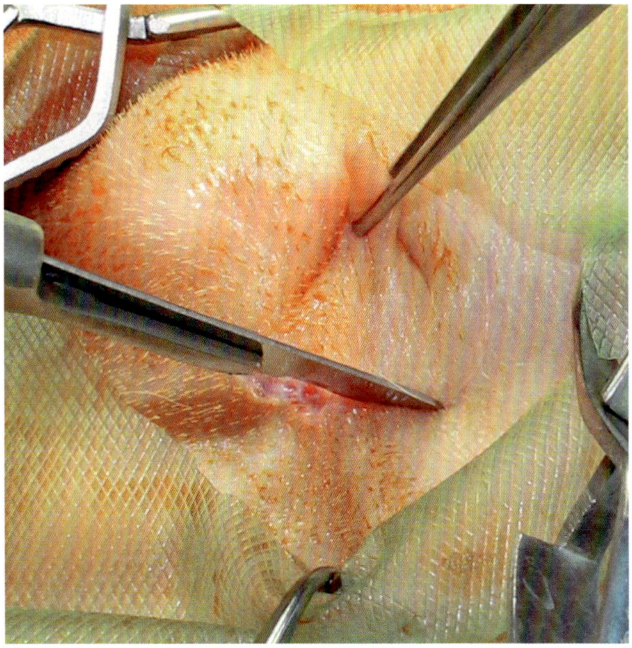

Abb. 11-50 Mastektomie bei einem Meerschweinchen (oberer Bildrand kaudal, unterer Bildrand kranial am Tierkörper): Der betroffene Drüsenkomplex wird mit dem Skalpell ellipsoid umschnitten.

WAS BRAUCHE ICH?

- Hirschhornklemmen zur Befestigung des Abdecktuches (optional)
- Skalpellklinge (z.B. Nr. 15)
- Skalpellhalter
- Baby-Metzenbaumschere
- Nadelhalter
- Fadenschere
- chirurgische und anatomische Pinzetten
- Klemmen, z.B. Mosquito gerade und gebogen, Hirschhornklemmen, Pean
- Stieltupfer
- Vlies-Wundkompressen
- warme, sterile Kochsalz- oder Ringer-Laktat-Lösung
- Nierenschale
- Nahtmaterial

- Die Lagerung des Patienten in Allgemeinanästhesie auf dem OP-Tisch erfolgt in Rückenlage (▶Abb. 11-49).
- Mit einem Skalpell wird der betroffene Drüsenkomplex ellipsoid umschnitten (▶Abb. 11-50).

Der bei Hunden und Katzen übliche Abstand zum Tumor von mindestens 1 cm kann bei Meerschweinchen und Kaninchen aufgrund der Tiergröße meist nicht eingehalten werden.

- Unter Schonung des Drüsenkomplexes wird das umliegende Gewebe bis auf die Bauch- oder Thoraxwand vorsichtig mittels Metzenbaumschere durchtrennt (▶Abb. 11-51). Auch kleine Stieltupfer sind bei der Präparation sehr hilfreich.
- Anschließend wird das zu entfernende Gewebe angehoben und mit gleitenden Bewegungen der Schere oder mit Hilfe von Stieltupfern von der Unterlage abpräpariert (▶Abb. 11-52).
- Die den Mammakomplex und die Tumoren versorgenden Blutgefäße können ligiert oder alternativ auch mittels Elektrokoagulation verödet werden (▶Abb. 11-53).

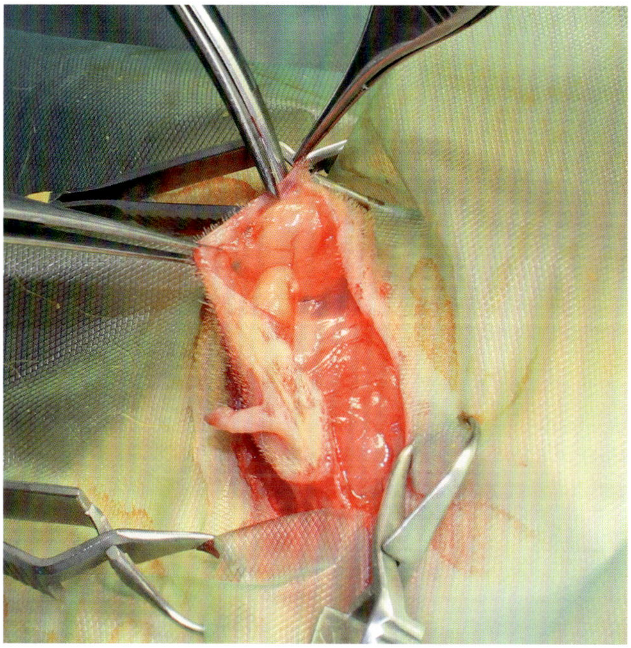

Abb. 11-51 Mastektomie bei einem Meerschweinchen (oberer Bildrand kaudal, unterer Bildrand kranial am Tierkörper): Unter Schonung des Drüsenkomplexes wird das umliegende Gewebe mittels Metzenbaumschere bis zur Faszie der Bauch- oder Brustwand durchtrennt.

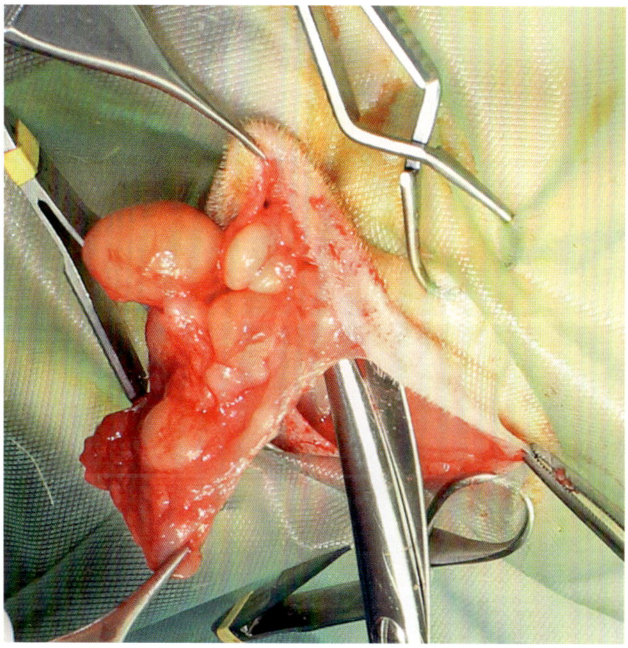

Abb. 11-52 Mastektomie bei einem Meerschweinchen (oberer Bildrand kaudal, unterer Bildrand kranial am Tierkörper): Das zu entfernende Gewebe wird vorsichtig angehoben und mit gleitenden Bewegungen der Schere von der Unterlage abpräpariert.

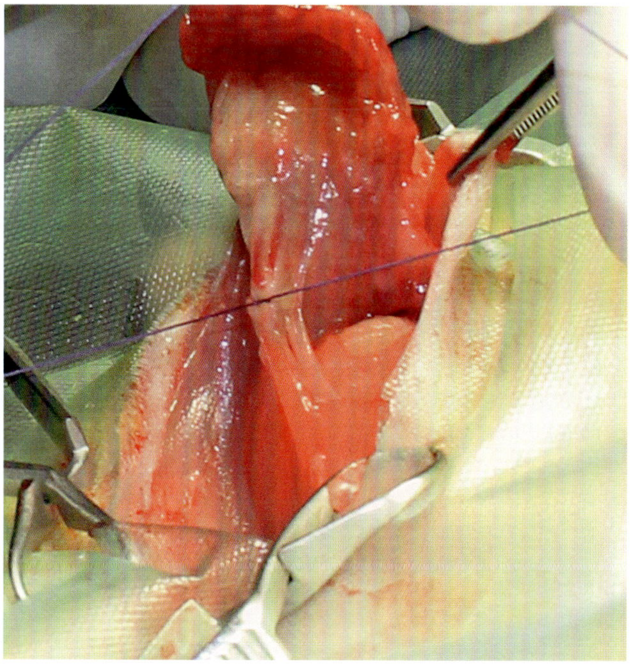

Abb. 11-53 Mastektomie bei einem Meerschweinchen (oberer Bildrand kaudal, unterer Bildrand kranial am Tierkörper): Die den Mammakomplex und die Tumoren versorgenden Blutgefäße werden ligiert und anschließend durchtrennt.

Die nach vollständiger Entfernung des Mammakomplexes entstehende Wundhöhle kann sehr groß sein (▶Abb. 11-54). Eine gründliche Untersuchung auf nicht vollständig entferntes abnormales Gewebe sollte durchgeführt werden. Nach Spülung mit steriler, handwarmer Kochsalz- oder Ringer-Laktat-Lösung kann eine Verkleinerung der Wundhöhle, z. B. durch „walking sutures“, vorgenommen werden. Dies ist jedoch gerade bei Meerschweinchen sehr schwierig, da die Bauchmuskulatur im Inguinalbereich nur sehr spärlich ausgeprägt ist. Alternativ kann die Wunde auch mittels Sultanschen Diagonalheften verkleinert werden, bevor eine fortlaufende Unterhautnaht erfolgt.

- Anschließend erfolgt der Verschluss der Haut mittels Einzelheften (▶Abb. 11-55). Stehen die Wundränder unter erhöhter Spannung, können auch Sultansche Diagonalhefte oder U-Hefte platziert werden.

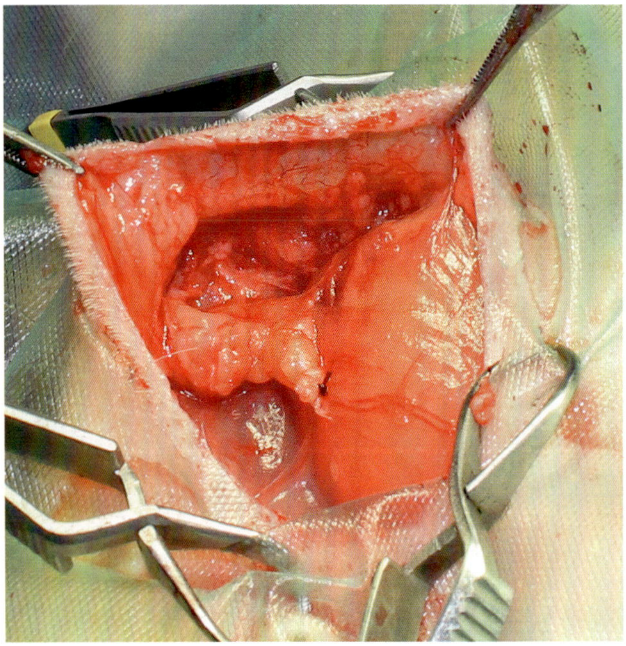

Abb. 11-54 Mastektomie bei einem Meerschweinchen (oberer Bildrand kaudal, unterer Bildrand kranial am Tierkörper): ausgedehnte Wundhöhle nach vollständiger Entfernung des Mammakomplexes

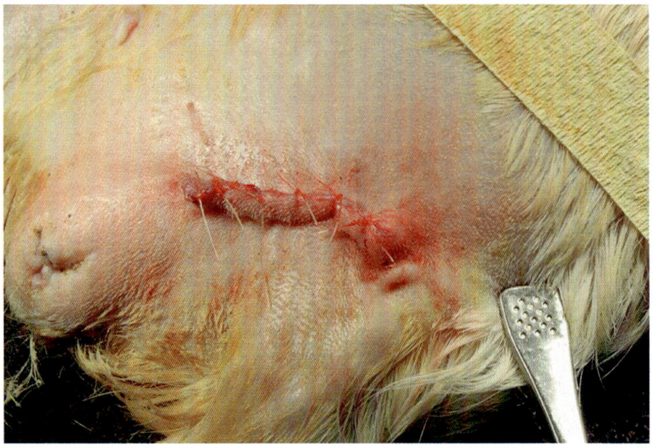

Abb. 11-55 Mastektomie bei einem Meerschweinchen: Verschluss der Haut mittels Einzelheften

11.5.4 Komplikationen

Nach einer Mastektomie können Entzündungen des Wundgebietes, Blutungen, die Bildung von Seromen, Wundheilungsstörungen, inklusive Automutilationen, Nahtdehiszenzen und Tumorrezidive, auftreten.

11.5.5 Nachbehandlung

- In der Regel kann das Tier am Tag der Operation bereits entlassen werden.
- Je nach Schmerzhaftigkeit muss der Patient 3–7 Tage lang (ggf. auch länger) ein Analgetikum erhalten. Hierfür eignet sich z. B. Meloxicam (▶ Kap. 3.2).
- Die Indikationsstellung zur antibiotischen Therapie erfolgt individuell, bevorzugt gemäß Antibiogramm.
- Je nach Befinden kann es nötig sein, die Infusionstherapie (▶ Kap. 2.4) auch postoperativ fortzusetzen.
- Das Fress- und Kotabsatzverhalten des Patienten sollte die ersten Tage nach der Operation gut beobachtet und das Körpergewicht täglich kontrolliert werden. Bei Bedarf erfolgt eine Handfütterung mit entsprechenden handelsüblichen Präparaten (▶ Kap. 2.5).
- Die Wunde sollte einige Tage nach der Operation kontrolliert werden.
- Die Fäden sollten ca. 10 Tage nach der Operation gezogen werden.

Anhang

ZUSATZMATERIAL ONLINE

Den Anamnesebogen sowie die Nachsorgeempfehlung gibt es auch online. Im geschlossenen Bereich auf www.vetline.de handelt es sich um Inhalte für Tierärzt*innen und Student*innen der Tiermedizin, daher ist zur Sicherstellung der Zugehörigkeit zu diesen Fachkreisen eine Registrierung erforderlich. Als Tierärzt*innen oder Student*innen der Tiermedizin können Sie sich unter Vorlage eines entsprechenden Nachweises jederzeit kostenfrei auf www.vetline.de anmelden und beide Dokumente unter folgendem Link als PDF downloaden:
www.vetline.de/download_9798_thoele_eckert

☐ Bitte ankreuzen

Anamnesebogen

Tierhalter

Name: .... Patientenname: .... Datum: ....

Adresse: ....

Telefon: .... E-Mail: ....

Signalement

Alter: .... Geschlecht: .... kastriert: ....

Rasse: .... Fellfarbe: .... Gewicht: ....

Haltung

Im Besitz seit: .... Erworben von: ....

Partnertiere (Anzahl, Alter, Geschlecht): ....

☐ Innenhaltung ☐ Außenhaltung ☐ Käfig ☐ Gehege ☐ eigenes Zimmer ☐ freie Wohnungshaltung

Gehege-/Käfiggröße: ....

Kontakt zu anderen Tieren (Haustiere, Wildtiere): ....

Verwendete Einstreu/Untergrund: ....

Fütterung und Verdauung

Frisst Ihr Tier Heu? ....

Bekommt Ihr Tier Frischfutter (welches)? ....

Werden Leckerlies/Knabberstangen/Nagersteine angeboten? ....

Bekommt Ihr Tier ein Fertigmischfutter (welches/wieviel)? ....

Derzeitige Futteraufnahme: ☐ normal ☐ weniger ☐ gar nicht ☐ vermehrt

Wasserangebot: ☐ Nippeltränke ☐ Wasserschale ☐ Sonstiges

Derzeitige Wasseraufnahme: ☐ normal ☐ weniger ☐ gar nicht ☐ vermehrt

Derzeitiger Urinabsatz: ☐ normal ☐ weniger ☐ gar nicht ☐ vermehrt ☐ Urin verändert

Derzeitiger Kotabsatz: ☐ normal ☐ weniger ☐ gar nicht ☐ vermehrt ☐ Kot verändert

Gesundheit und Vorerkrankungen

Letzte Impfung (Kaninchen, bitte verwendeten Impfstoff angeben): ....

Vorerkrankungen: ....

....

Derzeitige Medikation: ....

Grund der Vorstellung: ....

....

Nachsorgeempfehlung

Tierhalter: .... Datum: ....

Patientenname: ....

Durchgeführter Eingriff: ....

Körpergewicht am Tag der Entlassung: ....

Damit eine optimale Genesung stattfinden kann, bitten wir Sie, die folgenden Empfehlungen einzuhalten:

- Kontrollieren Sie das Körpergewicht Ihres Tieres täglich (z. B. auf einer Küchenwaage).
- Achten sie auf normalen Kot- und Urinabsatz. Bitte melden Sie sich, wenn Ihr Tier keinen Kot oder Urin absetzen sollte oder Durchfall entwickelt.
- Bei Nicht-Fressen muss Ihr Tier von Ihnen wie folgt zugefüttert werden:
  - Empfohlene Breinahrung: ....
  - Fütterungsmenge pro Mahlzeit: ....
  - Mahlzeiten pro Tag: ....
- Zu verabreichende Medikamente (Name, Dosierung, Dauer der Anwendung):

  1. ....
  2. ....
  3. ....
  4. ....
  5. ....

  Sollten Sie Probleme mit der Eingabe haben, so kontaktieren Sie uns bitte.
- Kontrollieren Sie die Operationswunde mehrfach täglich. Sollte Ihnen eine Manipulation an der Wunde auffallen, ist die Wunde stark geschwollen, gerötet oder zeigt Sekretion, setzen Sie sich bitte mit uns in Verbindung.
  - Wundkontrolle am: ....
  - Ziehen der Fäden am: ....
- Das erkrankte Tier sollte grundsätzlich direkt wieder in die bestehende Gruppe verbracht werden. Beobachten Sie bitte das Verhalten der Partnertiere. Generell fördert der Kontakt zum vertrauten Tier die Genesung. Wenn sich die Partnertiere jedoch aggressiv gegenüber dem Patienten verhalten oder das kranke Tier vermehrt jagen, kann eine temporäre Trennung nötig sein.
- Folgende Bewegungseinschränkungen sollten nach dem Eingriff bis zum Fadenzug eingehalten werden:

  ....

  ....
- Sollten Sie das Gefühl haben, Ihr Tier zeigt keine adäquate Genesung, ist auffällig ruhig, fühlt sich kalt an, schläft viel oder weist ein stark getrübtes Allgemeinbefinden auf, setzt Sie sich bitte umgehend mit uns in Verbindung.
- Zusatzinformationen:

  ....

  ....

Sie erreichen uns unter:

....

Literatur

Kapitel 1: Der kleinsäugergeeignete Operationsraum

Capello V (2011): Common Surgical Procedures in Pet Rodents. J Exot Pet Med 20: 294–307.

Mehler SJ (2006): Common surgical procedures. In: Meredith A, Flecknell P (Hrsg.), BSAVA Manual of Rabbit Medicine and Surgery. 2. Aufl. BSAVA, Gloucester, 166–183.

Redrobe S (2002): Soft Tissue Surgery of Rabbits and Rodents. Sem Avian Exotic Pet Med 11: 231–245.

Sanches-Migallon Guzmann D, Szabo Z, Steffey MA (2021): Soft tissue surgery: rabbits. In: Quesenberry KF, Orcutt CJ, Mans C, Carpenter JW. Ferrets, rabbits and rodents clinical medicine and surgery. 4. Aufl. Saunders, Elsevier, St. Louis Missouri, 446–466.

Szabo Z, Bradley K, Cahalane Kosanovich A (2016): Rabbit Soft Tissue Surgery. Vet Clin Exot Anim 19: 159–188.

Varga M (2014): General Surgical Principles and Neutering. In: Varga M (Hrsg.), Textbook of Rabbit Medicine. 2. Aufl. Elsevier Butterworth-Heinemann, Edinburgh, 429–434.

Kapitel 2: Präoperatives Management

Brodbelt DC, Blissitt KJ, Hammond RA, Neath PJ, Young LE, Pfeiffer DU, Wood JL (2008): The risk of death: the confidential enquiry into perioperative small animal fatalities. Vet Anaesth Analg 35: 365–373.

Emmerich IU, Hein J (2018): Dosierungsvorschläge für Arzneimittel bei Kleinnagern, Kaninchen, Frettchen und Igeln. 2. Aufl. Thieme, Stuttgart.

Lichtenberger M (2007): Shock and Cardiopulmonary-Cerebral Resuscitation in Small Mammals and Birds. Vet Clin North Am Exot Anim Pract 10: 275–291

Longley L (2008): Anesthesia of exotic pets. 1. Aufl. Saunders Ltd., Philadelphia.

Meredith A (2014): Biology, anatomy and physiology. In: Meredith A, Lord B. BSAVA Manual of Rabbit Medicine. British small animal veterinary association, Gloucester, 1–12.

Meredith A (2015): BSAVA Small Animal Formulary: Part B: Exotic Pets. 9. Aufl. British Small Animal Veterinary Association, Gloucester.

Neiger-Aeschbacher G (2002): Anästhesie und Analgesie bei Heimsäugern. Teil 1: Vorbereitung, Prämedikation und Allgemeinanästhesie. Schweiz Arch Tierheilk 144: 586–595.

Pignon C, Mayer J (2021): Guinea pigs. In: Quesenberry KE, Orcutt CJ, Mans C, Carpenter JW. Ferrets, rabbits and rodents clinical medicine and surgery. 4. Aufl. Saunders, Elsevier, St. Louis Missouri, 270–297.

Thöle M, Köstlinger S, Fehr M (2016): Handfütterung beim herbivoren Kleinsäuger. veterinär spiegel 26: 10–13.

Voigt LC (2019): Vorbereitung des Heimtiers auf eine Allgemeinanästhesie – Wie Sie das Narkoserisiko senken können. Kleintier konkret 22: 1–5.

Kapitel 3: Anästhesie und Analgesie

Emmerich IU, Hein J (2018): Dosierungsvorschläge für Arzneimittel bei Kleinnagern, Kaninchen, Frettchen und Igeln. 2. Aufl. Thieme, Stuttgart.

Erhardt W, Henke J, Haberstroh C, Baumgartner C, Tacke S (2012): Anästhesie und Analgesie beim Klein- und Heimtier mit Exoten, Labortieren, Vögeln, Reptilien, Amphibien und Fischen. 2. Aufl. Schattauer, Stuttgart.

Gabriel S (2016): Analgesie. In: Gabriel S. Praxisbuch Zahnmedizin beim Heimtier. Enke, Stuttgart; 104–110. Grint N (2013): Anaesthesia. In: Harcourt-Brown F, Chitty J (Hrsg.), BSAVA Manual of Rabbit Surgery, Dentistry an Imaging. BSAVA, Gloucester, 1–25.

Henke J, Schönnagel B, Niedermeier N (2014): Entscheidungshilfen zur prä-, intra- und postoperativen Analgesie beim Heimtier. Kleintierprax 59: 264–280.

Johnson-Delaney CA, Harcourt-Brown F (2013): Analgesia and postoperative care. In: Harcourt-Brown F, Chitty J (Hrsg.), BSAVA Manual of Rabbit Surgery, Dentistry an Imaging. BSAVA, Gloucester, 26–38.

Keating S, Thomas A, Flecknell P, Leach M (2012): Evaluation of EMLA cream from preventing pain during tattooing of rabbits: changes in physiological, behavioural and facial expression responses. PLiS ine 7: e44437.

Kroner KT, Budgeon C, Colopy SA (2016): Update on Surgical Principles and Equipment. Vet Clin North Am Exot Anim Pract 19(1): 13–32.

Longley L (2008): Anesthesia of exotic pets. 1. Aufl. Saunders Ltd, Philadelphia.

Meredith A (2015): BSAVA Small Animal Formulary: Part B: Exotic Pets. 9. Aufl. British small animal veterinary association, Gloucester.

Müller K (2018): Schmerztherapie bei Kaninchen, Meerschweinchen, Chinchillas und Frettchen – ein Update. Prakt Tierarzt 99: 348–360.

Neiger-Aeschbacher G (2002): Anästhesie und Analgesie bei Heimsäugern. Teil 1: Vorbereitung, Prämedikation und Allgemeinanästhesie. Schweiz Arch Tierheilk 144: 586–595.

Schmitz S (2017): Meerschwein und Anästhesie – was gibt es Neues?. veterinär spiegel 27(04), 142–148.

Schütter A, Müller K, Göbel T (2020): Schmerzerkennung und -messung beim Klein- und Heimtier. Prakt Tierarzt 10: 1027–1040.

Udegbunam RI, Onuba AC Okorie-Kanu C, Udegbunam SO, Anyanwu MU, Ifeanyi OL (2015): Effects of two doses of tramadol on pain and some biochemical parameters in rabbits post-gastrotomy. Comp Clin Pathol, 24: 783–790.

Voigt LC (2019): Anästhesie beim Kaninchen – Teil 2: Wichtiges zur Prämedikation, Einleitung und Erhaltung. Kleintier konkret 22: 10–16.

Voigt LC (2019): Anästhesie beim Kaninchen – Teil 3: Welches Anästhesieprotokoll für welchen Patienten? Kleintier konkret 23: 11–17.

Voigt LC (2020): Anästhesie beim Kaninchen – Teil 4: Überwachung des Anästhesiepatienten. kleintier konkret, 23(S 02), 16–21.

Kapitel 4: Postoperatives Management

Johnson-Delaney CA, Harcourt-Brown F (2013): Analgesia and postoperative care. In Harcourt-Brown F, Chitty J (Hrsg.), BSAVA Manual of Rabbit Surgery, Dentistry an Imaging. BSAVA, Gloucester, 26–38.

Longley L (2008): Anesthesia of exotic pets. 1. Aufl. Saunders Ltd., Philadelphia.

Neiger-Aeschbacher G (2002): Anästhesie und Analgesie bei Heimsäugern. Teil 2: Intra- und postoperative Betreuung. Schweiz Arch Tierheilk 144: 597–604.

Voigt LC (2019): Anästhesie beim Kaninchen – Teil 2: Wichtiges zur Prämedikation, Einleitung und Erhaltung. Kleintier konkret 22: 10–16.

Kapitel 5: Nahtmaterial und Nahttechniken

Fossum TW (2019): Small Animal Surgery. 5. Aufl. Elsevier, Philadelphia.

Mc Fadden MS (2011): Suture Materials and Suture Selection for Use in Exotic Pet Surgical Procedures. J Exot Pet Med 20: 173–181.

Mehler SJ (2006): Common surgical procedures. In: Meredith A, Flecknell P (Hrsg.), BSAVA Manual of Rabbit Medicine and Surgery. 2. Aufl. BSAVA, Gloucester, 166–183.

Redrobe S (2002): Soft Tissue Surgery of Rabbits and Rodents. Sem Avian Exot Pet Med 11: 231–245.

Sanches-Migallon Guzmann D, Szabo Z, Steffey MA (2021): Soft tissue surgery: rabbits. In: Quesenberry KE, Orcutt CJ, Mans C, Carpenter JW. Ferrets, rabbits and rodents clinical medicine and surgery. 4. Aufl. Saunders, Elsevier, St. Louis Missouri, 446–466.

Szabo Z, Bradley K, Cahalane Kosanovich A (2016): Rabbit Soft Tissue Surgery. Vet Clin Exot Anim 19: 159–188.

Varga M (2014): General Surgical Principles and Neutering. In: Varga M (Hrsg.), Textbook of Rabbit Medicine. 2. Aufl. Butterwort Heinemann Elsevier, Edinburgh, 429–434.

Kapitel 6: Der abdominale Zugang

Capello V (2011): Common Surgical Procedures in Pet Rodents. J Exot Pet Med 20: 294–307.

Mehler SJ (2006): Common surgical procedures. In: Meredith A, Flecknell P. (Hrsg.), BSAVA Manual of Rabbit Medicine and Surgery. 2. Aufl. BSAVA, Gloucester, 166–183.

Redrobe S (2002): Soft Tissue Surgery of Rabbits and Rodents. Sem Avian Exot Pet Med 11: 231–245.

Szabo Z, Bradley K, Cahalane Kosanovich A (2016): Rabbit Soft Tissue Surgery. Vet Clin Exot Anim 19: 159–188.

Varga M (2014): General Surgical Principles and Neutering. In: Varga M (Hrsg.), Textbook of Rabbit Medicine. 2. Aufl. Butterwort Heinemann Elsevier, Edinburgh, 429–434.

Kapitel 7: Der abdominale Situs – Kaninchen

Harcourt-Brown F, Chitty J (2013): BSAVA Manual of Rabbit Surgery, Dentistry and Imaging. Britisch Small Animal Veterinary Association, Gloucester.

Meredith A, Lord B (2014): BSAVA Manual of Rabbit Medicine. British small animal veterinary association, Gloucester.

O´Malley B (2008): Klinische Anatomie und Physiologie bei kleinen Heimtieren, Vögeln, Reptilien und Amphibien. Urban & Fischer, München und Jena.

Popesko P, Rajtova V, Horak J (1992): A Colour Atlas of Anatomy of Small Laboratory Animals Volume One: Rabbit Guinea Pig. Saunders, Philadelphia.

Skonieczna J, Madej JP, Będziński R (2019): Accessory genital glands in the New Zealand White rabbit: a morphometrical and histological study. J Vet Res 63: 251–257.

Kapitel 8: Der abdominale Situs – Meerschweinchen

Ewringmann A, Glöckner B (2012): Leitsymptome beim Meerschweinchen, Chinchilla und Degu. Diagnostischer Leitfaden und Therapie. 2. Aufl. Enke, Stuttgart.

Johnson-Delaney CA (2006): Anatomy and Physiology of the Rabbit and Rodent Gastrointestinal System. Proceedings Session 110. Association of Avian Veterinarians 2006: 9–17.

O´Malley B (2008): Klinische Anatomie und Physiologie bei kleinen Heimtieren, Vögeln, Reptilien und Amphibien. Urban & Fischer Elsevier, München.

Popesko P, Rajtova V, Horak J (1992): A Colour Atlas of Anatomy of Small Laboratory Animals Volume One: Rabbit Guinea Pig. Saunders Elsevier, Philadelphia.

Kapitel 9: Operationen des Magen-Darm-Traktes

Bonvehi C, Ardiaca M, Barrera S, Cuesta M, Montesinos A (2014): Prevalence and types of hyponatraemia, its relationship with hyperglycaemia and mortality in ill pet rabbits. VetRec 174: 554.

Brezina T, Fehr M, Neumüller M, Thöle M (2020). Acid-base-balance status and blood gas analysis in rabbits with gastric stasis and gastric dilation. J Exot Pet Med 32: 18–26.

Harcourt-Brown F (2013): Gastric dilation and intestinal obstruction. In: Harcourt-Brown F, Chitty J (Hrsg.), BSAVA Manual of Rabbit Surgery, Dentistry and Imaging. 1. Aufl. BSAVA, Gloucester, 172–189.

Harcourt-Brown FM (2007): Gastric dilation and intestinal obstruction in 76 rabbits. Vet Rec 161: 409–414.

Harcourt-Brown FM, Harcourt-Brown S (2016): Clinical value of blood glucose measurement in pet rabbits. VetRec 170: 674.

Hein J (2018): Röntgenbildinterpretation Magen-Darm-Trakt Kaninchen. kleintier konkret (21)S1: 12–20.

Kapitel 9.1

Radlinsky M, Fossum TW (2019): Surgery of the Digestive Tract. In: Fossum TW (Hrsg.), Small Animal Surgery. 5. Aufl. Elsevier, Philadelphia, 331–511.

Redrobe S (2002): Soft Tissue Surgery of Rabbits and Rodents. Seminars in Avian and Exotic. Pet Medicine 11: 231–245.

Rodriguez Gomez J (2010): Magen: Fremdkörper. In: Rodrigues Gomez J, Martinez Sanudo MJ, Graus Morales J (Hrsg.), Farbatlas der Kleintierchirurgie: Kraniales Abdomen – Bildgebung, Diagnostik, Therapie. 1. Aufl. Urban & Fischer, München und Jena, 154–168.

Scheich M (2016): Gastrotomie. In: Kramer M, Scheich M, Wunderlin N (Hrsg.), OP-Atlas Hund: Magen-Darm-Trakt. 1. Aufl. Enke, Stuttgart, 47–50.

Szabo Z, Bradley K, Cahalane AK (2016): Rabbit Soft Tissue Surgery. Vet Clin Exot Anim 19: 159–188.

Theus M, Bitterli F, Foldenauer U (2008): Successful treatment of a gastric trichobezoar in a Peruvian guinea pig (cavia aperea porcellus). J Exot Pet Med 17: 148–151.

Kapitel 9.2

Eckert Y, Brezina T, Fehr M (2019): Magendrehung (Dilatatio et Torsio ventriculi) beim Meerschweinchen. Tierarztl Prax Ausg K 47: 1–11.

Mehler SJ (2006): Common surgical procedures. In: Meredith A, Flecknell P (Hrsg.), BSAVA Manual of Rabbit Medicine and Surgery. 2. Aufl. BSAVA, Gloucester, 166–183.

Nógrádi AL, Cope I, Baloph M, Gal J (2017): Review of gastric torsion in eight guinea pigs (Cavia porcellus). Acta Vet Hung 65: 487–499.

Redrobe S (2002): Soft Tissue Surgery of Rabbits and Rodents. Sem Avian Exot Pet Med 11: 231–245.

Szabo Z, Bradley K, Cahalane Kosanovich A (2016): Rabbit Soft Tissue Surgery. Vet Clin Exot Anim 19: 159–188.

Kapitel 9.3

Harcourt-Brown F (2013): Gastric dilation and intestinal obstruction. In: Harcourt-Brown F, Chitty J (Hrsg.), BSAVA Manual of Rabbit Surgery, Dentistry and Imaging. 1. Aufl., BSAVA, Gloucester, 172–189.

Harcourt-Brown FM (2007): Gastric dilation and intestinal obstruction in 76 rabbits. Vet Rec 161: 409–414.

Hein J (2018): Röntgenbildinterpretation Magen-Darm-Trakt Kaninchen. kleintier konkret (21)S1: 12–20.

Kapitel 9.4

Mehler SJ (2006): Common surgical procedures. In: Meredith A, Flecknell P (Hrsg.), BSAVA Manual of Rabbit Medicine and Surgery. 2. Aufl. BSAVA, Gloucester, 166–183.

Miwa Y, Sladky K (2016): Small Mammals: Common Surgical Procedures of Rodents, Ferrets, Hedgehogs, and Sugar Gliders. In: Sladky KK, Mans C (Hrsg.), Soft Tissue Surgery. Veterinary Clinics of North America: Exotic Animal Practice. Elsevier, Philadelphia, Pennsylvania, 205–245.

Redrobe S (2002): Soft Tissue Surgery of Rabbits and Rodents. Sem Avian Exot Pet Med 11: 231–245.

Sanches-Migallon Guzmann D, Szabo Z, Steffey MA (2021): Soft tissue surgery: rabbits. In: Quesenberry KE, Orcutt CJ, Mans C, Carpenter JW. Ferrets, rabbits and rodents clinical medicine and surgery. 4. Aufl. Saunders, Elsevier, St. Louis Missouri, 446–466.

Szabo Z, Bradley K, Cahalane Kosanovich A (2016): Rabbit Soft Tissue Surgery. Vet Clin Exot Anim 19: 159–188.

Kapitel 9.5

Eckert Y, Thöle M (2019): Verdreht-Leberlappentorsion, eine unterschätzte Erkrankung beim Kaninchen? Kleintier konkret 22: 2–9.

Graham JE, Orcutt CJ, Casale SA et al. (2014): Liver lobe torsion in rabbits: 16 cases (2007 to 2012). J Exotic Pet Med 23: 258–265.

Mehler SJ (2006): Common surgical procedures. In: Meredith A, Flecknell P (Hrsg.), BSAVA Manual of Rabbit Medicine and Surgery. 2. Aufl. BSAVA, Gloucester, 166–183.

Pignon C, Donnelly TM, Mayer J (2013): Hepatic lobe torsion in a rabbit (Oryctolagus cuniculus). AFVAC 48: 91–98.

Szabo Z, Bradley K, Cahalane Kosanovich A (2016): Rabbit Soft Tissue Surgery. Vet Clin Exot Anim 19: 159–188.

Stock E, Vanderperren K, Moeremans I et al. (2019): Use of contrast-enhanced ultrasonography in the diagnosis of a liver lobe torsion in a rabbit (Oryctolagus cuniculus). Vet Radiol Ultrasound 1–5.

Taylor HR, Staff CD (2007): Clinical Techniques: Successful Management of Liver Lobe Torsion in a Domestic Rabbit (Oryctolagus cuniculus) by Surgical Lobectomy. J Exot Pet Med 16: 175–178.

Kapitel 10: Operationen des Harntraktes

Kapitel 10.1

Becker W, Schottstedt T (2009): Erfolgreiche medikamentöse Prophylaxe der Kalziumurolithiasis bei zwei Meerschweinchen. Kleintierprax 54: 389–392.

Eckert Y, Thöle M, Fehr M (2018): Urolithiasis bei Kaninchen und Meerschweinchen – Pathogenese und Diagnostik. Kleintierprax 63: 198–216.

Eckert Y, Thöle M, Fehr M (2018): Urolithiasis bei Kaninchen und Meerschweinchen – Therapie und Prophylaxe. Kleintierprax 63: 661–682.

Keeble E, Benato L (2013): Urinary tract surgery. In: Harcourt-Brown F, Chitty J (Hrsg.), BSAVA Manual of Rabbit Surgery, Dentistry an Imaging. BSAVA, Gloucester, 190–206.

MacPhail C, Fossum TW (2019): Surgery of the Kidney and Ureters. In: Fossum TW (Hrsg.), Small Animal Surgery. 5. Aufl. Elsevier, Philadelphia, 650–677.

Martorell J, Bailon D, Majó N, Andaluz A (2012): Lateral approach to nephrotomy in the management of unilateral renal calculi in a rabbit (Oryctolagus cuniculus). J Am Vet Med Assoc 240: 863–868.

Sanches-Migallon Guzmann D, Szabo Z, Steffey MA (2021): Soft tissue surgery: rabbits. In: Quesenberry KE, Orcutt CJ, Mans C, Carpenter JW. Ferrets, rabbits and rodents clinical medicine and surgery. 4. Aufl. Saunders, Elsevier, St. Louis Missouri, 446–466.

Kapitel 10.2

Di Girolamo N, Selleri P (2021): Disorders of the urinary and reproductive system. In: Quesenberry KE, Orcutt CJ, Mans C, Carpenter JW. Ferrets, rabbits and rodents clinical medicine and surgery. 4. Aufl. Saunders, Elsevier, St. Louis Missouri, 201–219.

Eckert Y, Thöle M, Fehr M (2018): Urolithiasis bei Kaninchen und Meerschweinchen – Therapie und Prophylaxe. Kleintierprax 63: 661–682.

Keeble E, Benato L (2013): Urinary tract surgery. In: Harcourt-Brown F, Chitty J (Hrsg.), BSAVA Manual of Rabbit Surgery, Dentistry an Imaging. BSAVA, Gloucester, 190–206.

Meredith A, Flecknell P (Hrsg.), BSAVA Manual of Rabbit Medicine and Surgery. 2. Aufl. BSAVA, Gloucester, 166–183.

Miwa Y, Sladky K (2016): Small Mammals: Common Surgical Procedures of Rodents, Ferrets, Hedgehogs, and Sugar Gliders. In: Sladky KK, Mans C. (Hrsg.), Soft Tissue Surgery. Veterinary Clinics of North America: Exotic Animal Practice, Elsevier, Philadelphia, Pennsylvania, 205–245.

Redrobe S (2002): Soft Tissue Surgery of Rabbits and Rodents. Sem Avian Exot Pet Med 11: 231–245.

Szabo Z, Bradley K, Cahalane Kosanovich A (2016): Rabbit Soft Tissue Surgery. Vet Clin Exot Anim 19: 159–188.

Kapitel 10.3

Eckert Y, Thöle M, Fehr M (2018): Urolithiasis bei Kaninchen und Meerschweinchen – Pathogenese und Diagnostik. Kleintierprax 63: 198–216.

Eckert Y, Thöle M, Fehr M (2018): Urolithiasis bei Kaninchen und Meerschweinchen – Therapie und Prophylaxe. Kleintierprax 63: 661–682.

MacPhail C, Fossum TW (2019): Surgery of the Kidney and Ureters. In: Fossum TW, Small Animal Surgery. 5. Aufl. Elsevier, Philadelphia, 650–677.

Redrobe S (2002): Soft Tissue Surgery of Rabbits and Rodents. Sem Avian Exot Pet Med 11: 231–245.

Szabo Z, Bradley K, Cahalane AK (2016): Rabbit Soft Tissue Surgery. Vet Clin Exot Anim 19: 159–188.

Kapitel 10.4

Di Girolamo N, Selleri P (2021): Disorders of the urinary and reproductive system. In: Quesenberry KE, Orcutt CJ, Mans C, Carpenter JW. Ferrets, rabbits and rodents clinical medicine and surgery. 4. Aufl. Saunders, Elsevier, St. Louis Missouri, 201–219.

Eckert Y, Thöle M, Fehr M (2018): Urolithiasis bei Kaninchen und Meerschweinchen – Pathogenese und Diagnostik. Kleintierprax 63: 198–216.

Eckert Y, Thöle M, Fehr M (2018): Urolithiasis bei Kaninchen und Meerschweinchen – Therapie und Prophylaxe. Kleintierprax 63: 661–682.

Mans C (2007): Urethral catheterization of the male guinea pig (Cavia porcellus). Lab Animal 36: 20–21.

Mehler SJ (2006): Common surgical procedures. In: Meredith A, Flecknell P (Hrsg.), BSAVA Manual of Rabbit Medicine and Surgery. 2. Aufl. BSAVA, Gloucester, 166–183.

Miwa Y, Sladky K (2016): Small Mammals: Common Surgical Procedures of Rodents, Ferrets, Hedgehogs, and Sugar Gliders. In: Sladky KK, Mans C. (Hrsg.), Soft Tissue Surgery. Veterinary Clinics of North America: Exotic Animal Practice, Elsevier, Philadelphia, Pennsylvania, 205–245.

Müller K, Schall H (2015): Kaninchen. In: Fehr M, Sassenburg L, Zwart P (Hrsg.), Krankheiten der Heimtiere. 8. Aufl. Schlütersche, Hannover, 1–57.

Müller K, Wasel E (2015): Meerschweinchen. In: Fehr M, Sassenburg L, Zwart P (Hrsg.), Krankheiten der Heimtiere. 8. Aufl. Schlütersche, Hannover, 59–99.

Redrobe S (2002): Soft Tissue Surgery of Rabbits and Rodents. Sem Avian Exot Pet Med 11: 231–245.

Richardson J, Keeble E (2014): Physical examination and clinical techniques. In: Meredith A, Lord B (Hrsg.), BSAVA manual of rabbit medicine. 1. Aufl. British Small Animal Veterinary Association, Gloucester, 80–107.

Szabo Z, Bradley K, Cahalane Kosanovich A (2016): Rabbit Soft Tissue Surgery. Vet Clin Exot Anim 19: 159–188.

Kapitel 10.5

Eckert Y, Thöle M, Fehr M (2018): Urolithiasis bei Kaninchen und Meerschweinchen – Pathogenese und Diagnostik. Kleintierprax 63: 198–216.

Eckert Y, Thöle M, Fehr M (2018): Urolithiasis bei Kaninchen und Meerschweinchen – Therapie und Prophylaxe. Kleintierprax 63: 661–682.

Fehr M, Rappold S (1997): Harnsteinbildung bei 20 Meerschweinchen (Cavia porcellus). Tierärztl Prax 25: 543–547.

Mehler SJ (2006): Common surgical procedures. In: Meredith A, Flecknell P (Hrsg.), BSAVA Manual of Rabbit Medicine and Surgery. 2. Aufl. BSAVA, Gloucester, 166–183.

Miwa Y, Sladky K (2016): Small Mammals: Common Surgical Procedures of Rodents, Ferrets, Hedgehogs, and Sugar Gliders. Vet Clin North Am Exot Anim Pract 19: 205–44

Redrobe S (2002): Soft Tissue Surgery of Rabbits and Rodents. Sem Avian Exotic Pet Med 11: 231–245.

Szabo Z, Bradley K, Cahalane Kosanovich A (2016): Rabbit Soft Tissue Surgery. Vet Clin Exot Anim 19: 159–188.

Kapitel 11: Operationen des Geschlechtstraktes

Kapitel 11.1

Divers, Stephen J (2010): Clinical technique: endoscopic oophorectomy in the rabbit (Oryctolagus cuniculus): the future of preventative sterilizations. J Exot Pet Med 19: 231–239.

Eckert Y, Wohlsein P, Reuschel M (2020): Abdominalhernie mit prolabierter Harnblase und uterinem Adenokarzinom bei einem Kaninchen nach Ovariektomie. Kleintierprax 65: 210–219.

Geyer A, Daub L, Otzdorff C, Reese S, Braun J, Walter B (2016): Reversible estrous cycle suppression in prepubertal female rabbits treated with slow-release deslorelin implants. Theriogenology 85: 282–287.

Harcourt-Brown F (2013): Neutering. In: Harcourt-Brown F, Chitty J (Hrsg.), BSAVA Manual of Rabbit Surgery, Dentistry and Imaging. 1. Aufl. BSAVA, Gloucester, 138–156.

Heatley JJ, Smith AN (2004): Spontaneous neoplasms of lagomorphs. Vet ClinNorth Am Exot Anim Pract 7: 561–577.

Jenkins JR (2000): Surgical Sterilization in Small Mammals Spay and Castration. Vet Clin North Am Exot Anim Pract 3: 617–627.

Köstlinger S, Lübke C (2015): Ovariohysterektomie beim Kaninchen. Kleintier Konkret S2: 20–25.

Manicinelli E, Lord B (2014): Urogenital system and reproductive disease. In: Meredith A, Lord B (Hrsg.), BSAVA Manual of rabbit medicine. 1. Aufl. BSAVA, Gloucester, 191–204.

Richardson C, Flecknell P (2006): Routine neutering of rabbits and rodents. In Practice 28: 70–79.

Kapitel 11.2

Bennett RA (2009): Rodents: soft tissue surgery. In: Keeble E, Meredith A (Hrsg.), BSAVA Manual of rodents and ferrets. British Small Animal Veterinary Association, Quedgeley, 73–85.

Capello V (2011): Common Surgical Procedures in Pet Rodents. J Exot Pet Med 20: 294–307.

Kohutova S, Jekl V, Knotek Z, Hauptman K (2015): The effect of deslorelin acetate on the oestrous cycle of female guinea pigs. Vet Medicina 60: 155–160.

Redrobe S (2002): Soft Tissue Surgery of Rabbits and Rodents. Sem Avian Exot Pet Med 11: 231–245.

Schuetzenhofer G, Goericke-Pesch S, Wehrend A (2011): Effects of deslorelin implants on ovarian cysts in guinea pigs. Schweiz Arch Tierh 153: 416.

Szabo Z (2021): Soft tissue surgery: rodents. In: Quesenberry KE, Orcutt CJ, Mans C, Carpenter JW. Ferrets, rabbits and rodents clinical medicine and surgery. 4. Aufl. Saunders, Elsevier, St. Louis Missouri, 467–482.

Kapitel 11.3

Capello V (2011): Common Surgical Procedures in Pet Rodents. J Exot Pet Med 20: 294–307.

Capello V (2006): Flank approach to elective ovariectomy in guinea pigs. EXOTIC DVM 8.5: 33.

Kohutova S, Jekl V, Knotek Z, Hauptman K (2015): The effect of deslorelin acetate on the oestrous cycle of female guinea pigs. Vet Medicina 60: 155–160.

Redrobe S (2002): Soft Tissue Surgery of Rabbits and Rodents. Sem Avian Exot Pet Med 11: 231–245.

Schuetzenhofer G, Goericke-Pesch S, Wehrend A (2011): Effects of deslorelin implants on ovarian cysts in guinea pigs. Schweiz Arch Tierh 153: 416.

Steele MS, Bennett RA (2011): Clinical technique: dorsal ovariectomy in rodents. J Exot Pet Med 20: 222–226.

Szabo Z, Bradley K, Cahalane Kosanovich A (2016): Rabbit Soft Tissue Surgery. Vet Clin Exot Anim 19: 159–188.

Kapitel 11.4.4.5

Arlt S, Spankowski S, Kaufmann T, Kostelnik K, Heuwieser W (2010): Fertility control in a male rabbit using a deslorelin implant. A case report. World Rabbit Science 18: 179–182.

Capello V (2011): Common Surgical Procedures in Pet Rodents. J Exot Pet Med 20: 294–307.

Gabriel S (2017): Die Kastration männlicher Heimtiere – lieber offen oder bedeckt. kleintier konkret S1: 7–12.

Harcourt-Brown F (2013): Neutering. In: Harcourt-Brown F, Chitty J (Hrsg.), BSAVA Manual of Rabbit Surgery, Dentistry and Imaging. 1. Aufl. BSAVA, Gloucester, 138–156.

Sanches-Migallon Guzmann D, Szabo Z, Steffey MA (2021): Soft tissue surgery: rabbits. In: Quesenberry KE, Orcutt CJ, Mans C, Carpenter JW. Ferrets, rabbits and rodents clinical medicine and surgery. 4. Aufl. Saunders, Elsevier, St. Louis Missouri, 446–466.

Szabo Z, Bradley K (2016): Rabbit Soft Tissue Surgery. Vet Clin Exot Anim 19: 159–188.

Varga M (2014): General Surgical Principles and Neutering. In: Varga M, Textbook of Rabbit Medicine. 2. Aufl. Elsevier, St. Louis Missouri, 429–434.

Kapitel 11.4.5.5

Capello V (2011): Common Surgical Procedures in Pet Rodents. J Exot Pet Med 20: 294–307.

Di Girolamo N, Selleri P (2021): Disorders of the urinary and reproductive system. In: Quesenberry KE, Orcutt CJ, Mans C, Carpenter JW. Ferrets, rabbits and rodents clinical medicine and surgery. 4. Aufl. Saunders, Elsevier, St. Louis Missouri, 201–219.

Forman C, Wehrend A, Goericke-Pesch SK (2016): Deslorelin implants are suitable for contraception in female, but not in male guinea pigs. In: Proceedings of the VIII International Symposium on Canine and Feline Reproduction, June 22–25, Paris, France.

O´Malley B (2008): Klinische Anatomie und Physiologie bei kleinen Heimtieren, Vögeln, Reptilien und Amphibien. Urban &Fischer Elsevier, München.

Szabo Z, Bradley K, Cahalane Kosanovich A (2016): Rabbit Soft Tissue Surgery. Vet Clin Exot Anim 19: 159–188.

Varga M (2014): General Surgical Principles and Neutering. In: Varga M, Textbook of Rabbit Medicine. 2. Aufl. Butterwort Heinemann Elsevier, Edinburgh, 429–434.

Kapitel 11.5.5

Kanfer S, Reavill DR. Cutaneous neoplasia in ferrets, rabbits, and guinea pigs. Vet Clin North Am Exot Anim Pract 2013; 16: 579–598.

MacPhail C, Fossum T W (2019): Surgery of the reproductive and genital systems. In: Fossum T W (Hrsg.), Small animal surgery. 5. Aufl. Elsevier, Philadelphia, 720–787.

Mancinelli E, Lord B (2014): Urogenital system and reproductive disease. In: Meredith A, Lord B (Hrsg.), BSAVA Manual of rabbit Medicine. 1. Aufl. BSAVA, Gloucester, 191–204.

O´Malley B (2008): Klinische Anatomie und Physiologie bei kleinen Heimtieren, Vögeln, Reptilien und Amphibien. Urban & Fischer, München und Jena.

Summa NM et al. (2014): Metastatic anaplastic adenocarcinoma suspected to be of mammary origin in an intact male rabbit (Oryctolagus cuniculus). Can Vet J 55: 475–479.

Sachverzeichnis